Hubert Buer
Andreas Palzer

NutztierSkills

W0418500

Hubert Buer
Andreas Palzer

NutztierSkills

Arbeitstechniken in der Großtierpraxis: Rind, Schwein, Schaf, Ziege

Unter Mitarbeit von

Dirk Behnke
Christiane Benesch
Gesine Hesse
Heiko Nores

Mit 98 Abbildungen

Schattauer

Bibliografische Information der Deutschen Nationalbibliothek
Die Deutsche Nationalbibliothek verzeichnet diese Publikation in der Deutschen Nationalbibliografie; detaillierte bibliografische Daten sind im Internet über http://dnb.d-nb.de abrufbar.

Besonderer Hinweis:
Die Medizin unterliegt einem fortwährenden Entwicklungsprozess, sodass alle Angaben, insbesondere zu diagnostischen und therapeutischen Verfahren, immer nur dem Wissensstand zum Zeitpunkt der Drucklegung des Buches entsprechen können. Hinsichtlich der angegebenen Empfehlungen zur Therapie und der Auswahl sowie Dosierung von Medikamenten wurde die größtmögliche Sorgfalt beachtet. Gleichwohl werden die Benutzer aufgefordert, die Beipackzettel und Fachinformationen der Hersteller zur Kontrolle heranzuziehen und im Zweifelsfall einen Spezialisten zu konsultieren. Fragliche Unstimmigkeiten sollten bitte im allgemeinen Interesse dem Verlag mitgeteilt werden. Der Benutzer selbst bleibt verantwortlich für jede diagnostische oder therapeutische Applikation, Medikation und Dosierung.
In diesem Buch sind eingetragene Warenzeichen (geschützte Warennamen) nicht besonders kenntlich gemacht. Es kann also aus dem Fehlen eines entsprechenden Hinweises nicht geschlossen werden, dass es sich um einen freien Warennamen handelt.
Das Werk mit allen seinen Teilen ist urheberrechtlich geschützt. Jede Verwertung außerhalb der Bestimmungen des Urheberrechtsgesetzes ist ohne schriftliche Zustimmung des Verlages unzulässig und strafbar. Kein Teil des Werkes darf in irgendeiner Form ohne schriftliche Genehmigung des Verlages reproduziert werden.

© 2012 by Schattauer GmbH, Hölderlinstraße 3, 70174 Stuttgart, Germany
E-Mail: info@schattauer.de
Internet: www.schattauer.de
Printed in Germany

Projektleitung und Redaktion: Markus Vieten, Arzt und Autor, Aachen;
www.markusvieten.de
Abbildungen (wenn nicht anders angegeben): Dr. med. vet. Hubert Buer, Much
und Dr. med. vet. Andreas Palzer, Scheidegg
Umschlag: Reform-Design, 70565 Stuttgart; www.reform-design.de
Satz: Lutz Kamieth, Mülheim a.d. Ruhr; www.plan-e.de
Druck und Einband: AZ Druck und Datentechnik, Kempten/Allgäu

ISBN 978-3-7945-2885-1

Vorwort

Auch wenn der Titel *NutztierSkills* vor allem nach manuellen Fertigkeiten klingt, haben wir neben diesen auch viele diagnostische und therapeutische „Fertigkeiten" aufgenommen, weil mehr als bei dem Kleintier-Buch *VetSkills* und dem Pferde-Buch *PferdeSkills* der gleichen Reihe manuelle, diagnostische und therapeutische Fertigkeiten ineinander übergehen.

Den meisten Raum nimmt natürlich das Rind ein, aber auch Schweine, Schafe und Ziegen haben ihren gebührenden Platz in diesem Buch.

Neben den bekannten Tipps und Tricks in Form von Merksätzen wurden somit weitere farbig abgehobene Kästen aufgenommen, die der vertiefenden Information und der Darstellung von pathophysiologischen Zusammenhängen dienen (z.B. bei den Themen Mastitis, Klauenerkrankungen und Fruchtbarkeitsstörungen). Auch das Thema Herdenmedizin wurde an vielen Stellen beleuchtet.

Anders als in der Klinik oder einer Kleintierpraxis sind Sie als Anfänger in der Nutztierpraxis schnell auf sich alleine gestellt. Ihre Patienten kommen nicht in die Praxis, sondern Sie arbeiten auf dem landwirtschaftlichen Betrieb. Wirtschaftliche Überlegungen spielen eine große Rolle. Sie sollten lernen, schnell und trotzdem gründlich zu arbeiten. Daher müssen Sie in vielen Dingen anders vorgehen, als Sie es an der Hochschule gelernt haben, z.B. bei der klinischen Untersuchung eines Rindes.

Ihre Kunden sind in der Regel versierte Landwirte, die Ihre Arbeit relativ gut beurteilen können. Daher ist es notwendig, dass Sie die tierärztliche Routine beherrschen und sich auf den Umgang mit den Landwirten einstellen. Außerdem sind viele rechtliche Vorschriften zum Arzneimitteleinsatz bei lebensmittelliefernden Tieren zu beachten. Dieses Buch gibt wichtige Hinweise dazu.

Alle Operationen und die Geburtshilfe finden im Stall statt. Die Arbeitsbedingungen dort unterscheiden sich erheblich von der Arbeit in einer Klinik. Daher wurden wichtige Operationen ausführlich beschrieben und mit vielen praktischen Hinweisen versehen. Die beschriebenen Arbeitsabläufe haben sich in der Praxis bewährt, auch wenn es viele alternative Methoden gibt, mit denen andere Kollegen auch erfolgreich sind. Wir sind daran interessiert, weitere Tipps und Tricks zu den Techniken zu bekommen, um das Buch auch in Zukunft weiterentwickeln zu können.

Much und Scheidegg, März 2012

Hubert Buer und Andreas Palzer

Anschriften der Autoren

Dr. med. vet. Hubert Buer
LandVET
Tierärztliche GbR
Bövingen 127A
53804 Much
h.buer@landvet.de

Dr. med. vet. Andreas Palzer
Fachtierarzt für Schweine
Tierarztpraxis Scheidegg
Fachtierärztliche Praxis für Schweine und Bestandsbetreuung
Bahnhofstr. 30
88175 Scheidegg
info@schweinepraxis-scheidegg.de

Unter Mitarbeit von:

Dirk Behnke
Tierarzt
Ziegeleistr. 1
35274 Kirchhain
dirk.behnke@gmx.net

Dr. med. vet. Christiane Benesch
Fachtierärztin für Schafe
Landesamt für Umwelt, Gesundheit und Verbraucherschutz
Dorfstr. 1
14513 Teltow-Ruhlsdorf
christiane.benesch@lugv.brandenburg.de

Gesine Hesse
Praktische Tierärztin
Aspergstr. 10
79362 Forchheim
tierarztpraxishesse@gmx.de

Heiko Nores
Praktischer Tierarzt für Klein- und Großtiere
Prämienstr. 31
52076 Aachen-Walheim
nores@tierarztpraxis-nores.de

Inhalt

1 Arbeitsablauf

1.1 Arbeitsorganisation

Sie haben sich nach einem erfolgreichen Studium dazu entschlossen, in die Nutztierpraxis einzusteigen. Deshalb halten Sie auch dieses Buch in der Hand. Sie möchten sicherlich auch im Beruf genauso erfolgreich sein, wie Sie es im Studium waren. Aber welche Qualitäten benötigen Sie, um ein guter praktischer Tierarzt in der Nutztierpraxis zu werden?
Sie benötigen für Ihre Arbeit drei Intelligenzen:

- **logische Intelligenz:** Fachwissen auf hohem Niveau, mit dem Sie umgehen können, das Sie verstanden haben. Das haben Sie eigentlich schon mit Schule und Studium bewiesen.
- **soziale Intelligenz/Sozialkompetenz:** Sie müssen mit Ihren Kunden klar kommen und mit ihnen reden können. Sie sollten ein Gespür für deren Themen und Sorgen entwickeln und Vertrauen aufbauen können. Sie müssen zudem auch mit Ihren Kollegen im Team harmonieren. Diese Fähigkeiten benötigen Sie überall in der freien Wirtschaft und Sie müssen diese erlernen und entwickeln.
- **handwerkliche Intelligenz:** In diesem Punkt unterscheidet sich Ihr Beruf von vielen anderen akademischen Berufen. Gerade als Rinderpraktiker sind Sie handwerklich ausgerichtet und müssen in der Lage sein, das, was Sie im Kopf verstanden haben, mit den Händen umzusetzen.

> Sie können mit überdurchschnittlichem Fachwissen einen Mangel an Sozialkompetenz oder auch fehlendes handwerkliches Geschick ausgleichen, aber keine dieser drei Anforderungen an den Beruf darf völlig fehlen.

Auch wenn Sie mit mehreren Kollegen in einer großen Nutztierpraxis zusammenarbeiten, so müssen Sie doch letztlich auf dem landwirtschaftlichen Betrieb selbstständig als „Einzelkämpfer“ arbeiten. Vielleicht haben Sie auch bereits so viele praktische Erfahrungen gesammelt, dass Sie der Behandlung der Tiere gelassen gegenüberstehen. Dann drohen jedoch immer noch Probleme von organisatorischer Seite, und wenn Sie noch nie eigenverantwortlich in einer Praxis gearbeitet haben, kann es davon einige geben.

Wir haben hier für Sie eine Reihe von Hinweisen und Tipps gesammelt, die Ihnen helfen können, häufigen Fallstricken gleich von Beginn an aus dem Wege zu gehen.

- Machen Sie sich zu Beginn mit den Medikamenten vertraut, die bei Ihrem neuen Arbeitgeber benutzt werden. Lassen Sie sich erklären, warum das eine Präparat bevorzugt wird und nicht ein anderes. Lesen Sie die Waschzettel und prägen Sie sich die Wartezeiten ein.
- Wenn Sie in der Außenpraxis tätig sind, machen Sie sich zuerst mit Ihrem Praxiswagen vertraut. Am besten planen Sie dafür einen Tag ein. So können Sie sich später vor Ort viel Zeit mit der Suche nach notwendigen Instrumenten und Medikamenten ersparen.
- In gut geführten Praxen sind Standards für die Routinebehandlungen festgelegt, an denen man sich als Anfänger orientieren kann. Die Landwirte selbst kennen die meisten dieser Erkrankungen und wissen, wie sie von älteren Kollegen behandelt werden. Daher werden „Neue" sehr intensiv beobachtet, ob sie sich auch an die bekannten Arbeitsabläufe halten.
- Lassen Sie sich ein Telefonverzeichnis der Kunden, möglichst mit allen Mobiltelefonnummern, geben. Ihre Kunden arbeiten in der Regel nicht im Büro und sind daher nur mobil zu erreichen. Wenn Sie zu einem Kunden fahren, melden Sie sich telefonisch an. Das erleichtert es auch dem Landwirt, seinen Tagesablauf besser zu planen.
- Benutzen Sie für Telefongespräche mit Kunden ein Handy der Praxis. Ihre private Mobilfunknummer sollte privat bleiben, da Sie sonst an arbeitsfreien Tagen nicht mehr wirklich frei haben.
- In der Regel bekommen Sie in der Nutztierpraxis einen Laptop mit einem entsprechenden Praxisverwaltungsprogramm gestellt. Arbeiten Sie sich in das Programm ein und lassen Sie sich Besonderheiten erklären. Benutzen Sie Ihren PC auch als Notizbuch, das Sie immer mit sich führen. Sie können dort viele Informationen, Befunde und Laborergebnisse des Kunden, aber auch wichtige Artikel usw. abspeichern, auf die Sie jederzeit zugreifen können.
- Sichern Sie täglich Ihre Daten, da die Hardware im mobilen Praxisalltag störanfällig ist.

1.2 Arbeitsvorbereitung

Die Nutztierpraxis ist in der Regel eine reine Außenpraxis. Unser Praxiswagen ist unser Arbeitsplatz. Die sorgfältige Einrichtung eines Fahrzeugs steht zu einem großen Teil für einen ordnungsgemäßen und rationellen Arbeitsablauf.
In den letzten Jahren hat sich das Bild des Praxiswagens in der Nutztierpraxis erheblich gewandelt, von einem voll gepackten PKW oder Kombi mit ungeordneten Kisten, der an Wochenenden auch noch für Privatfahrten genutzt wurde, hat sich die Entwicklung zu komplett eingerichteten Nutzfahrzeugen vollzogen.
Die Medikamente sind übersichtlich in eingebauten und teils klimatisierten Schubläden untergebracht, für Impfstoffe und Medikamente, die gekühlt gelagert werden müssen, ist ein Kühlschrank erforderlich. Auch ein Waschbecken mit Stiefelbrause ist besonders für Einsätze auf der Weide zweckmäßig und häufig schon vorhanden, genauso wie eine Büroeinrichtung mit Laptop und Drucker (Abb. 1.1).

Abb. 1.1 Laptop im Tierarztfahrzeug.

Viele Dinge sind durch die „tierärztliche Hausapothekenverordnung“ zwingend vorgeschrieben:

Verordnung über tierärztliche Hausapotheken (TÄHAV) § 11 – In der Außenpraxis mitgeführte Arzneimittel

(1) Arzneimittel dürfen in der Außenpraxis nur in allseits geschlossenen Transportbehältnissen mitgeführt werden, die Schutz bieten vor einer nachteiligen Beeinflussung der Arzneimittel, insbesondere durch Licht, Temperatur, Witterungseinflüsse oder Verunreinigungen. Von pharmazeutischen Unternehmern, Großhändlern oder aus Apotheken bezogene Fertigarzneimittel dürfen darüber hinaus nur in ihrem Originalbehältnis mitgeführt werden. § 9 Abs. 2 gilt entsprechend.

(2) Der Tierarzt darf Arzneimittel nur in einer solchen Menge und in einem solchen Sortiment mit sich führen, dass der regelmäßige tägliche Bedarf seiner tierärztlichen Tätigkeit nicht überschritten wird.

(http://www.vetion.de/gesetze/Gesetzestexte/TaeHaV.htm?mainPage=1)

Die Fahrzeuge müssen komplett mit Instrumenten für alle Notfälle und Operationen eingerichtet sein (Abb. 1.2).

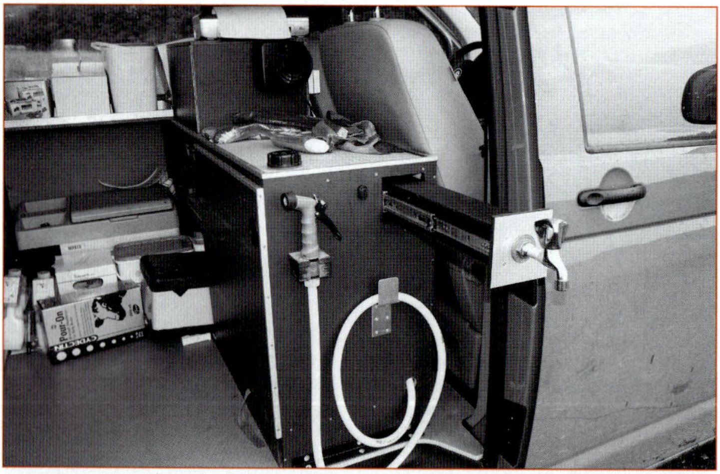

Abb. 1.2 Wasserversorgung im Dienstfahrzeug mit Kran und Stiefelbrause; im Hintergrund der mitgeführte Drucker.

- Der Vertrieb von Arzneimitteln ist sicherlich ein wesentlicher Wirtschaftsfaktor einer Großtierpraxis. In den letzten Jahren ist aber das Arzneimittelrecht erheblich verschärft worden. Vor jeder Abgabe eines Medikaments stehen die sorgfältige tierärztliche Untersuchung und die Diagnose des Einzeltiers, einer Gruppe oder des Bestandes. Daher ist das Abholen bzw. der Verkauf von Medikamenten in der Praxis nach dem geltenden Recht nur in wenigen Einzelfällen möglich. In der Regel werden Medikamente nur im Rahmen eines Besuchs im landwirtschaftlichen Betrieb abgegeben. Wenn laut Vorbericht eine größere Tierzahl erkrankt ist, z.B. an Rindergrippe, sind zusätzlich ausreichend Medikamente mitzuführen, um sich unnötige Anfahrten zu ersparen.
- Nach Beendigung der Praxistour muss das Fahrzeug wieder vollständig aufgefüllt und gesäubert werden („Visitenkarte des Tierarztes"). Dies ist besonders wichtig, wenn am nächsten Tag ein anderer Kollege den Praxiswagen benutzt.
- Der Berufsanfänger bekommt in der Regel ein Fahrzeug gestellt. Im Laufe der ersten Berufsjahre wird das Fahrzeug dann den eigenen Arbeitsgewohnheiten, Bedürfnissen und Erfahrungen angepasst.
- Es macht keinen guten Eindruck, wenn Berufsanfänger oder Mitarbeiter mit sehr viel älteren oder unvollständig eingerichteten Fahrzeugen als die „Chefs" auf die Praxistour gehen. Der Landwirt bekommt dann leicht den Eindruck, es mit einem Tierarzt „zweiter Wahl" zu tun zu haben und ist auch nicht bereit, dafür das gleiche Geld auszugeben wie für den „Chef".
- Auch in größeren Nutztierpraxen mit mehreren Fahrzeugen ist es meist nicht möglich, alle Fahrzeuge identisch, und damit austauschbar, einzurichten. Dies wäre zwar kostensparend und würde die Organisation erleichtern, widerspricht aber der ausgeprägten Individualität der Großtierpraktiker.
- In der Nutztierpraxis haben Landwirte und Tierärzte eine umfangreiche Dokumentationspflicht, z.B. Abgabe- und Anwendungsbelege, Angabe von Wartezeiten usw. Dies ist ohne Laptop und Drucker im Fahrzeug kaum noch zu realisieren. Behandlungen direkt in ein Praxisprogramm einzutragen, ist sehr viel effektiver als eine „Zettelwirtschaft", woraus später dann Mitarbeiter im Büro die Dokumentation und die Rechnungen erstellen müssen.
- Wenn die Behandlungen oder abgegebenen Medikamente direkt vor Ort in die Praxissoftware eingetragen werden, können Belege auf dem Betrieb ausgedruckt werden, und es wird nichts vergessen und sofort dokumen-

tiert, dass der Landwirt über die Wartezeiten informiert wurde. Außerdem sind, nach regelmäßigem Datenaustausch, die Vorbehandlungen der Kollegen, Befunde und Laborergebnisse sowie alle Vorfälle und Probleme des landwirtschaftlichen Betriebs immer vor Ort abrufbar.

> Auch Hinweise zum Auffinden versteckter Ställe oder zu besonderen Wünschen des Kunden können in der Praxissoftware vermerkt werden und erleichtern so dem Berufsanfänger den ersten Kundenbesuch.

1.3 Umgang mit Landwirten

Wie immer im menschlichen Zusammenleben, so spielt auch in der Tierarztpraxis die Kommunikation eine große Rolle. Sie ist die Basis Ihrer tiermedizinischen Arbeit. Wenn Sie ein paar grundsätzliche Dinge bei der Kommunikation beachten, wird Ihre Arbeit dadurch wesentlich erleichtert. Nicht erst seit der Wiedervereinigung gibt es den „Landwirt" als einheitlichen Kunden nicht mehr. Sie haben es mit Nutztierhaltern zu tun, die kleine Familienbetriebe mit nicht mehr als 20 Kühen im Nebenerwerb betreiben, vor allem in den südlichen Bundesländern, und Sie haben es mit promovierten Betriebsleitern von Großbetrieben mit mehr als 1000 Milchkühen und sehr qualifiziertem Personal zu tun. Die Betriebsgröße ist aber allein kein Gradmesser für die Qualifikation Ihres Kunden. Sie müssen sich auf jeden Kunden einzeln einstellen, auf den Milchbauern, der noch Bezug zu jeder Kuh hat, und auf den Diplomlandwirt, der nur betriebswirtschaftlich denkt.

- Wenn Sie zum ersten Mal auf den Betrieb fahren, beachten Sie die dortigen Hygienestandards. Sie sollten nie mit Ihrem Fahrzeug über den Futtergang oder über Triebwege fahren. Wenn möglich, parken Sie in der Nähe der Milchküche, wo auch der Milchtankwagen hält oder anderer öffentlicher Personenverkehr stattfindet. So geraten Sie nie in den Verdacht, mit dem Fahrzeug eine Krankheit zu verschleppen.
- Gerade Anfänger ziehen sich durch Hektik und Nervosität sehr oft kleine Blechschäden am Fahrzeug zu. Hilfreich ist es, das Fahrzeug auf dem landwirtschaftlichen Betrieb so zu parken, dass man vorwärts den Hof verlassen kann. Dadurch vermeiden Sie es, gegen irgendwelche später zufällig abgestellten Gegenstände wie z.B. Schubkarre, Kinderspielzeug oder Landmaschine zu fahren.

- Begrüßen Sie beim ersten Besuch den Kunden freundlich und stellen Sie sich etwas ausführlicher vor. Landwirt bzw. Herdenmanager und Tierarzt können auf Dauer nur eng zusammen arbeiten, wenn ein Vertrauensverhältnis besteht. Das persönliche Kennenlernen ist dabei der erste wichtige Schritt.
- Erklären Sie interessierten Landwirten die Erkrankung ausführlich. So kann auch ein erfahrener Landwirt Ihren Wissenstand erkennen und lernt Sie einzuschätzen. Andere Landwirte sind eher an einem persönlichen Gespräch über Ihren beruflichen Werdegang oder auch Ihre persönlichen Verhältnisse interessiert. Kommen Sie den Gesprächswünschen offen und ehrlich entgegen, das schafft Vertrauen.

> Die gesundheitlichen Probleme im Stall des Kunden dürfen nie der Nachbarschaft erzählt werden.

- Einem neuen Mitarbeiter wird es meist nicht übel genommen, wenn er zugibt, dass er nicht alleine weiterkommt und sich die Hilfe eines Kollegen holt. Im Gegenteil zeugt dies von Verantwortungsgefühl und belegt, dass Sie Ihre Grenzen kennen.
- Erklären Sie während der Behandlung was und warum Sie es tun.
- Geben Sie nach der Behandlung deutlich die Wartezeiten auf Milch und Fleisch für die eingesetzten Medikamente an. Wenn das mündlich geschieht, müssen Sie sich vergewissern, dass der Landwirt das verstanden hat. Wird direkt vor Ort ein Abgabebeleg ausgedruckt, haben Sie sich schriftlich abgesichert (Abb. 1.3).

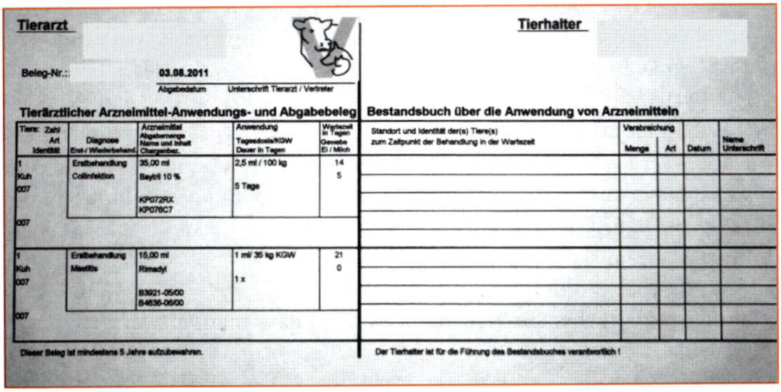

Tierarzt

Beleg-Nr.::

03.08.2011

Abgabedatum — Unterschrift Tierarzt / Vertreter

Tierärztlicher Arzneimittel-Anwendungs- und Abgabebeleg

Tiere: Zahl Art Identität	Diagnose Erst-/ Wiederbehand.	Arzneimittel Abgabemenge Name und Inhalt Chargenbez.	Anwendung Tagesdosis/KGW Dauer in Tagen	Wartezeit in Tagen Gewebe Ei / Milch
1 Kuh 007	Erstbehandlung Coliinfektion	35,00 ml Baytril 10 % KP072RX KP076C7	2,5 ml / 100 kg 5 Tage	14 5
007				
1 Kuh 007	Erstbehandlung Mastitis	15,00 ml Rimadyl B3921-05/00 B4636-06/00	1 ml/ 35 kg KGW 1 x	21 0
007				

Dieser Beleg ist mindestens 5 Jahre aufzubewahren.

Tierhalter

Bestandsbuch über die Anwendung von Arzneimitteln

Standort und Identität der(s) Tiere(s) zum Zeitpunkt der Behandlung in der Wartezeit	Verabreichung Menge	Art	Datum	Name Unterschrift

Der Tierhalter ist für die Führung des Bestandsbuches verantwortlich !

Abb. 1.3 Abgabebeleg.

- Häufig wurden einzelne Patienten schon vom Landwirt oder von Mitarbeitern vorbehandelt. Sie müssen hier gründlich nachfragen, ohne dass beim Tierbesitzer das Gefühl entsteht, dass Sie ihn kontrollieren wollen oder ihm eine falsche Behandlung unterstellen.
- Anfänger müssen Erfahrung sammeln. Daher ist es unbedingt erforderlich, auch bei Routineerkrankungen, z.B. Mastitiden, am nächsten Tag oder später wieder nach dem Tier zu schauen und sich zu vergewissern, dass die Behandlung gewirkt hat bzw. wie sich die Krankheit weiterentwickelt hat. Diese Nachkontrollen im eigenen Interesse sollten Sie dem Landwirt nicht in Rechnung stellen. Er merkt, dass Sie sich für den Fall interessieren und engagieren und erkennt das auch zumeist sehr positiv an.

> Der große Vorteil eines Anfängers gegenüber seinen erfahrenen Kollegen besteht häufig darin, dass er sich Zeit nehmen kann.

- Auch Fehler oder Verluste bei Patienten werden vom Landwirt sehr viel weniger übel genommen, wenn er das Gefühl hat, dass der junge Kollege sein Bestes gegeben hat, engagiert ist und über den Fehlschlag einer Behandlung oder das Verenden eines Tieres ehrlich betroffen ist. Wenn Sie am Telefon erfahren, dass ein Patient verendet ist, macht es einen guten Eindruck, wenn Sie noch einmal zum Landwirt fahren und die Sache abschließend besprechen, ohne dabei nach Schuldigen oder Ausreden zu suchen.
- Landwirte legen großen Wert darauf, dass man sich auch mit ihren alltäglichen Sorgen auskennt und sich auch für schlechte Preise, wirtschaftliche Nöte und ganz allgemein für die Agrarpolitik interessiert. Das Lesen von landwirtschaftlichen Fachzeitschriften wie „Top Agrar" oder regionalen Wochenblättern ist für die Tätigkeit in der Nutztierpraxis unumgänglich. Daraus ergeben sich oft Gespräche und Diskussionen, woran der Landwirt erkennt, dass Sie mit der Landwirtschaft eng verbunden sind.
- Es muss abgeklärt werden, ob der Besitzer sich meldet, wenn sich die Erkrankung nicht bessert, oder ob unaufgefordert ein Nachbesuch oder eine Nachbehandlung erfolgt (Kosten!).

1.4 Anamnese und Gesprächsführung

Die ausführliche Untersuchung und Diagnostik am Einzeltier, auch bei Bestandsproblemen, ist das Handwerkszeug, das sich ein junger Tierarzt erarbeiten muss.

Die vollständig erhobene Anamnese ist ein wesentlicher Pfeiler in der Diagnosefindung. Besonders zu Beginn der beruflichen Laufbahn, wenn man vielleicht noch nervös und unsicher ist, werden wichtige Fragen gerne vergessen.

- Erstellen Sie sich am besten zunächst ein Schema zur Anamneseerhebung für bestimmte Symptomenkomplexe, z.B. die Kuh frisst nicht oder ist lahm usw. Um routinierter zu wirken, ist es natürlich besser, die Schemata im Kopf zu haben und die Fragen nicht von einem Zettel abzulesen.

Beispiel zur Untersuchung einer Milchkuh

- Vorbericht: Kuh frisst seit wann nicht mehr? Seit wann krank?
- Wann hat das Tier gekalbt? Wie lang ist es tragend? (sehr wichtig!)
- Vorbehandlungen?
- Einzeltiererkrankung oder mehrere Tiere krank?
- Fütterung aktuell, Futterumstellungen? Wasserversorgung?
- Milchleistung? Verlauf?

- Um schon am Telefon herauszufinden, ob es sich um einen Notfall handelt und sehr eilig ist oder ob der Besuch im Rahmen der normalen Tour eingebaut werden kann, sollte man immer die entscheidende Frage stellen: „Seit wann?". Wenn ein Landwirt wegen eines geblähten Rindes anruft, können Sie mit dieser Frage herausfinden, ob das Tier schon seit einigen Tagen oder Stunden gebläht ist und damit keine akute Lebensgefahr droht oder ob das Rind in den letzten Minuten gebläht ist und akut zu verenden droht.
- Der Patientenbesitzer neigt vielleicht dazu, seine Antworten und Angaben unpräzise und vage zu halten. Eine Angabe wie „seit einiger Zeit" hilft Ihnen bei der Einschätzung der Dauer der Symptomatik nicht weiter. Versuchen Sie stets durch Nachfragen, Mengen- und Zeitangaben so präzise wie möglich zu erhalten.
- Wenn Sie nun wissen, was Sie fragen, kommt es auch noch darauf an, wie Sie fragen. Wenn Sie dem Tierbesitzer das Feld der Kommunikation ganz alleine überlassen, passiert es Ihnen schnell, dass Sie über die letzten Examensarbeiten der Tochter besser Bescheid wissen, als über das

Gesundheitsproblem der Kuh. Es ist also an Ihnen, die Gesprächsleitung zu übernehmen, um nach Möglichkeit genau die Informationen zu bekommen – und nur die –, die für Ihre Arbeit wichtig sind. Ein wichtiges Instrument der Gesprächsführung ist die Fragetechnik. Grundsätzlich werden drei verschiedene Frageformen unterschieden: die offene, die geschlossene und die Alternativfrage.

Offene Fragen

Die offene Frage lässt dem Tierbesitzer Raum für eigene Beobachtungen, erfragt seine Eindrücke und Ansichten:

- „Was hat sich denn an der Kuh geändert?“
- „Wie hat sich die Vorbehandlung ausgewirkt?“

Für Kunden, die sehr ausschweifend berichten, ist diese Frageform weniger geeignet. Menschen, die von sich aus eher wenig über ihr Tier berichten, lassen sich mit den Fragewörtern „was, wie, welche“ aus der Reserve locken.

Geschlossene Fragen

Geschlossene Fragen fordern eine konkrete Antwort. Sie werden auch als „Ja/Nein“-Fragen bezeichnet. Durch diese Fragetechnik erhalten Sie zwar weniger Informationen, können den Redefluss des Tierbesitzers aber besser steuern:

- „Ist die Kuh tragend?
- „Seit wann ist die Kuh tragend?“

Alternativfrage

Die Alternativfrage lässt dem Kunden die Wahl zwischen mehreren Optionen. Dies hat in der Kommunikation den Vorteil, dass ein Teil der Entscheidungen und somit auch der Verantwortung an den Patientenbesitzer abgegeben wird.

- „Möchten Sie die Klauenpflege selbst durchführen oder soll ich das noch für Sie erledigen?“

Aber Vorsicht vor Suggestivfragen. Der Besitzer wird Ihnen darauf meist das antworten, was Sie ihm sozusagen schon in den Mund gelegt haben, und das entspricht häufig nicht der tatsächlichen Beobachtung des Befragten:

- „Meinen Sie nicht auch, dass die Lahmheit schlimmer geworden ist, seit die Kuh auf der Weide ist?“

Wenn Sie und der Kunde sich wieder trennen, sollte genau geklärt sein, was und in welchem Umfang untersucht wurde, welche Befunde erhoben wurden und wie es weitergehen soll. Wiederholen Sie eventuell das Gesagte, um sicher zu gehen, dass der Kunde Sie richtig verstanden hat. Fassen Sie am Ende Befunde und Therapieanweisungen noch einmal kurz zusammen:

- „Die Mastitis wurde antibiotisch behandelt. Es besteht der Verdacht einer Infektion mit Streptokokken. Das Ergebnis der bakteriologischen Untersuchung erwarte ich in drei Tagen und wir werden dann das weitere Vorgehen besprechen. Bitte behandeln Sie das erkrankte Viertel bis dahin mit den abgegebenen Euterinjektoren nach jeder Melkzeit. Falls sich das Allgemeinbefinden verschlechtert, benachrichtigen Sie uns.“

Bei komplizierten Zusammenhängen können Sie den Tierbesitzer abschließend auch fragen, ob er zu dem Thema noch etwas wissen möchte.
Geben Sie dem Landwirt das Gefühl, dass Sie sich für sein Tier-/Bestandsproblem verantwortlich fühlen. Kontrollieren Sie gerade am Anfang Ihren Therapieerfolg. Dies muss nicht zwangsläufig ein Nachbesuch sein, sondern kann auch telefonisch erfolgen.

1.5 Behandlungskosten

Nach erfolgter Untersuchung und Diagnosestellung muss die Behandlung mit dem Landwirt besprochen werden. Dabei darf man in der Nutztierpraxis nie die Wirtschaftlichkeit aus den Augen verlieren.

- Zur Beurteilung der Behandlungskosten gehört es auch, eine Prognose zu stellen und den Aufwand für Nachbehandlungen zu berücksichtigen. Dies ist für unerfahrene Tierärzte besonders schwer. Man kann dies aber offen mit dem Landwirt diskutieren. Häufig hat der Landwirt ja selbst bereits Erfahrung mit den Behandlungskosten bestimmter Erkrankungen. Versuchen Sie immer, mit dem Landwirt eine „gemeinsame“ Entscheidung zu treffen: Behandlung oder Schlachtung.
- Handelt es sich um eine Einzeltiererkrankung, darf der Aufwand für Laboruntersuchungen nur sehr gering sein, auch wenn man dann möglicherweise auf eine endgültige sichere Diagnose verzichten muss. Trotz-

dem liegt der Wert einer Milchkuh immer noch weit über 1000 €, sodass sich Behandlungen am Einzeltier im Gegensatz zur Geflügel- oder Schweinepraxis immer noch rechnen.

- Sobald es sich aber um ein „Bestandsproblem" handelt, ist ein hoher diagnostischer Aufwand gerechtfertigt. So können etwa Mastitiden in einem Bestand so gehäuft auftreten, dass es zur Unwirtschaftlichkeit der gesamten Milchviehhaltung führt. Dann ist der „Leidensdruck" des Landwirtes so hoch, dass auch teure Untersuchungen mithilfe von Spezialisten (Melktechnik, Wasseruntersuchungen usw.) kein finanzielles Problem darstellen.
- Preise und Kosten müssen für den Landwirt kalkulierbar sein. Hat man längere Zeit in einem Bestand zu tun (z.B. regelmäßige Trächtigkeitsuntersuchungen, Sterilitätsbehandlungen oder Massentätigkeiten, wie BHV-1/BVD-Blutproben) ist es vorteilhaft, nicht die einzelne Tätigkeit abzurechnen, sondern mithilfe eines Zeitfaktor zu einem Preis Ihrer Arbeit zu kommen. Das motiviert den Landwirt dazu, unsere Arbeit besser zu organisieren und z.B. die Tiere alle rechtzeitig zu fixieren und Untersuchungslisten anzulegen.
- Wenn der Tierhalter eine Behandlung als zu teuer ablehnt, sollten Sie dies auch nach Aufklärung bzw. Umstimmungsversuch in der Kartei festhalten. Wenn möglich, bieten Sie eine Alternative an, wie z.B. die Kuh mit einer Labmagenverlagerung nicht zu operieren, sondern es erst mit Bewegung und Weidegang zu probieren. Dabei sollte man darauf hinweisen, dass sich der Zustand des Tieres verschlechtern kann.
- Fragen Sie nach, welche Bedenken der Tierhalter hat und aus welchen Gründen er eine bestimmte Therapie ablehnt. Vielleicht können Sie seine Bedenken entkräften.
- Seien Sie verständnisvoll, wenn die finanzielle Situation eines Kunden keine optimale Behandlung erlaubt. Die Gebührenordnung hat in der Nutztierpraxis nicht die Bedeutung wie in der Pferde- oder Kleintierpraxis. Die Behandlungen müssen wirtschaftlich sein, sonst werden sie nicht mehr durchgeführt. Das ist oft nicht im Sinne des Tierschutzes. Will man Geburtshilfe in der Rinderpraxis kostendeckend für den Tierarzt abrechnen, ist es für den Landwirt kaum noch zu bezahlen. Wenn man es aber im Rahmen der gesamten Tätigkeit im Betrieb sieht, sozusagen als Mischkalkulation, kommen beide Seiten auf ihre Kosten, und die Rinder werden bei Geburten, Verletzungen oder akuten Erkrankungen als Individuum ordnungsgemäß und tierschutzgerecht versorgt.

Probleme und Sonderfälle

Skeptischer Stammkunde

Wenn ein Stammkunde nur vom Chef behandelt werden möchte, liegt das nicht unbedingt an Ihnen – wahrscheinlich kennt er Sie ja noch gar nicht. Überlegen Sie, wie es für Sie ist, wenn Sie zu Ihrem Hausarzt gehen wollen und stattdessen von einer jungen Assistentin behandelt werden. Versuchen Sie nicht, ihn umzustimmen. Einfacher ist es, wenn diese Aufgabe Ihr Chef übernimmt: „Herr Müller, heute kümmert sich meine Kollegin Frau Schweif um Ihre Kälber. Die macht das genauso gut wie ich. Wenn etwas Besonderes vorliegt, wird Sie das später mit mir besprechen und ich rufe Sie dann heute Abend noch einmal an. Ist das ein Angebot? Prima, auf Wiedersehen!"
Ist der Chef nicht abkömmlich, hilft oft ein freundliches Wort: „Wir fangen jetzt einfach mal zusammen an und schauen, wie weit wir kommen."
Es ist oft einfacher, wenn der Anfänger zum ersten Mal zu Massentätigkeiten (z.B. Blutproben) in den Betrieb kommt. Dabei haben Landwirt und neuer Tierarzt etwas mehr Zeit zum Kennenlernen. Und wenn diese Routinearbeit gut funktioniert hat, ist auch häufig eine Vertrauensbasis für die erste Geburtshilfe entstanden.

Streit mit dem Kunden

Wenn ein Kunde – zu Recht oder zu Unrecht – mit Ihnen streitet, sorgen Sie zunächst für eine ruhige Gesprächsatmosphäre. Achten Sie darauf, dass andere Kunden nichts von der Situation mitbekommen. Versuchen Sie nicht, zu „gewinnen". Je ruhiger Sie bleiben, desto souveräner wirken Sie. Hören Sie sich die Argumente an, aber lassen Sie sich nicht auf endlose Diskussionen ein. Versuchen Sie, den Kunden für die Praxis zu erhalten. Vielleicht gibt es ja jemanden, der besser mit ihm auskommt.

Nichts hilft

Man kann nicht mit jedem Menschen eine gute Gesprächsbasis finden. Das ist auch in der Nutztierpraxis so. Wenn Sie mit jemandem absolut „nicht können", gibt es vielleicht die Möglichkeit, die Person durch jemand anderen aus dem Team betreuen zu lassen. Ansonsten bleiben Sie höflich und sachlich. Widmen Sie Ihre Aufmerksamkeit verstärkt dem Tier, wenn mit dem Landwirt kein „Smalltalk" möglich ist.

1.6 Pflichten des Tierarztes

Zwischen Ihnen und dem Patientenbesitzer kommt spätestens in dem Moment, in dem Sie miteinander im Stall kommunizieren, ein Behandlungsvertrag zustande (rechtlich ein Dienstvertrag). Das bedeutet für Sie folgende Pflichten: Sorgfaltspflicht, Beratungs- und Aufklärungspflicht, Dokumentationspflicht, Schweigepflicht, Fortbildungspflicht.

Sorgfalts- und Aufklärungspflicht

- Wenn Sie einen Fall übernehmen, dem Sie offensichtlich nicht gewachsen sind, weil Ihre Kenntnisse oder auch die personelle und apparative Ausstattung der Praxis eine Beherrschung der Situation nicht zulassen, kann Sie ein sog. Übernahmeverschulden haftpflichtig werden lassen. Dies kann vor allem im Notdienst für Sie eine Gratwanderung sein. Besprechen Sie im Team, in welchen Fällen Sie Hilfe hinzuziehen oder einen Fall überweisen sollten.
- Jede Behandlung muss rechtlich nach aktuellem tiermedizinischen Kenntnisstand und mit der nötigen tierärztlichen Sorgfalt erfolgen. Grundsätzlich sollte zur Diagnostik und Therapie die jeweils ungefährlichste Methode gewählt werden. Auch Nachsorge (im Sinne von Überwachung und Kontrolluntersuchungen) gehört zur Sorgfaltspflicht.
- Der Besitzer ist innerhalb des Behandlungsvertrages nicht nur zur Zahlung verpflichtet, sondern auch zur Mitwirkung: Er muss den Tierarzt über auftretende Beschwerden und mögliche Komplikationen während der Behandlung informieren und Anordnungen im Rahmen der Therapie befolgen.
- Der Tierhalter kann den Behandlungsvertrag jederzeit beenden, der Tierarzt nur dann, wenn dem Tier auch an anderer Stelle geholfen werden kann. Ausnahme: Wenn der Tierbesitzer sich nicht an seine oben beschriebenen Mitwirkungspflichten hält, kann der Tierarzt den Behandlungsvertrag kündigen.
- Bei jeder Behandlung muss der Halter über die Diagnose, den etwaigen Verlauf der Therapie (besonders im Hinblick auf Umfang, Dauer und Kosten), mögliche Risiken und Alternativen zur vorgeschlagenen Behandlung aufgeklärt werden.

Dokumentationspflicht

Dem Nutztierpraktiker sind in den letzten Jahren per Gesetz umfangreiche Dokumentationspflichten bei der Anwendung von Arzneimitteln bei Nutztieren (lebensmittelliefernde Tiere) auferlegt worden. Der Tierarzt muss dem Landwirt bei jeder Anwendung bzw. Abgabe von Medikamenten einen sog. „Anwendungs- und Abgabebeleg" aushändigen. Der Gestaltung sind dabei enge Grenzen gesetzt.

Verordnung über tierärztliche Hausapotheken (TÄHAV)
Die Bestimmungen werden je nach Regierungsbezirk und Bundesland unterschiedlich gehandhabt. So kann es z.B. sein, dass ein Veterinäramt die im Gesetzestext auftauchende Bezeichnung „unverzüglich" als „direkt auf dem Hof bei der Abgabe" auslegt, ein anderes Veterinäramt ist damit einverstanden, wenn die Anwendungs- und Abgabebelege mit der nächsten Rechnung zugesandt werden.
Der Landwirt muss seinerseits auch den Nachweis über die Anwendung bzw. den Erwerb der Arzneimittel erbringen.
Die Texte in voller Länger finden Sie unter:
http://www.vetion.de/gesetze/Gesetzestexte/TaeHaV.htm?mainPage=1

Fortbildungspflicht

Die Fortbildungspflicht ist je nach Kammergebiet unterschiedlich geregelt. In einer Fachpraxis für Rinder muss jeder Tierarzt mindestens acht Fortbildungsstunden pro Jahr leisten. Für Fachtierärzte mit Ausbildungsbefugnis liegt die Zahl der Fortbildungsstunden noch höher.

Schweigepflicht

Die Schweigepflicht versteht sich von selbst. Bei einer Vernachlässigung dieser Pflicht kommt es zwar nicht wie in der Humanmedizin zu massiven Verletzungen der Privatsphäre des Patienten, trotzdem wird dies als höchst unprofessionell empfunden. Seien Sie also vorsichtig, wenn Sie im Beisein anderer mit Kunden z.B. wegen einer Diagnose oder ermittelter Laborergebnisse telefonieren.

- Nennen Sie den Namen des Kunden möglichst nicht am Telefon, solange andere mithören.

- Lassen Sie keine Daten am PC offen einsehbar bzw. Unterlagen von Kunden (z.B. Abgabebelege) herumliegen, sodass andere Landwirte sie sehen.
- Geben Sie keine Auskünfte zu Erkrankungen in Nachbarbetrieben.
- Behandeln Sie die Daten anderer so, wie Sie Ihre eigenen aufgehoben haben möchten. Denken Sie daran auch bei achtlos ins Altpapier geworfenen Schriftstücken mit der Anschrift des Kunden. Verwenden Sie einen Aktenvernichter zur Entsorgung solcher Papiere.

1.7 Umgang mit Kollegen

Die Teamarbeit ist das A und O in einer funktionierenden Tierarztpraxis. Wenn alle Beteiligten eng und gut zusammenarbeiten, erhöht sich nicht nur die Effizienz der Versorgung, sondern es steigt auch die Zufriedenheit der Patientenbesitzer. Sie werden außerdem erleben, dass in solchen Fällen auch Ihre persönliche Zufriedenheit und der Spaß an der Arbeit größer werden. Auch wenn ein solcher Erfolg nicht wenig mit den Persönlichkeiten der Beteiligten zu tun hat, gibt es doch einige Dinge zu berücksichtigen, die mögliche Unterschiede ausgleichen und die Zusammenarbeit verbessern können.

- Wenn Sie neu in der Praxis sind, beobachten Sie aufmerksam die üblichen Verhaltensweisen. Ob man sich duzt oder siezt, ist meist schon entschieden. Im Zweifelsfall bleiben Sie lieber erst einmal beim Sie, um etwas Distanz zu wahren.
- Dem Kunden gegenüber sollte Ihr Vorgesetzter Sie besser als „mein Kollege" bezeichnen, nicht als „mein Assistent". Das kommt besser an und wirkt kompetenter. Auch Sie sollten, wenn Sie einen Rat einholen möchten, lieber sagen: „Ich bespreche das noch mal mit meinem Kollegen (bzw. Chef)."
- Hüten Sie sich davor, schon in den ersten Tagen permanent mit Verbesserungsvorschlägen zu kommen („Auf meiner letzten Stelle haben wir das ganz anders gemacht."). Warten Sie in der ersten Zeit einfach ab. Die Gelegenheit, konstruktive Vorschläge zu machen, wird sich noch bieten.
- Versuchen Sie, möglichst genaue Beschreibungen von Arbeitsabläufen und Behandlungen zu bekommen. Gut geführte Praxen geben dem Berufsanfänger die Standards für die Behandlungen von häufigen Erkran-

kungen schriftlich an die Hand (z.B. Gebärparese, Nachgeburtsverhaltung).

- Bevor Sie zu einem Betrieb fahren, können Sie noch einmal im Laptop einen Blick auf frühere Behandlungen werfen. Auch ergeben sich daraus Rückschlüsse, welche Medikamente der Landwirt benutzt und zu welchen (Nach-)Behandlungen er in der Lage ist.
- Über das Mobiltelefon können Sie jederzeit ältere Kollegen fragen, welche Empfehlungen dem Landwirt gegeben wurden, damit es zu keinen Widersprüchen kommt.
- Die gegenseitige Absprache und der Austausch über Landwirte und Patienten sind ganz wichtig und beweisen den kollegialen Zusammenhalt in der Praxis. Allzu gern werden sonst die Tierärzte gegeneinander „ausgespielt".
- Es wirkt auf den Tierbesitzer verunsichernd, wenn stark abweichende Auskünfte erteilt werden, und es schwächt Ihre Glaubwürdigkeit, wenn Ihre Auskunft von einem alteingesessenen Praxismitarbeiter revidiert wird. Eventuell kann die Erstellung von Checklisten helfen, die Abläufe zu standardisieren.
- Der Landwirt mag es in der Regel nicht, wenn sich mehrere Tierärzte um ein Tier oder einen erkrankten Bestand kümmern. Ist dies z.B. am Wochenende nicht zu vermeiden, ist es besonders wichtig, dem Landwirt zu zeigen, dass die Kollegen miteinander geredet und den Fall besprochen haben.
- Wenn Probleme auftauchen, besprechen Sie diese möglichst zeitnah, aber nicht vor dem Kunden. Falls jemand Sie in Anwesenheit des Kunden kritisiert, schlagen Sie vor, das Gespräch zu vertagen oder kurz in den Nebenraum zu gehen. Eine Diskussion in Gegenwart des Tierbesitzers wirkt ausgesprochen unprofessionell. Das gilt natürlich auch bei einer Diskussion mit Tierbesitzern vor anderen Tierbesitzern. Unterschätzen Sie dabei nicht das Bedürfnis von Landwirten, dass die gesundheitlichen Probleme im eigenen Stall nicht in die Nachbarschaft herausgetragen werden.

2 Untersuchung

2.1 Untersuchung des Rindes

Der Auftrag des Landwirtes, weshalb er den Tierarzt bestellt hat, bestimmt den Ablauf der Untersuchung und Diagnostik. Die vollständige Untersuchung aller Organsysteme ist in den einschlägigen Lehrbüchern umfassend beschrieben (z.B.: G. v. Rosenberger: Die klinische Untersuchung des Rindes). Eine einfache klinische Untersuchung sollte bei jedem Patienten durchgeführt werden.

Vorbereitung

- Sorgen Sie dafür, dass Sie alle benötigten Hilfs- und Untersuchungsmaterialien griffbereit zur Verfügung haben. Für eine erste klinische Untersuchung benötigten Sie nur wenige Arbeitsmaterialien:
  - Uhr mit Sekundenfunktion,
  - Digitalthermometer,
  - Phonendoskop,
  - Maulkeil oder Maulgatter,
  - Rektalhandschuh,
  - Untersuchungslampe oder Taschenlampe,
  - Melkschale und Reagenzien für den Schalm-Test,
  - Gleitmittel.
- In der täglichen Praxisroutine konzentrieren Sie sich bei der Untersuchung je nach Aufgabenstellung auf bestimmte Bereiche mehr oder weniger ausführlich. Immer wenn Sie Veränderungen entdecken, können Sie die Untersuchung ausführlicher gestalten. Hier möchten wir einen einfachen Untersuchungsgang entsprechend der Problemstellung darstellen.

Umgang mit Rindern

Mit einem sicheren und vor allem ruhigen Umgang gegenüber dem Tier hinterlässt man beim Landwirt einen ersten guten Eindruck. Der Landwirt ist als Kunde kein Laie, sondern in der Regel Fachmann und daher zumeist auch für die Fixierung der Tiere, die zu untersuchen und zu behandeln sind, verantwortlich.

> Unterstützen Sie den Landwirt bei widersetzlichen Tieren, aber übernehmen Sie nicht die Verantwortung dafür.

Jedes Tier reagiert anders, weshalb es auch keine allgemeingültigen Empfehlungen dafür gibt, wie man ein Rind zur Untersuchung und Behandlung fixieren muss. Milchkühe, die 2-mal täglich gemolken werden und dabei Kontakt mit Menschen haben, sind weit weniger gefährlich als Mutterkühe, die nur sehr wenig Kontakt zu Menschen haben und zum Teil wie Wild reagieren.

> Es spart Zeit, wenn man sich beim Landwirt eine halbe Stunde vorher telefonisch anmeldet und er dadurch Zeit hat, die Tiere zu fixieren.

Kälber

Bis zum 3. Lebensmonat lassen sich Kälber noch sehr gut von einer Person fixieren. Gefahren gehen von dieser Altersgruppe in der Regel noch nicht aus, obwohl ein Tritt auch schon schmerzhaft sein kann.

- Wenn sie frei in einer größeren Bucht gehalten werden (meist ab dem 2. Lebensmonat), ist das Einfangen oft nicht leicht, die Tiere sind sehr flink. Dann ist es günstig, sofern kein Fangfressgitter vorhanden ist, dass der Landwirt mit einem Gitter oder einer alten Tür eine „Fangecke" baut, hinter die man die Kälber treiben kann. Eine Person fixiert das Kalb dann am Schwanz oder man legt jetzt ein Halfter an.
- Bei Saugkälbern müssen Sie stets die Mutterkuh im Auge behalten. Behandeln Sie nie ein Kalb, wenn die Mutter nicht vorher abgesperrt ist. Sobald das Kalb z.B. bei einer Injektion laut blökt und Panik zeigt, kann die Mutter sehr aggressiv werden. Die Kuh sollte immer Sichtkontakt zu ihrem Kalb behalten.
- Bei der Sedierung ist das Mittel der Wahl das altbewährte Xylazin 2%ig (Rompun). Je nach Dosierung bleibt das Tier noch stehfähig oder legt sich schon hin. Mit höheren Dosierungen lassen sich kleinere chirurgische Eingriffe durchführen. Kälber vertragen in der ersten Lebenswoche Rompun sehr schlecht und es kann sogar zu Todesfällen kommen. Mit 0,5–1,5 ml einer 2%igen Xylazin-Lösung kann man Kälber im ersten Lebensmonat sedieren, um kleinere Eingriffe vorzunehmen (z.B. Enthornen oder Anlegen eines Verbandes).

Jungrinder

Ab dem 3. Monat sind Jungrinder schon sehr viel schlechter zu fixieren. Ein Fangfressgitter, in dem die Tiere sehr eng nebeneinander stehen, erleichtert die Untersuchung, Blutprobe oder Impfung. Ab diesem Alter haben die Rinder meist nur noch wenig Kontakt zu Menschen und werden entsprechend scheu. Bei rektalen Untersuchungen muss man immer damit rechnen, dass die Tiere nach hinten ausschlagen.

> Die gleiche Gefahr geht erfahrungsgemäß von den Tieren aus, die neben dem untersuchten Rind stehen, weil sie sich zumeist erschrecken.

- Bei sehr aggressiven Mutterkuhherden sollte man auf der Benutzung eines Zwangsstandes bestehen. Zusätzlich kann der Besitzer die Tiere noch am Kopf fixieren oder den Nasengriff, die Nasenzange, ein Halfter o.Ä. einsetzen.
- Mit 1–2 ml Xylazin lassen sich junge Rinder sedieren, ohne dass die Stehfähigkeit verloren geht. Sie müssen mit dem Eingriff auf jeden Fall so lange warten, bis die Wirkung einsetzt. Regt man das Tier zu früh auf, geht die sedierende Wirkung verloren. Das Einsetzen der Wirkung erkennt man daran, dass die Tiere den Kopf leicht absenken und der Speichel aus dem Maul herausläuft.

Milchkühe

Milchkühe sind den Kontakt mit Menschen gewohnt. Trotzdem gibt es sehr große Unterschiede im Verhalten. Der Landwirt, Melker oder Herdenmanager kennt oft die individuellen Eigenarten einzelner Kühe. Man sollte danach fragen, bevor man mit der Untersuchung beginnt. Jeder Praktiker kennt den Ausspruch (manchmal mit etwas Schadenfreude) „Ach, das wollte ich Ihnen noch sagen: Die tritt, wenn man ihr an den Schwanz fasst!"– natürlich erst, nachdem man den Tritt abbekommen hat.

- Bei Euteruntersuchungen oder Milchproben lässt sich das Schlagen unterbinden, indem der Landwirt den Schwanz kräftig senkrecht nach oben drückt (Abb. 2.1).
- Bei Injektionen kann eine Hilfsperson das Tier am Kopf fixieren, den Nasengriff anwenden (Abb. 2.2) oder den Kopf seitlich mit einem Halfter wegbinden.
- Zur Sedierung sollte die Injektion von Rompun vorzugsweise i.v. erfolgen, weil so die Wirkung etwa 10 min früher einsetzt und sich die Stehfähigkeit besser erhalten lässt. Mit 1 ml i.v. lässt sich bei Kühen bereits

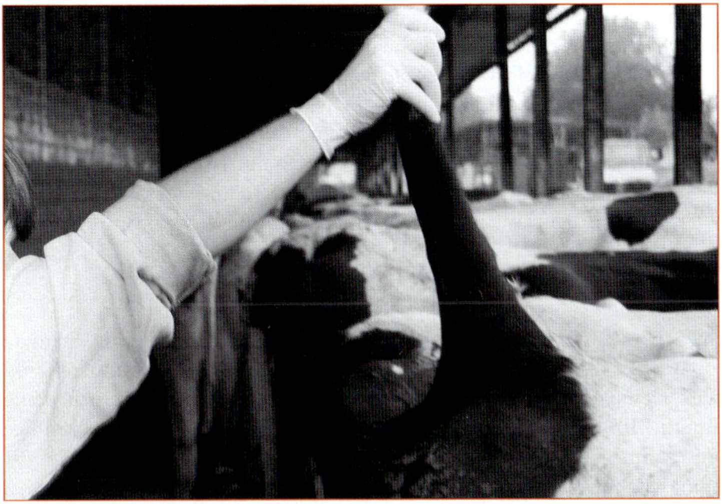

Abb. 2.1 Schwanzbremse.

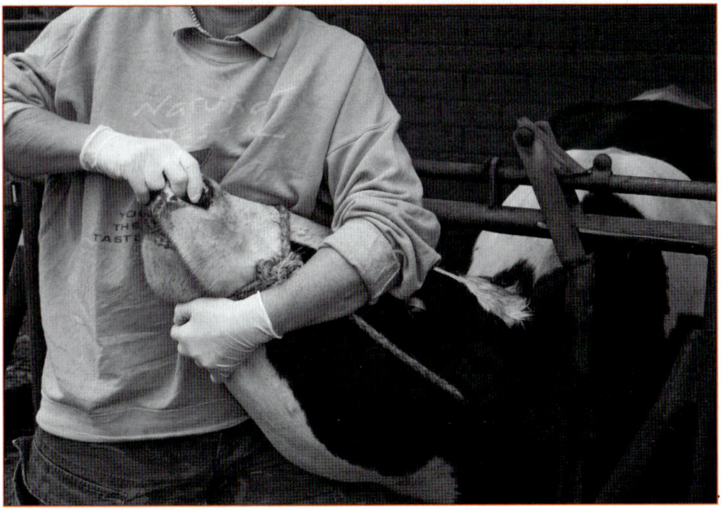

Abb. 2.2 Nasenbremse.

eine leichte Sedierung zur Klauenbehandlung erreichen. Das hat zudem den Vorteil, dass die Tiere keinen Kot mehr absetzen und der Klauenstand und man selbst sauber bleiben. Bei mehr als 4–5 ml i.v. legen sich die Tiere meist nieder, was man bei Operationen, z.B. Kaiserschnitt oder Labmagen-OP, vermeiden sollte. Rompun (Xylazin) kann etwa ab dem 6. Trächtigkeitsmonat zu Uteruskontraktionen führen und sollte ab diesem Trächtigkeitsstadium nur noch ausnahmsweise angewandt werden. Die Frage nach dem Trächtigkeitszustand der Kühe gehört somit zu jeder Anamnese dazu.

Mutterkühe

Sie bergen das größte Gefahrenpotenzial. Zum einen weil sie im Gegensatz zu Milchkühen meist wenig Kontakt zu Menschen haben, zum anderen sind viele kleine Mutterkuhherden im Besitz von Hobbyhaltern, die nur wenig Routine im Umgang mit den eigenen Tieren haben. Ausgesprochen ruhige und zahme Tiere oder Herden sind die Ausnahme. Bei einigen Rassen, z.B. Limousin, gibt es noch eine erhebliche Steigerung des aggressiven Verhaltens in den ersten Tagen nach der Kalbung.

- Führen Sie aus diesen Gründen die Behandlung von Mutterkühen grundsätzlich in einem professionellen Zwangsstand durch. Wenn auf dem Betrieb keiner vorhanden ist, kann sich der Landwirt sicher einen aus der Nachbarschaft leihen. Auch Massentätigkeiten (z.B. Blutproben, Impfungen) sollten im wesentlich sichereren Zwangsstand durchgeführt werden, auch wenn dies zeitaufwendiger ist.
- Zur Sedierung benötigen Mutterkühe meist höhere Dosen Xylazin, vor allem wenn die Tiere aufgeregt sind. Meist ist keine i.v.-Injektion möglich. Um eine aufgeregte Mutterkuh von etwa 650 kg zu sedieren, sind 8–10 ml i.m. nötig. Aber auch danach muss man vorsichtig mit den Tieren umgehen, da die Wirkung durch Aufregung plötzlich wieder verschwinden kann oder sich sogar ins Gegenteil verkehrt.
- Bei Routinemaßnahmen, wie der Blutprobenentnahme, klären Sie das Vorgehen schon vorher telefonisch ab. Bestehen Sie darauf, dass ein Zwangsstand besorgt wird.
- Falls keine sichere Fixierung gewährleistet wird, brechen Sie die Behandlung oder die Blutprobenentnahme ab. Die Sicherheit hat Vorrang! Besprechen Sie dies grundsätzlich im Vorfeld auch mit Ihren Kollegen oder dem Chef.

Deckbullen

Die meisten schweren oder gar tödlichen Unfälle im Rinderbestand werden durch Deckbullen verursacht. Grundsätzlich darf man nie Kühe in einem Bestand behandeln, in denen ein Deckbulle frei läuft. Der Landwirt muss den Deckbullen gesondert wegsperren, bevor man den Stall betritt. Ansonsten kann sich der Bulle unbemerkt nähern und Sie angreifen, während Sie eine Kuh behandeln.

- Wenn Sie den Deckbullen selbst behandeln, ist eine gute Fixierung, z.B. mit Nasenring plus Halfter oder im Fangfressgitter eingeklemmt zwischen zwei ruhigen Altkühen, unerlässlich.
- Die Sedierung mit Rompun ist bei Altbullen nicht ganz unproblematisch, da niedrige Dosierungen bei nervösen Tieren oft nicht den gewünschten Effekt haben, andererseits sich der Bulle aber bei hohen Dosierungen hinlegt. Ein Tier von 1000 kg lässt sich dann kaum noch von allen Seiten untersuchen.
- Klauenbehandlungen bei einem Deckbullen sind in der Regel problematisch, weil die großen Tiere nicht in den Klauenstand passen. Man kann die Bullen am Kopf fixieren und dann die zu behandelnden Gliedmaßen mit einem Frontlader hochheben.

> Legt man den Bullen in Narkose ab, kann man die einzelnen Gliedmaßen bzw. Klauen oft nur schlecht hochheben, meist auch nicht ohne die Zuhilfenahme eines Schleppers.

- Die Dosierung für eine Sedierung bei Deckbullen schwankt sehr stark und hängt vom Körpergewicht, dem Charakter, der Rasse und der aktuellen Nervosität des Tieres ab. Pauschale Empfehlungen sind nur schwer möglich. Dosierungen von 5–15 ml Xylazin sind möglich. Bedenken Sie jedoch, dass sich so ein schweres Tier nur sehr schwer von der einen auf die andere Seite legen lässt (z.B. um an eine Klaue zu gelangen), wenn es sich einmal niedergelegt hat. Durch die Sedierung können sich die Untersuchungsbefunde verändern, daher sollte sie vor der allgemeinen Untersuchung die Ausnahme bleiben.

Vorbericht: „Kuh frisst nicht, gibt keine Milch, gestörtes Allgemeinbefinden" (Einzeltier)

- Die Untersuchung beginnt bei einer Milchkuh mit der Anamnese und folgenden Fragen, die Sie gleichzeitig mit der ersten Tierbeobachtung und den ersten Untersuchungsschritten durchführen können, um keine Zeit zu verlieren:
  - Warum ist die Kuh aufgefallen, warum haben Sie den Tierarzt bestellt?
  - Wie alt ist die Kuh? Laktationen, Leistung?
  - Seit wann ist die Kuh erkrankt? Seit wann und warum ist sie aufgefallen?
  - Wann war die letzte Kalbung? Wie lange ist die Kuh trächtig?
  - Wie hat sich die Milchleistung verändert?
  - Sind noch andere Tiere im Bestand ähnlich erkrankt?
  - Wie und was wird gefüttert? (Kann die Kuh Wasser und Futter erreichen?)
  - Welche Vorerkrankungen hatte die Kuh?
  - Wann wurde die Kuh zuletzt beim Fressen beobachtet? Transponderfütterung?
  - Haben Sie die Kuh schon vorbehandelt und wenn ja, wie?
- Notieren Sie sich unbedingt die Ohrmarke (Lebensohrmarke, Stallohrmarke, Name, Transpondernummer) der Kuh, zur sicheren Identifizierung und um die Arzneimittelbelege ordnungsgemäß auszufüllen.
- Beobachten Sie die Kuh in der freien Bewegung bevor sie fixiert wird. Achten Sie darauf, wie sie aufsteht, wie sie geht, ob sie den Rücken gerade hält oder aufgekrümmt läuft.

> Die Lahmheitsuntersuchung ist die wichtigste Untersuchung, weil viele Erkrankungen die Folge zu geringer Futteraufnahme sind, deren primäre Ursache wiederum eine Lahmheit ist. Üben Sie sich im Erkennen von Lahmheiten, indem Sie immer wieder aufmerksam beobachten, wie eine gesunde Kuh aufsteht, sich legt und wie sie läuft. Das Erkennen von Lahmheiten ist keine natürliche Begabung, sondern kann trainiert werden.

- Schauen Sie sich das Haarkleid und die Haut gründlich an und achten Sie u.a. auf Dekubitusstellen, Verletzungen, Rinderflechte, Ektoparasiten.
- Überprüfen Sie die Tränken (im Anbindestall ist nur eine Tränke erreichbar!).
- Fixieren Sie jetzt die Kuh (Halfter, Fressgitter, Untersuchungsstand).

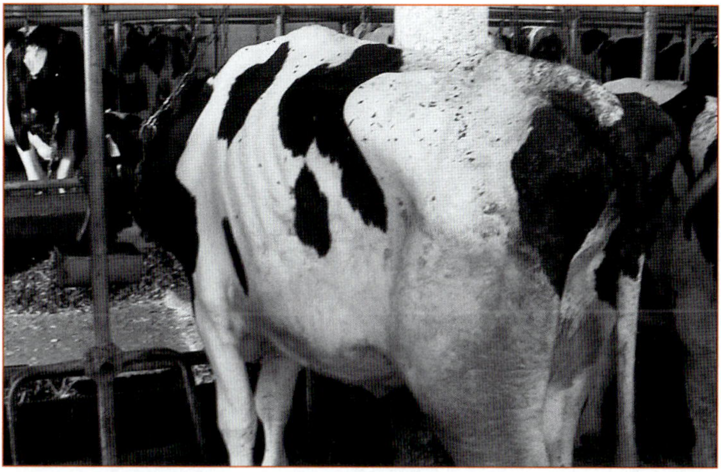

Abb. 2.3 Leere Hungergrube.

- Betrachten Sie die Kuh von hinten und achten Sie auf Symmetrie/Asymmetrie des Bauches, Tympanie in der linken Hungergrube, Auswölbungen im ventralen Bauchraum (Abb. 2.3). So können Sie auch den Ernährungszustand der Kuh gut beurteilen. Achten Sie zudem auf Blutergüsse, Abszesse oder andere Umfangsvermehrungen.

Der Ernährungszustand wird mithilfe des **Body Condition Score (BCS)** beurteilt (Körperkonditionsbeurteilung). Versuchen Sie zu Beginn Ihrer Praxistätigkeit, Ihren Patienten immer einen BCS-Score (1–5) zuzuteilen (Abb. 2.4):

- 1–1,75: abgemagert, völliger Fettgewebsverlust, Knochen deutlich hervortretend,
- 2–2,75: Knochenvorsprünge gut sichtbar,
- 3–3,75: Rippen noch sichtbar, ausgeglichene Nährstoffbilanz, Hüfthöcker mit (Fett-) Gewebe abgedeckt,
- 4–4,75: Knochenvorsprünge nicht mehr hervorgetreten, Hüfthöcker im Fett verschwunden,
- 5: hochgradig verfettet, überkonditioniert, Rippen nicht mehr sichtbar.

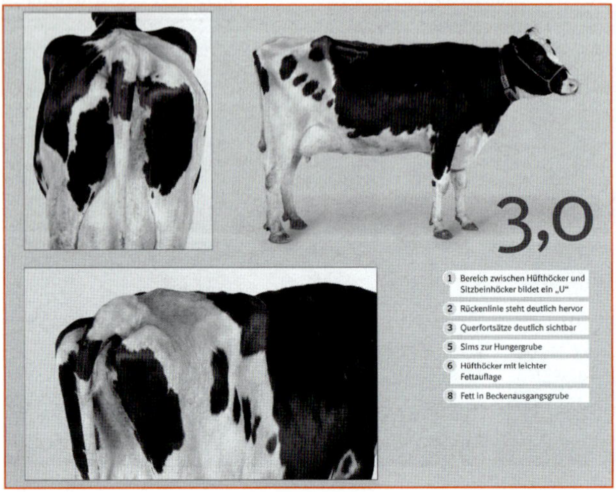

Abb. 2.4 BCS-Score, Note 3,0 (mit freundlicher Genehmigung von Boehringer Ingelheim).

- Jetzt stellen Sie sich auf die linke Seite der Kuh. Auskultieren Sie die Pansenmotorik und messen Sie mit einem Thermometer in der rechten Hand gleichzeitig die Rektaltemperatur.
- In den 2 Minuten während der Rektaltemperaturmessung sollten Sie zwei bis drei kräftige Pansenkontraktionen hören. Gleichzeitig können Sie den Füllungszustand des Pansens überprüfen (leer mit eingefallener Hungergrube – verstrichen – übermäßig gefüllt – Tympanie).

Die Rektaltemperatur muss immer vor der rektalen Untersuchung bestimmt werden, bei der Luft in den Darm gelangt, welche die Temperaturwerte verfälscht. Die **Normaltemperaturen** sind:
- erwachsene Tiere 38,0–39,0 °C (abends meist etwas höher),
- Fresser 38,0–39,5 °C,
- Kälber bis 39,5 °C.

- Ziehen Sie mit Daumen und Zeigefinger einer Hand die Schamlippen auseinander und begutachten Sie die Schleimhaut. Dabei achten Sie auf Rötungen, Feuchtigkeitsgrad, Bläschen, Erosionen usw. Bei einem gesunden Rind sind die Schleimhäute blassrosa, feucht, glatt, glänzend. Veränderte Schleimhäute liefern Ihnen wichtige Informationen. Sind diese z.B. porzellanweiß, weist dies auf eine Blutung/Anämie hin. Gelblich verfärbte Schleimhäute sind typisch bei einem Ikterus. Trockene und hyperämische Schleimhäute sind ein Zeichen für eine Dehydratation. Bei Schmerzen und angespannter Kreislaufsituation sehen die Schleimhäute oft schmutzig verwaschen aus.

- Achten Sie weiterhin darauf, ob der Pansen der linken Bauchwand anliegt oder ob ein luftgefüllter Zwischenraum zwischen Pansen und Bauchwand fühlbar ist, also eine vermehrte Gasansammlung in der Bauchhöhle als Hinweis auf einen entzündlichen Prozess des Bauchfells.
- Die Untersuchung auf Verlagerung des Labmagens (Perkussion auf Steelband-Effekt, metallische Geräusche, Schwingauskultation, Doppelauskultation) gehört zu jeder Allgemeinuntersuchung der Kuh dazu.
- Wenn Sie das Thermometer entfernt und abgelesen haben, gehen Sie weiter nach kranial und auskultieren die Lunge. Die normale Atemfrequenz beträgt etwa 15–35/min (stark abhängig von der Umgebungstemperatur). Unterscheiden Sie zwischen kostoabdominaler Atmung (normal), rein kostaler Atmung (flache Atmung zur Schmerzvermeidung) und abdominaler Atmung (Nachdrücken der Exspiration durch die Bauchpresse). Bei Verengungen in Nase und/oder Kehlkopf hören Sie ein deutliches inspiratorisches Stenosegeräusch.
- Danach auskultieren Sie das Herz. Man kann die Pulsfrequenz natürlich an der A. maxillaris externa ertasten, doch hält die Kuh dafür meist den Kopf nicht lange genug still. Es ist einfacher, die Frequenz bei der Auskultation des Herzens zu ermitteln. Unterschiede in der tastbaren Pulsfrequenz und der Herzfrequenz gibt es nur bei einer Herzinsuffizienz oder bei Extrasystolen. Kühe haben normalerweise eine Pulsfrequenz von 65–80/min. Sie ist stark davon abhängig, wie aufgeregt das Tier bei der Untersuchung ist. Hören Sie den Herzschlag nur leise, wie aus der Ferne (Herzbeutel verdickt), oder deutlich pochend?
- Komprimieren Sie einseitig die V. jugularis und beurteilen Sie die Stauung. Physiologisch ist eine deutliche Umfangszunahme der Vene innerhalb weniger Sekunden. Achten Sie auch darauf, ob sich ein Venenpuls abzeichnet (Herzklappeninsuffizienz). Die vermehrte Venenfüllung muss nach der Stauung sofort wieder verschwunden sein.
- Die Untersuchung des Kopfes beginnt mit der Untersuchung der Augen, der Episkleralgefäße und der Nasenöffnungen. Schauen Sie sich den Nasenspiegel an und achten Sie auf Ausfluss (ein Nasenloch oder beide, Qualität, Quantität), Feuchtigkeit, Erosionen. Achten Sie auf auffällige Atemgeräusche an Kopf und Kehlkopf.

- Betrachten Sie das Flotzmaul im Hinblick auf Nekrosen, Rötungen oder Bläschen.
- Anschließend untersuchen Sie die Maulhöhle. Dazu benötigen Sie einen Maulkeil oder ein Maulgatter. Fixieren Sie die Kuh am besten mit einer Nasenzange, die eine Hilfsperson hält. Dann drücken Sie die Finger Ihrer linken Hand in den zahnlosen Bereich hinter den Schneidezähnen und öffnen das Maul durch Zug nach unten oder durch Erfassen der Zunge ein Stück. Jetzt führen Sie den Maulöffner mit der rechten Hand so ein, dass der Keil sich zwischen die Backenzähne schiebt. Jetzt haben Sie die Möglichkeit, Schleimhäute, Zähne und Zunge zu inspizieren und zu palpieren.
- Beurteilen Sie die Schleimhautfarbe (normal: blassrosa) und das Zahnfleisch, besonders den Zahnfleischrand. Achten Sie auf Verletzungen und Geschwüre. Zahnerkrankungen sind selten.
- Palpieren Sie nun so weit wie möglich den Zungenuntergrund und die Zunge. Hier achten Sie vor allem auf Umfangsvermehrungen, Schmerzhaftigkeiten, Fremdkörper und Geschwüre.
- Nach der Untersuchung des Kopfes wechseln Sie auf die rechte Seite der Kuh.
- Jetzt erfolgt die gründliche Euteruntersuchung, möglichst von der Seite, von der die Kuh auch regelmäßig gemolken wird (Anbindehaltung). Tasten Sie das Euter einmal gründlich mit beiden Händen durch (Verletzungen, Hämatome, Verhärtungen, Abszesse).
- Danach melken Sie aus jedem Strich einen Strahl Milch in eine Melkschale. Beurteilen Sie das Gemelk inspektorisch in der Melkschale. Bei Unsicherheit in der Befundung führen Sie einen Schalm-Test durch. Im positiven Fall führt die erhöhte Zellzahl einer entzündlich veränderten Milch zu einer charakteristischen Schlierenbildung (siehe Kap. 3.2).
- Nun setzen Sie die Untersuchung auf der rechten Seite fort. Auskultieren Sie die Darmmotorik an der rechten Bauchwand. Führen Sie auch die Schwingauskultation an der rechten Bauchwand durch. Plätschergeräusche sind ein deutlicher Hinweis für eine Labmagenverlagerung nach rechts, eine Blinddarmdrehung oder einfach nur für flüssigkeitsgefüllte Dickdarmschlingen (Durchfall).
- Tasten Sie unter dem rechten Rippenbogen. Eine vergrößerte Leber können Sie palpieren.
- Jetzt auskultieren Sie die Lunge und die Atemgeräusche auf der rechten Rippenseite.

- Danach untersuchen Sie die Episkleralgefäße und die Augen auf der rechten Seite. Sehr tief liegende Augen sind immer ein Hinweis auf eine Exsikkose und stark gestörtes Allgemeinbefinden.
- Lymphknotenpalpation: Folgende Lymphknotengruppen sind bei der klinischen Untersuchung des Rindes relevant: submandibuläre Lymphknoten, Buglymphknoten und Euterlymphknoten. Beurteilen Sie dabei die Größe, Verschieblichkeit und Druckschmerzhaftigkeit.
- Beobachten Sie, wie die Kuh Futter und Wasser aufnimmt und wie sie es abschluckt. Bei Kühen mit Schluckstörungen oder Lähmungen läuft ständig Speichel aus dem Maul.
- Beurteilen Sie dabei das Verhalten der Kuh, ist sie apathisch, somnolent oder eher aufgeregt.
- Die kurze allgemeine Untersuchung schließt mit der rektalen Untersuchung ab. Achten Sie dabei auf kurze und glatte Fingernägel. Vergessen Sie auch nicht, Uhr und Schmuck abzulegen. Machen Sie Ihren Arm bis zur Schulter frei und ziehen Sie sich den Rektalhandschuh an, auf den Sie reichlich Gleitgel geben.

> Zu Beginn Ihrer ersten Versuche der rektalen Untersuchung des Rindes bzw. den ersten Trächtigkeitsuntersuchungen oder Besamungen müssen Sie sich entscheiden, mit welchem Arm Sie rektalisieren. Es ist vorteilhaft, wenn Sie als Rechtshänder von Anfang an üben, mit dem linken Arm zu rektalisieren bzw. als Linkshänder mit dem rechten. Die Vorteile erschließen sich dem Berufsanfänger erst später: Sie belasten beide Arme und Schultern gleichmäßig, Sie haben den rechten Arm frei für andere handwerkliche Tätigkeiten (z.B. Besamung, intrauterine Injektion) und Sie haben beide Arme und Hände für geburtshilfliche Untersuchungen und Eingriffe trainiert.

- Sie können genauer untersuchen, wenn Sie das Rektum vom Kot leer räumen. Dabei drücken Sie den Kot nur an Ihrer Hand vorbei aus dem Rektum, damit keine Luft einströmt, sonst wirkt das Rektum wie ein starres Rohr und Sie fühlen nichts mehr.

> Die viel beschriebenen Rektumperforationen sind extrem selten. Sie kommen nur vor, wenn man gegen die Enge des Anus mit einem Stoß in das Rektum eindringt und dann die gerade angespannte Darmschleimhaut durchstößt.

- Untersuchen Sie:
  - Kotkonsistenz und Kotmenge im Rektum,
  - Darmkontraktionen im Rektum (Atonie bei Hypokalzämie!),

- Untersuchung der Gebärmutter und Eierstöcke,
- Abtasten des Pansens von rektal,
- Untersuchung der linken Niere,
- Untersuchung der Dickdarmschlingen und des Blinddarms,
- Abtasten des Bauchfells vor dem Beckeneingang,
- Abtasten der rechten Bauchwand (verlagerter Labmagen bzw. Blinddarm),
- Harnblase.
- Eine vaginale Untersuchung ist nur bei Kühen in den ersten 14 Tagen nach der Geburt erforderlich bzw. im Rahmen der geburtshilflichen Untersuchung.

Nach dieser kurzen allgemeinen Untersuchung sollten Sie in der Lage sein, den mutmaßlichen Sitz einer Erkrankung zu bestimmen und weitergehende Untersuchungen, z.B. Harnprobe, Fremdkörperschmerzproben, Blutprobe oder eine Klauenuntersuchung, durchzuführen.
Machen Sie sich diese kurze klinische Untersuchung der Kuh zur Gewohnheit, bevor Sie irgendeine Behandlung oder spezielle Untersuchung durchführen, auch wenn der Landwirt die Kuh wegen eines speziellen Problems angemeldet hat, z.B. Mastitis oder Klauengeschwür. Die Lahmheit kann die Folge einer Pansenacidose sein, Schlucklähmungen können die Ursache einer Pansenacidose sein, die Mastitis die Folge einer Endometritis.

Vorbericht: „Krankes Kalb" (Einzeltier, 1.–3. Monat)

Die Untersuchung und Behandlung des festliegenden Kalbes ist im Kap. 7.9 beschrieben. Gerade als Anfänger werden Sie in der Rinderpraxis häufig mit der Behandlung von einzelnen, erkrankten Kälbern beauftragt. Der Untersuchungsgang unterscheidet sich aufgrund anderer Häufigkeiten von Kälbererkrankungen etwas von der Untersuchung des erwachsenen Rindes.

- Bevor Sie das Kalb zur Untersuchung fixieren (Hilfsperson, Strick, Fangfressgitter), sollten Sie das Aufstehen und die Bewegungen beobachten und besonders auf Lahmheit, verspannten Gang, aufgekrümmten Rücken und die Kopfhaltung achten. So halten Kälber mit Ohrinfektionen den Kopf häufig schief, bei Nabelentzündungen ist der Rücken aufgekrümmt und sie zeigen einen steifen Gang mit kurzen Schritten.
- Schätzen Sie das Körpergewicht und vergleichen Sie es mit dem angegebenen Alter des Kalbes. Begutachten Sie den Ernährungszustand.

- Betrachten Sie das Haarkleid und achten Sie auf haarlose Stellen an den Hinterbeinen nach Durchfallerkrankungen und runde haarlose Stellen durch Rinderflechte.
- Bilden Sie eine Hautfalte und überprüfen Sie, ob sie schnell wieder verstreicht. Bei ausgetrockneten Kälbern bleibt sie einige Sekunden stehen.
- Betrachten Sie das Kalb jetzt von hinten im Hinblick auf Asymmetrie des Bauches und Tympanie.
- Führen Sie die rektale Temperaturkontrolle durch (Normaltemperatur: 38,5–39,5 °C, ältere Kälber und morgens etwas niedriger).
- Reizen Sie mit dem Thermometer etwas den Analbereich, damit das Kalb Kot absetzt und beurteilen Sie Konsistenz, Farbe und Geruch.
- Begutachten Sie die Vaginalschleimhaut (Anämie, Bläschen, Entzündung, Eiter).
- Palpieren und untersuchen Sie den Nabel und seine Umgebung auf Nabelentzündung, Eiterabszesse, Nabelbruch oder Harnabfluss.
- Tasten Sie alle Gelenke ab, um Schwellungen, Gelenkentzündungen oder Schleimbeutelentzündungen festzustellen.
- Führen Sie eine Schwingauskultation beider Bauchseiten durch, um eine Labmagenverlagerung oder flüssigkeitsgefüllte Darmschlingen zu erkennen.
- Auskultieren Sie beide Lungenseiten und achten Sie dabei auf die Atemfrequenz (normal 20–50/min), den Atemtyp und eventuellen Husten.
- Bei der Auskultation des Herzens achten Sie auf die Herzfrequenz (normal 70–110/min) und auf Nebengeräusche, bei der Auskultation von Trachea und Kehlkopf auf inspiratorische Dyspnoe, Rasselgeräusche oder Stenosengeräusche.
- Am Auge untersuchen Sie die Skleralgefäße. Bei Exsikkose liegen die Augen tief.
- An den Naseneingängen achten Sie auf eitriges Sekret, auf Stenosen und auf die Schleimhäute (Flotzmaul).
- Schließlich kontrollieren Sie die Maulhöhle auf Geschwüre und Nekrosen, Gaumenspalten und Verletzungen.

Nach diesem kurzen klinischen Untersuchungsgang sollten Sie den Krankheitsherd erkannt haben (Atemwege, Magen-Darm-Trakt, Nabelbereich).

Vorbericht: „Jungtierbestand krank"

Werden Sie in einen Bestand gerufen, in dem mehrere bzw. alle Jungtiere einer Altersgruppe erkrankt sind, ist eine sehr viel intensivere Diagnostik erforderlich.

- Die Untersuchung beginnt mit der Anamnese, die Sie gleichzeitig mit der ersten Tierbeobachtung und den ersten Untersuchungsschritten durchführen können, um keine Zeit zu verlieren. Folgende Fragen sind wichtig:
  - Wann und wie ist das erste Tier erkrankt?
  - Wie alt sind die Kälber/Jungtiere?
  - Wie wurde die Gruppe zusammengestellt? Wurden Tiere zugekauft?
  - Wie und was wird gefüttert?
  - Werden Muttertierimpfungen durchgeführt?
  - Haben Sie schon Tiere vorbehandelt und wenn ja, wie?
- Notieren Sie sich unbedingt die Ohrmarken der Tiere (Lebensohrmarken, Stallohrmarken, Transpondernummer) zur sicheren Identifizierung und um die Arzneimittelbelege ordnungsgemäß ausfüllen zu können.
- Untersuchen Sie zuerst 2–4 Tiere nach dem Schema der Einzeltiererkrankung.
- Notieren Sie sich die Befunde und kennzeichnen Sie die untersuchten Jungtiere.
- Zusätzliche Untersuchungen zu Haltung, Umwelt und Fütterung sind je nach Leitsymptom erforderlich, um die Ursachen für das Bestandsproblem zu finden.

Leitsymptom Durchfall (meist Kälber, bis 3. Lebenswoche)

- Erfragen Sie das Lebensalter der erkrankten Kälber:
  - Infektionen mit Kolikeimen oder Kryptosporidien: meist in der ersten Lebenswoche,
  - Rotavirusinfektionen ab dem 3. Lebenstag,
  - Coronavirusinfektionen meist ab der 2. Lebenswoche,
  - Infektionen mit Kokzidien erst ab der 3. Lebenswoche.
- Überprüfen Sie die Haltung im Hinblick auf die Geburtshygiene, die Reinigung und Desinfektion der Einzelbox (Welches Mittel? Nur Chlor-M-Kresol bzw. Neoprednisan ist gegen Kryptosporidien wirksam.) sowie auf die Fragen, ab wann die Kälber in Gruppenhaltung sind und ob die Kälberbox trocken oder feucht ist.

- Kontrollieren Sie die Ernährung: Wann erfolgte die erste Biestmilchgabe? Testen Sie die Qualität der Biestmilch (Kolostrometer).
- Welche Milchmengen oder Milchaustauscher (MAT) werden verfüttert (siehe Kap. 11.1)? Sind die MAT frei von pflanzlichen Proteinen? Welche Tränketechnik wird eingesetzt (Automat, Nuckeleimer)? Wie ist die Temperatur der Tränke?
- Bei der Kotuntersuchung beurteilen Sie die Konsistenz und die Farbe des Durchfalls.
- Führen Sie ggf. im Stall einen Schnelltest (Fassisi BoDia) zum Nachweis von E. coli, Rota- oder Coronaviren oder Kryptosporidien durch oder bereiten Sie den Versand einer Kotprobe zur Untersuchung in einem Labor vor.
- Nehmen Sie eine parasitologische Untersuchung vor.

> Im Falle eines verendeten Kalbes veranlassen Sie die Sektion in der Pathologie.

Leitsymptom Atemwegserkrankung (meist Kälber ab 2.–3. Lebenswoche)

- Wichtige anamnestische Fragen sind:
  - In welchem Alter sind die Kälber erkrankt?
  - Welche Impfungen wurden durchgeführt?
- Kontrollieren Sie die Temperatur aller Jungtiere und dokumentieren Sie die Befunde.
- Verfolgen Sie den Temperaturverlauf in den folgenden Tagen.
- Überprüfen Sie das Stallklima: Gibt es Luftbewegung im Stall oder Zugluft (sollte nicht mehr als 0,2 m/s sein)? Wie ist die Luftfeuchtigkeit?

> Zur Überprüfung der Luftfeuchtigkeit gibt es handliche und preiswerte Messgeräte. Bei häufigen Problemen mit Atemwegserkrankungen kann man das Stallklima auch mit einfachen Klimamessgeräten über 24 Stunden überwachen und aufzeichnen. Oft weichen die Werte für Luftfeuchtigkeit, Zugluft und Temperatur zu unterschiedlichen Tag- und Nachtzeiten sehr voneinander ab.

- Führen Sie eine Nasentupferprobe zum schnellen Nachweis von viralen Erregern durch (siehe Kap. 3.4).
- Mithilfe der transtrachealen Spülprobe können Sie Material zum Nachweis bakterieller Erreger gewinnen.

> Blutproben zur serologischen Untersuchung nehmen Sie frühestens 10–14 Tage nach der Infektion, weil früher keine Antikörper im Blut nachzuweisen sind.

Bestandsbetreuung – Herdenmedizin

Bei größeren Tierbeständen in der Nutztierpraxis rückt das Einzeltier mehr in den Hintergrund und die vorbeugende Gesunderhaltung des Bestandes in den Vordergrund. Dies ist zwar nicht das primäre Arbeitsgebiet des Anfängers in der Nutztierpraxis, doch sollten Sie sich frühzeitig in diesen Bereich der Nutztierpraxis einarbeiten.

Die tierärztliche Bestandsbetreuung in Rinderbetrieben unterscheidet sich von den Notfallbesuchen und der Einzeltierbehandlung nach Anforderung durch regelmäßige Besuche im Betrieb – in Milchviehbetrieben je nach Größe von wöchentlich bis monatlich, in Rindermastbetrieben 3-mal während eines Mastdurchgangs. Der Zweck ist die regelmäßige Überwachung der Herdengesundheit mithilfe bestimmter Parameter. Veränderungen oder gesundheitliche Probleme sollen so rechtzeitig erkannt werden, damit geeignete Maßnahmen ergriffen werden können, um wirtschaftliche Schäden zu verhindern.

Berufsanfänger werden meist nicht zur Abklärung von Bestandsproblemen geschickt (z.B. Zellzahlprobleme). Auch die regelmäßigen Bestandsbetreuungstermine, Sterilitätsbehandlungen und Trächtigkeitsuntersuchungen werden überwiegend von erfahrenen Kollegen durchgeführt. Wenn ein junger Tierarzt ein gutes Verhältnis zu einigen Landwirten hat, handwerklich schon weiter entwickelt ist und z.B. eine sichere Frühträchtigkeitsdiagnose durchführen kann, sollten die Chefs auch frühzeitig dem Mut haben, die Verantwortung zur Bestandsbetreuung für einige Betriebe an einen jungen Kollegen zu übergeben.

- Zu Beginn einer regelmäßigen Bestandsbetreuung betrachten Sie alle wesentlichen Faktoren im Betrieb: Haltung, Fütterung, Hygiene und auch das Management.
- In Milchviehbetrieben kontrollieren Sie bestimmte Kontrollbereiche bei jedem Besuch:
  - Reproduktion (siehe Kap. 8),
  - Eutergesundheit, Milchqualität (siehe Kap. 6.4),
  - Stoffwechselgesundheit, Fütterung,
  - Klauengesundheit,
  - Jungtieraufzucht.
- Bei Gesundheitsproblemen im Bestand ist aber auch wieder die genaue Untersuchung des Einzeltieres die Basis für eine erfolgreiche Diagnostik.

2.2 Untersuchung des Schweins

Da sich das Schwein im Gegensatz zu anderen Tieren zu nichts zwingen lässt, ist bei der klinischen Untersuchung Geduld und Erfahrung erforderlich. Man muss daher den Untersuchungsgang den jeweiligen Gegebenheiten anpassen oder das Tier eventuell zur Untersuchung aus der Bucht entfernen, um ungestört von anderen Tieren arbeiten zu können. Häufig beschränkt sich die klinische Untersuchung auf die Adspektion und Palpa tion, da die Auskultation im Stall so gut wie unmöglich ist.
Die Untersuchungsreihenfolge richtet sich beim Schwein nicht nach den Organsystemen, sondern man versucht, das Tier solange wie möglich ruhig zu halten. Daher wird immer nach folgender Reihenfolge untersucht:

- Adspektion,
- Auskultation,
- Temperaturmessung,
- Palpation.

So gehört eine ausführliche Anamnese der gesamten Bestandssituation zum Untersuchungsgang. Wird der Betrieb regelmäßig vom Tierarzt besucht, sind jedoch viele Teile der Anamnese schon bekannt.
Die Einzeltieruntersuchung (und hier besonders die Adspektion) bildet jedoch die Grundlage zur Beurteilung des Gesamtbestandes.

Anamnese

Punkte, die immer erfasst werden müssen, sind mit einem Stern gekennzeichnet:

- Betriebsform (geschlossener Betrieb, Ferkelerzeugung, Mast, Aufzucht von Ferkeln),
- Zukauf von Tieren aus einem oder mehreren Betrieben,*
- Fütterung (Fütterungssystem, Zukauf von Fertigfutter oder eigene Mischung des Futters),
- durchgeführte Routinemaßnahmen (Eisengabe, Kastration, ggf. Kupieren der Schwänze, ggf. Abschleifen der Zähne; Kennzeichnung mittels Ohrmarke),
- bisheriger Verlauf der Erkrankung (Morbidität, Mortalität, Letalität).*

Strategischer Bestandsdurchgang bei Schweinen

- Sehen Sie zunächst alle verfügbaren Unterlagen durch. Dazu gehören insbesondere die aktuellsten Laborbefunde.
- Besprechen Sie dann mit dem Betriebsleiter folgende Punkte:
  - Wie werden die verschiedenen Tiergruppen umgestallt? Erfolgt die Einstallung in gereinigte und desinfizierte Abteile?
  - Welche Krankheitshistorie gibt es und welche aktuellen Probleme bestehen?
  - Gibt es Abnormalitäten in den Produktionszahlen (Umrauscher, Aborte, lebendgeborene Ferkel, abgesetzte Ferkel, Verluste und Tageszunahmen in Aufzucht und Mast)?
- Beim Bestandsdurchgang schauen Sie sich zunächst das Gebäude von außen an, wobei Sie auf folgende Punkte achten:
  - Ausrüstung (Futtersilos, Transportfahrzeuge usw.).
  - Ist die Umgebung des Stalls aufgeräumt?
  - Sind die Gebäude in einem guten Zustand? Achten Sie besonders auf Stellen, an denen sich Schadnager verstecken können (z.B. Bauschutt).
  - Biosecurity: Welche Einrichtungen wie Dusche, Umkleide usw. gibt es? Sind diese sauber und benutzbar? Beachten alle Personen, die den Stall betreten, die durchzuführenden Maßnahmen? Eine Mindestanforderung ist jedoch die betriebseigene Schutzkleidung, bestehend aus Stiefeln und Overall.
- Dann schauen Sie sich das Gebäude von innen an:
  - Lüftung (Luftgeschwindigkeit, Luftqualität),
  - Aufstallungsdichte in den Buchten (Unter- oder überbelegt?),
  - allgemeiner Gesundheitseindruck der Tiere (Husten, Durchfall),
  - Ausrüstungsgegenstände im Stall (Sauber? Werden diese in verschiedenen Stallabteilen benutzt?).
- Im nächsten Schritt untersuchen Sie einzelne Buchten und achten dabei auf:
  - Fütterungssysteme und Wasserversorgung: Sauberkeit, ausreichende Durchflussmenge.
  - Sind alle Tiere gleichmäßig entwickelt oder gibt es ein starkes Auseinanderwachsen?
- Schließlich folgt die Einzeltieruntersuchung auffälliger Tiere:
  - wichtig zur Auswahl von Tieren für die Beprobung oder eventuelle Sektion,
  - Unterscheidung zwischen Einzeltierproblemen und Problemen der Herde,
  - komplette Untersuchung des Einzeltieres (siehe Kap. 2.2).

Vorbereitung der Einzeltieruntersuchung

- Materialien:
  - Handschuhe,
  - Stethoskop,
  - Thermometer.
- Auswahl des Tieres: Soll ein Tier untersucht werden, um genauere Information zu einer Bestandserkrankung zu finden, müssen Sie unbedingt ein repräsentatives Tier auswählen. Chronisch erkrankte Tiere eignen sich nicht zur Ermittlung einer Bestandserkrankung, da diese Tiere häufig schon mehrere verschiedene Erkrankungen und damit auch Symptome aufweisen.

Durchführung der Adspektion

- **Verhalten:** Gesunde Schweine sind in der Regel sehr neugierig und versuchen, Kontakt zum Untersucher aufzunehmen. Kranke Schweine sondern sich in der Regel auch von anderen Artgenossen ab. Ältere Tiere wie z.B. Sauen ignorieren möglicherweise einen Untersucher im Stall.
- **Stellung/Haltung:** Gesunde Schweine belasten alle vier Gliedmaßen gleichmäßig und zeigen keine Zwangsbewegungen wie Opisthotonus, Seitenlage mit und ohne Ruderbewegungen der Gliedmaßen oder eine kyphotische Rückenlinie (Anzeichen für Schmerzen im Bauchraum).
- **Ernährungszustand:** Diesen beurteilen Sie anhand der Dornfortsätze. Sind diese in normaler stehender Position sichtbar, ist der Ernährungszustand als schlecht zu beurteilen. Bei der Ermittlung des Ernährungszustandes muss die jeweilige Nutzung des Tieres berücksichtigt werden. Bei Sauen gibt es einen sog. Body Condition Score (BCS).
- **Atmungstyp:** Schweine weisen normalerweise eine kostoabdominale Atmung auf. Abweichungen können eine verstärkt abdominale (Lungenerkrankungen) oder verstärkt kostale Atmung (Schmerzen im Bauchraum) sein. Physiologischerweise atmen Schweine immer durch die Nase. Wenn Sie eine schwere Dyspnoe haben, kann eine sog. Maulatmung beobachtet werden.
- **Husten:** Hier wird zwischen feuchtem (d.h. produktiven, meist bakterielle Erkrankungen) und trockenem Husten (meist virale Erkrankungen) unterschieden. Eine Perkussion ist unter Praxisbedingungen nicht sinnvoll.
- **Haut:** Die Haut sollte glatt und leicht glänzend sein sowie die arttypische (also meist hellrosa) Farbe aufweisen. Achten Sie auf eventuelle Auffällig-

keiten (z.B. Schuppen, Petechien u.Ä.). Verfärbungen der Haut können z.B. Blauverfärbungen der Ohren oder ganzer Hautareale oder Blässe sein (besonders bei Ferkeln oder Eisenmangelanämie; siehe Kap. 11.2).

> Ferkel sollten niemals unter der Rotlichtlampe beurteilt werden, da hier natürlich eine starke Veränderung der Hautfarbe erfolgt.

- **Haare:** Die Haare sollten glatt, glänzend und anliegend sein. Ein struppiges Haarkleid deutet auf ein chronisch erkranktes Tier hin.
- **Körperöffnungen:** Untersuchen Sie die Körperöffnungen systematisch (z.B. von vorne nach hinten). Achten Sie dabei auf Ausfluss und eventuelle Umfangsvermehrungen. Ein Augenausfluss kann ein Zeichen für Atemwegserkrankungen sein. Gleichzeitig sollte möglichst die Kotkonsistenz beurteilt werden, was allerdings auch schon bei der Untersuchung der Tiergruppe erfolgt sein kann.

Durchführung der Auskultation

Zur Auskultation im Schweinebestand muss unbedingt ein sehr hochwertiges Stethoskop verwendet werden. Es sollte einen Schallkopf wie zur Untersuchung eines großen Hundes aufweisen. Große Schallköpfe wie zur Auskultation von Rindern sind ungeeignet. Der Schlauch muss möglichst dick und kurz sein, um eventuelle Störgeräusche und eine Verminderung des Schalls zu reduzieren. Die Ohroliven müssen sehr dicht sitzen. Die Auskultation ist beim Schwein zur Lösung von Bestandsproblemen selten notwendig.

Auskultation der Lunge

Es gibt beim Schwein nur einen Auskultationspunkt, an dem eine gute Beurteilung der Lunge möglich ist. Dieser liegt kaudodorsal des Ellbogenhöckers, d.h. unter diesem Punkt befindet sich die Bifurcatio tracheae.

- Nähern Sie sich dem Schwein möglichst ohne es zu berühren und damit zu beunruhigen. Hier ist unbedingt Geduld gefragt.
- Eine Beurteilung sollte folgende Punkte umfassen:
  - Frequenz,
  - Abgesetztheit,
  - Rhythmus,
  - Tiefe,
  - Nebengeräusche.

Nebengeräusche
Es können sowohl feuchte als auch trockene Nebengeräusche festgestellt werden. Feuchte Nebengeräusche werden durch Schleim und Eiter (aus Entzündungen) verursacht, d.h. man kann z.B. das Platzen von Sekretbläschen hören. Trockene Nebengeräusche werden durch ein sehr zähes, festes Sekret verursacht, so kann das sog. Giemen (hohe pfeifende Töne) gehört werden. Ist ein Großteil der Lunge bereits verändert und wird nicht mehr belüftet, kann ein sog. Röhrenatmen gehört werden (weil es sich wie das Atmen durch ein Rohr anhört). Das kommt dadurch zustande, dass nur noch die luftführenden Wege belüftet sind.

Auskultation des Herzens

- Den Auskultationspunkt des Herzens finden Sie, wenn Sie in einem Winkel von 45° zum kaudalen Brustbeinende in kraniodorsaler Richtung bis in die Höhe des Ellbogenhöckers vorgehen. Dort können die Herztöne sehr gut beurteilt werden.
- Es erfolgt eine Beurteilung wie bei anderen Tieren (Merkwort: FIRAN = Frequenz, Intensität, Rhythmus, Abgesetztheit, Nebengeräusche). Die Beurteilung der verschiedenen Klappen ist meist sehr schwierig.

Durchführung der Palpation

Auch hier ist es hilfreich, einem systematischen Schema zu folgen und die Untersuchung von vorne nach hinten durchzuführen. Gerade größere Schweine können beißen und dabei gefährliche Wunden verursachen. Daher sollte eine Palpation des Kopfes von älteren Tieren (ab 30 kg) nur sehr vorsichtig erfolgen oder die Tiere müssen hierfür fixiert werden (Oberkieferschlinge; siehe Kap. 3.1).

- **Rüsselscheibe:** Hier kann bei kleinen Ferkeln ein Ausstreichen von Sekret aus der Nase versucht werden. Dabei streichen Sie mit dem Zeigefinger und dem Daumen einer Hand vom Augenwinkel in Richtung Nase. Die Finger gleiten dabei in einer fühlbaren Rinne.

> Bei größeren Schweinen besteht hierbei Gefahr für den Untersucher!

- **Stirn und Lider:** Achten Sie hier besonders bei abgesetzten Ferkeln auf Ödeme (Anzeichen für Enterotoxämie).
- **Sklera:** Zur Beurteilung der Sklera führen Sie die Hand von hinten kommend über das Auge und ziehen mit dem Daumen das Oberlid nach oben. Beurteilen Sie die Farbe die Episkleralgefäße (Abb. 2.5).

- **Konjunktiven:** Wenden Sie den gleichen Griff wie zur Beurteilung der Sklera an (Abb. 2.6). Zusätzlich führen Sie mit dem Daumen der anderen Hand das Unterlid über den Augapfel und drücken dort in die Augenhöhle bis die Konjunktiven vorfallen.
- **Inguinallymphknoten:** Zwar können beim Schwein verschiedene Lymphknoten untersucht werden, jedoch ist in der Regel die Untersuchung eines Lymphknotens ausreichend. Zum Auffinden des Inguinallymphknotens greifen Sie von vorne in den Schenkelspalt und können dort mit Zeigefinger und Daumen einer Hand einen Zangengriff durchführen. Kleine Ferkel können dafür von einer Hilfsperson auf dem Arm gehalten werden (Abb. 2.7).
- **Palpation der Gelenke:** Auch hier gilt, dass theoretisch eine Untersuchung von verschiedenen Gelenken möglich ist. Meist ist es aber ausreichend, den Füllungszustand eines Gelenkes zu bestimmen, wenn nicht sogar schon adspektorisch eine Füllung auffällig ist. Daher beschreiben wir hier nur die Untersuchung des Tarsalgelenks (Abb. 2.8):
  - Drücken Sie mit dem Mittelfinger der rechten Hand von medial in den Gelenkspalt und mit dem Zeigefinger der rechten Hand zwischen die langen Zehenstrecker in den Gelenkspalt.
  - Der Daumen und der Zeigefinger Ihrer linken Hand drücken beidseits des Fersenbeinhöckers tief nach unten in den Gelenkspalt.
  - Ziel dabei ist es, alle Flüssigkeit im Gelenk an einer Stelle zu sammeln. Dann können Sie mit dem Daumen der linken Hand den Füllungszustand prüfen.

Temperaturmessung

- Zur Messung der Körperinnentemperatur führen Sie das Thermometer rektal ein.
- Es gelten folgende Referenzwerte (+/- 0,3 °C):
  - Saugferkel: 39,2 °C,
  - Aufzuchtferkel: 39,0 °C,
  - Mastschweine: 38,8 °C,
  - Zuchtsauen: 38,8 °C,
  - Eber: 38,5 °C.

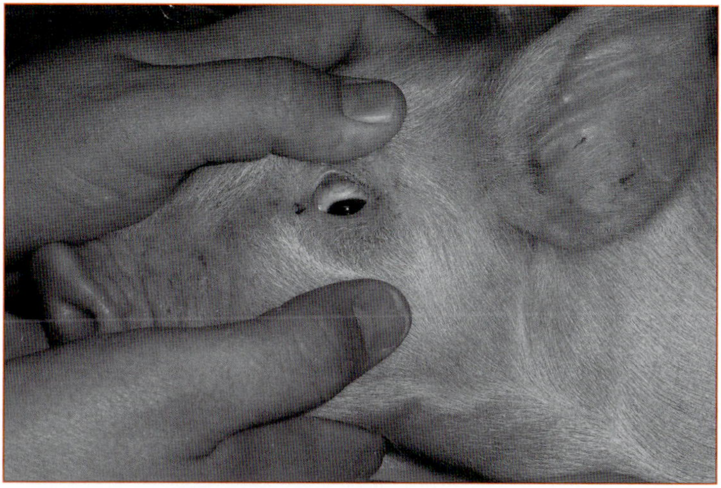

Abb. 2.5 Untersuchung der Sklera.

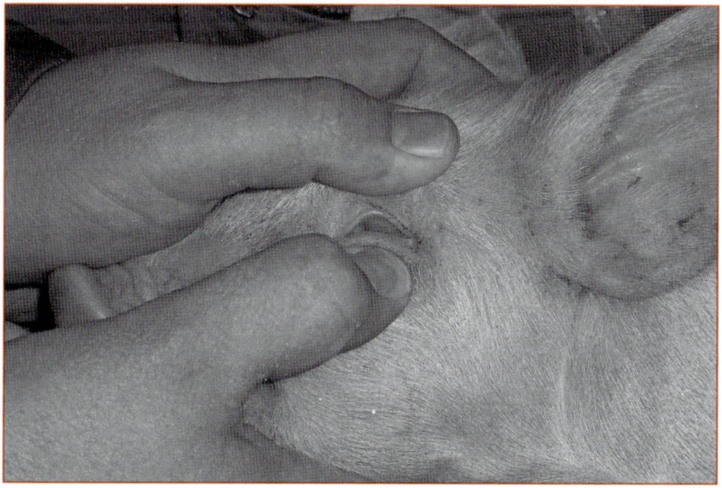

Abb. 2.6 Untersuchung der Konjunktiven.

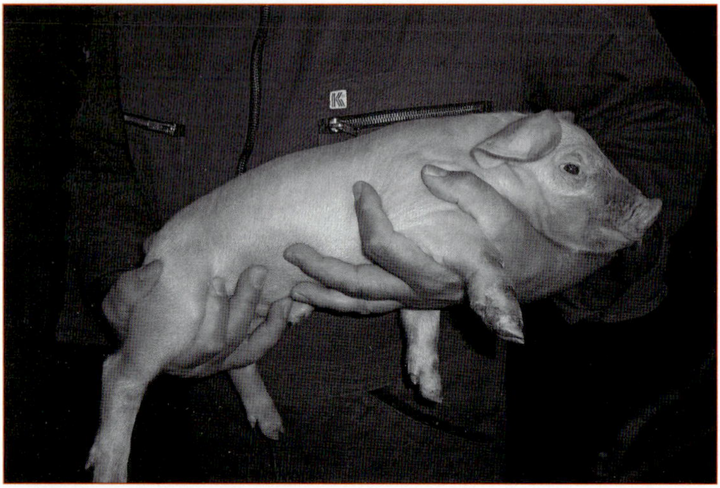

Abb. 2.7 Korrekte Haltung eines Ferkels.

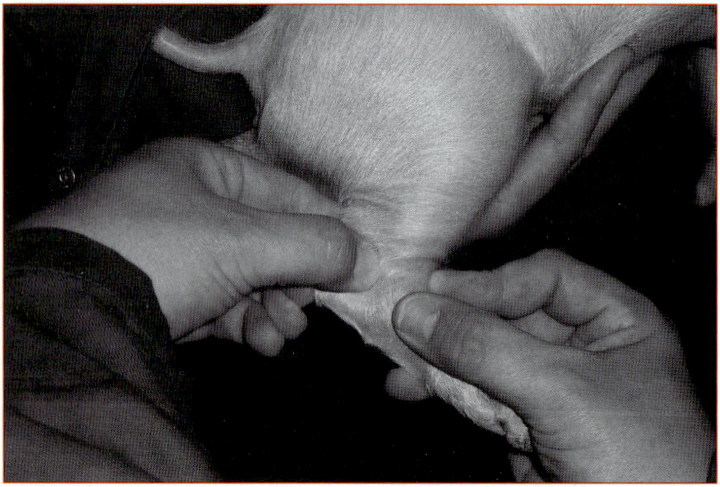

Abb. 2.8 Gelenkgriff am Tarsalgelenk.

2.3 Untersuchung von Schaf und Ziege

In weiten Teilen der allgemein-internistischen Untersuchung von Schaf und Ziege entspricht das Vorgehen (Auskultation, Palpation usw.) dem beim Rind. Wir gehen deshalb hier im Wesentlichen nur auf die Unterschiede im Vergleich zur Rinderuntersuchung ein.
Das Vorgehen bei der Anamnese unterscheidet sich wesentlich, je nachdem ob Sie es mit einem professionellen Schäfer oder mit einem Hobbyschafhalter zu tun haben. So ist etwa die Frage, ob und wann die Schafe entwurmt wurden, bei einem Hobbyschäfer sehr wichtig, einen Berufsschäfer können Sie damit eher verärgern.

- Um den Umgang im Alltag oder bei medizinischen Maßnahmen zu erleichtern, empfiehlt es sich, die Tiere auf ein Futtergeräusch zu prägen. Dies kann ein klappernder Eimer voll Getreide oder das Rascheln einer Tüte voll Brot sein.
- Zudem sollte man die Schafe immer wieder probeweise eng einsperren, um Sie daran zu gewöhnen (etwa in einem kurzen Stück Elektrozaun oder mithilfe von Hurten, die durch dicke Eisenstangen befestigt werden).
- Zum Herausfangen einzelner Tiere eignet sich ein Fanghaken sehr gut, der mit langem oder kurzem Stiel erhältlich ist. Der Umgang mit diesen will jedoch geübt sein (Abb. 2.9 und 2.10).
- Wenn Sie ein Schaf fixieren, halten Sie es entweder mit einer Hand unter dem Kinn oder vor der Brust und mit der anderen Hand am Schwanzansatz (Abb. 2.11).
- Wenn Sie Zug oder Druck auf den Schwanzansatz ausüben, lässt sich das Schaf nach vorne schieben.

> Ziehen Sie möglichst nicht an der Wolle, da es schmerzhaft ist und zudem große Unterhauthämatome auslösen kann, die vom Schlachter nicht gerne gesehen werden.

- Schafe sind sehr schreckhaft. Oft ist es dadurch zielführender, wenn Sie ihnen kurz Zeit lassen, sich die Situation anzuschauen. Dadurch erreichen Sie oft mehr, als durch wildes Fuchteln und Brüllen.
- Eine Gruppe, die Sie in einen Treibgang treiben möchten, sollten Sie ebenso nicht mit Druck nach vorne drängen. Am besten gehen Sie langsam rückwärts an ihnen vorbei in die hintere Ecke der Bucht und schauen sie dabei nicht direkt an. Die Tiere flüchten dann relativ geordnet und in weniger kopfloser Panik in die frei werdende Richtung, also nach vorne

Abb. 2.9 Fanghaken.

Abb. 2.10 Niederlegen des Schafes mit Fanghaken.

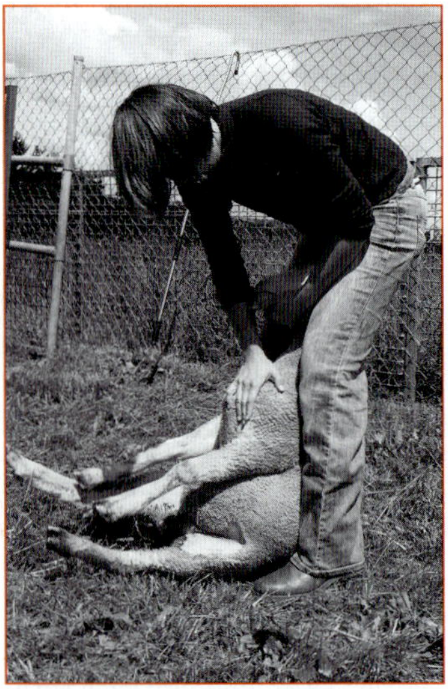

Abb. 2.11 Fixierung des Schafes.

in den Laufgang. Versuchen Sie hingegen, die Tiere durch Druck nach vorne in den Gang zu treiben, beginnen sie meist zu „kreiseln" oder fliehen panisch in alle Richtungen und rennen die Absperrungen um.

- Besondere Vorsicht ist angezeigt, wenn kleine Lämmer in der Gruppe sind. Am besten fangen Sie diese vorher heraus und sammeln sie in einem Lämmerschlupf, damit sie nicht zerdrückt werden. Die Muttertiere merken sehr schnell, ob man ein erwachsenes Schaf oder die Lämmer fangen will und bleiben dann beim Fangen der Lämmer relativ ruhig.
- Hunde sind beim Treiben nützlich, sollten aber weggesperrt werden, sobald man am Einzeltier arbeitet. Selbst wenn die Schafe den Hund gut kennen, verursacht die Nähe des Hundes in einer hilflosen Situation zu viel Panik und macht den Umgang nur schwieriger.
- Große Vorsicht ist beim Umgang mit Böcken geboten! Oft werden Menschen durch Schafböcke schwer verletzt, da sie aufgrund ihrer geringen Größe leicht unterschätzt werden. Arbeiten Sie deshalb immer zu zweit, wenn sich auch ein Bock in der Bucht befindet. Eine Person kann ihn dann im Auge behalten, während die andere Person am Tier arbeitet.
- Halten Sie beim Umgang mit Schafen den eigenen Kopf stets möglichst weit oben. Da Schafe weder beißen noch stark treten, bleibt ihnen meist nur die Flucht nach oben oder vorne. Vor allem ältere Lämmer oder extrem nervöse Schafe springen gerne aus der Ecke heraus auf einen zu oder gerade nach oben. Dies endet dann mit Kinnhaken oder blauen Augen.

> Sie müssen als Tierarzt den Unterschied zwischen Schafen und Ziegen erkennen. Bei vielen Tierhaltern ist man schnell unten durch, wenn Sie ihre Kamerunschafe als Ziegen bezeichnen. Auch aus der Ferne lassen sich Ziegen gut daran erkennen, dass sie ihren Schwanz hochstellen können. Dies machen sie vor allem bei Aufregung, z.B. sobald das Tierarztauto auf den Hof fährt.

- Wenn Sie das Tier sehen, achten Sie zunächst auf:
  - Ernährungszustand,

> Der Ernährungszustand kann in vollem Vlies inspektorisch schwer zu beurteilen sein, deshalb sollte das Bild immer durch das „Handauflegen" ergänzt werden.

  - sein Verhalten in der normalen Umgebung,
  - Haltung des Tieres (Lahmheitszeichen oder aufgezogener Rücken), Stellung der Ohren (Listeriose, Tetanus),

- Umgebung: Nimmt es seine Umgebung wahr? Nimmt es auch Sie wahr, der sich auf es zubewegt, oder steht das Tier abseits der Herde apathisch herum? Das könnte bedeuten, dass sich das kranke Tier absondert, oder aber, dass das Tier lahm ist und der Herde nicht mehr folgen kann.
- Kautätigkeit: Achten Sie auch auf die Wiederkautätigkeit. Versuchen Sie, wie auch bei Kühen, die Kautätigkeit quantitativ abzuschätzen. Kaut das Tier nur einige wenige Male oder zeigt es ein normales Kauverhalten (Zahnprobleme oder Pansenacidose)?
- Zustand der Zähne,
- Schleimhäute (Augen, Mund).

> Wenn Sie eine Ziege behandeln, die zusammen mit Kaninchen lebt, sollten Sie besonders auf Ohrräude bei den Kaninchen achten, die sich gerne auf die Ziege überträgt.

- Gehen Sie dann zu den unmittelbar sichtbaren Auffälligkeiten des Tiers über.
  - Beurteilen Sie die Beschaffenheit des Fells oder des Vlieses.
  - Wird das Tier regelmäßig geschoren?
  - Ist das Fell verfilzt und schmutzig?
  - Gibt es Verschmutzungen, die auf eine Durchfallerkrankung hindeuten?
  - Macht das Tier insgesamt einen gepflegten Eindruck?
  - Ist die Wolle geschlossen und fühlen sich die Haare normal fettig-filzig an? Seitlich herabhängende „Zöpfe“ können auf Haarlinge oder Räude hinweisen.

> Bei einem ungeschorenen Schaf ist das Risiko für Ektoparasiten, Haarlinge und Läuse erhöht. Bei einem Befall muss der gesamte Bestand behandelt werden.

  - Ziehen Sie ein wenig an der Wolle des Tieres. Löst sich dabei büschelweise das Fell, ist dies ein deutlicher Hinweis auf eine schwere und/oder chronische Erkrankung.
- Tasten Sie die Wirbelsäule regelmäßig ab. Oftmals verschleiert lange Wolle eine krankhafte körperliche Konstitution, die dann zu spät bemerkt wird.

Mitunter werden Sie von Hobbyhaltern zu einer Schafe/Ziege gerufen, in deren medialem Augenwinkel sich scheinbar schmutziger Augenausfluss zeigt. Dies ist jedoch physiologisch.

- **Auskultation:** Stellen Sie bei der Auskultation grobe Rasselgeräusche fest, können Sie den Schubkarrentest durchführen. Dazu packen Sie die Hinterläufe des Tieres und kippen es vornüber. Bei einer Lungenadenomatose läuft dann nach etwa 30 Sekunden Sekret ab.
- **Klauenuntersuchung beim Schaf:** Zur Untersuchung der Klauen des Schafes setzen Sie das Tier um (auf das Hinterteil setzen). Alle vier Klauen lassen sich dann leicht untersuchen.
  - Stellen Sie sich mit Ihrer rechten Seite an die linke Seite des Schafes.
  - Greifen Sie mit Ihrer linken Hand die Kniefalte des linken Hinterlaufs.
  - Fassen Sie mit der rechten Hand den rechten Vorderlauf und ziehen Sie das Schaf vorne hoch. Dabei drückt es mit dem Gesäß gegen Ihr rechtes Knie, an dem vorbei es auf sein Hinterteil herabgleitet.
  - Das Tier sitzt jetzt und streckt seine Glieder gewissermaßen wie ein Gummibärchen nach vorne.
- **Klauenuntersuchung bei der Ziege:** Führen Sie die Klauenuntersuchung und den Klauenschnitt bei der Ziege im Stehen durch.
- **Uringewinnung beim Schaf:** Wenn Sie dem Tier für etwa 30–40 Sekunden die Nase zuhalten, wird ein Miktionsreflex ausgelöst. Gut geeignet ist auch die direkte Gewinnung mit einem Hündinnenkatheter.

Normwerte der Vitalparameter von Lamm, Schaf und Ziege.

	Lamm	Schaf	Ziege
Atmung	38–68/min	24–52/min	20–30/min
Puls	120–140/min	68–80/min	70–90/min
rektale Temperatur	38,5–40,5 °C	38,5–40,0 °C	38,5–39,5 °C

3 Probengewinnung und -versand

3.1 Venöse Blutentnahme

In der Großtierpraxis gehört die venöse Blutentnahme zu den alltäglichen Verrichtungen. In regelmäßigen Abständen sind Bestandsblutproben zu nehmen (z.B. jährlich für BHV-1 oder vor dem Verkauf von Rindern).

In einigen Bundesländern (z.B. in NRW) wird die Auswahl der Tiere mithilfe der **HIT-Datenbank** getroffen. Dies wird sicher in nächster Zeit Standard für ganz Deutschland werden. Aus dem Bestandsregister des Landwirts werden dann automatisch die Tiere ausgewählt, die geblutet werden müssen, und ein entsprechender Ausdruck ausgestellt. In diesen Ausdruck werden dann die Barcodeaufkleber, die sich auf den einzelnen Monovetten befinden, eingeklebt, sodass die Blutproben ohne zusätzliche Beschriftung eindeutig gekennzeichnet sind. Nach erfolgter Untersuchung werden die Ergebnisse durch das Labor in die HIT-Datenbank eingestellt (http://www.hi-tier.de).

Vorbereitung

- Sprechen Sie mit dem Landwirt ab, wie die Entnahme organisiert wird: Wie werden die Tiere fixiert (Fangfressgitter, Durchtreibezwangsstand) und welche Tiere müssen geblutet werden (je nach BHV-1-/BVD-Status des Bestandes).
- Materialien:
  - Monovetten in passender Größe und Anzahl (je nach Labor),
  - Kanülen, entsprechend der Anzahl der Proben,
  - wasserfester Stift zur Beschriftung der Röhrchen (nicht bei Auswahl über HIT),
  - Klemmbrett für Untersuchungsformular,
  - Eimerchen als Abwurf für Monovettenstempel und Kanülen,
  - Einmalhandschuhe.

Stecken Sie die Nadeln auf die Monovetten bevor Sie anfangen – das spart Zeit. Brechen Sie die Monovettenstempel auch erst später in der Praxis ab oder lassen Sie beides von einer Tierarzthelferin erledigen.

Durchführung

Rind

- Zur Blutentnahme eignet sich am besten die **V. coccygea.** Da der Schwanz oft verschmutzt ist, sollten Sie Einmalhandschuhe tragen.

> Die V. abdominalis sollte nur dann als Punktionsort dienen, wenn die anderen Stellen nicht zugänglich sind.

- Biegen Sie den Schwanz senkrecht nach oben und stechen Sie die Kanüle (1,6 x 25 mm) zwischen den Schwanzwirbelkörpern (5.–7.), dort wo die Schwanzfalten auslaufen, waagerecht etwas links oder rechts der Medianen ein und aspirieren Sie dann unter leichtem Zurückziehen der Kanüle, bis Blut einschießt (Abb. 3.1a und b).
- Füllen Sie alle erforderlichen Röhrchen mit ausreichend Blut (Markierungen auf den Monovetten beachten). Manche Röhrchen (z.B. Lithium-Heparin und EDTA) müssen gleich nach der Entnahme durch mehrmaliges Schwenken mit den bereits im Röhrchen enthaltenen Substanzen z.B. zur Gerinnungshemmung durchmischt werden.
- Nach der erfolgten Blutentnahme kann es manchmal zu Nachblutungen kommen, die jedoch kein Problem bedeuten. Versuchen Sie nicht, die Punktionsstelle abzudrücken, da dies nur das Infektionsrisiko erhöht.
- Falls Sie versehentlich etwa die Schwanzarterie punktiert haben, erkennen Sie dies an dem deutlich helleren Blut, das austritt, und daran, dass sich die Monovette mit hohem Druck wie von selbst füllt. Auch das ist kein Problem für die weitere Untersuchung.

> Bei sehr unruhigen Tieren oder bei Muttertierherden sollten Sie nach Möglichkeit die V. jugularis am gut fixierten Kopf bevorzugen, weil am Schwanz das Risiko einer Trittverletzung zu groß ist.

- Zur Punktion der V. jugularis vgl. Kap. 4.4.
- Kälber: Bei Kälbern bis etwa 3 Monaten wählen Sie die V. jugularis.

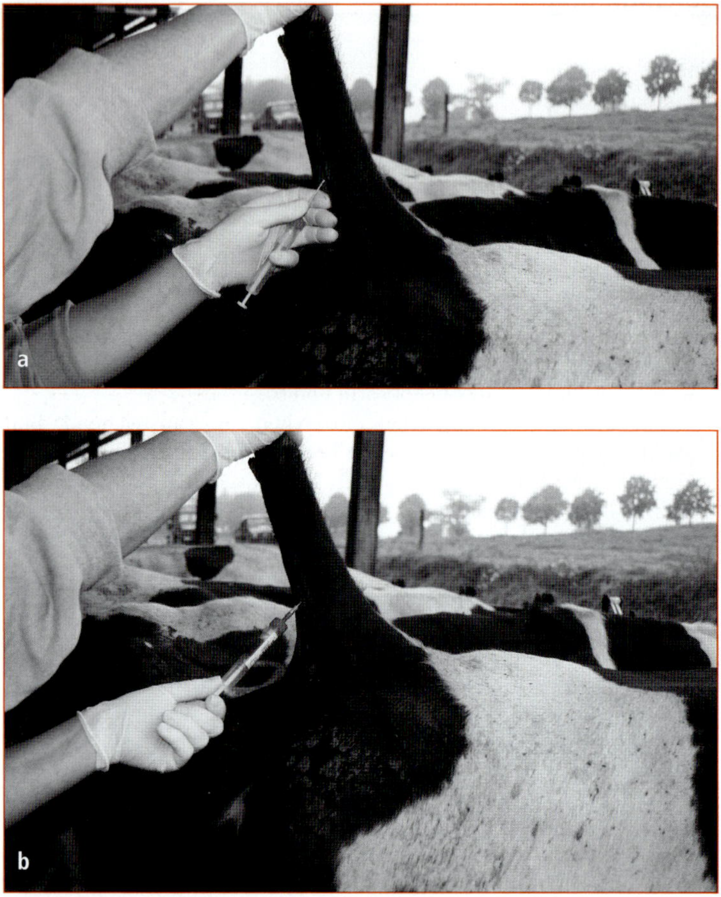

Abb. 3.1 Blutprobennahme aus der Schwanzvene.
a Einstechen. **b** Aspiration.

Schwein

Bei älteren Tieren erfolgt die Blutentnahme aus der **V. jugularis**, bei jüngeren Tieren auch aus der **V. cava cranialis**. Entscheidend für eine korrekte und erfolgreiche Blutentnahme ist die gute Fixation des Tieres. Die Blutentnahme sollte in der Regel auf der rechten Halsseite des Tieres erfolgen. Bei einer Punktion auf der linken Halsseite besteht die Gefahr, den N. phrenicus zu verletzen.

- Materialien:
  - Kanülen (kleine Tiere: 40 mm; Sauen: 75–100 mm),
  - Blutentnahmesystem (Monovetten),
  - Oberkieferschlinge (größere Tiere).
- Zur Fixierung ist eine Hilfsperson erforderlich.
- Sollen im Bestand mehrere Proben entnommen werden, beschriften Sie die entsprechenden Blutentnahmesysteme schon vorher korrekt. Gewöhnen Sie sich dabei eine immer gleiche Art der Beschriftung an (z.B. SF für Saugferkel, AF für Tiere „Anfang Flatdeck“ oder MM für „Mittelmast“).

> Wenn Monovettenständer verwendet werden, müssen diese vor jedem Gebrauch gereinigt und desinfiziert worden sein, um einer Verschleppung von Krankheitskeimen vorzubeugen.

- Zur Fixierung größerer Schweine bringen sie eine Oberkieferschlinge an. Platzieren Sie sie hinter den Backenzähnen, da das Tier sonst Atemnot bekommen kann. Am besten warten Sie geduldig ab, bis ein Tier auf die hingehaltene Schlinge beißt und ziehen sie dann schnell zu. Oder Sie führen die Schlinge von hinten kommend ins Maul ein und ziehen sie nach hinten.

> Schweine haben die Angewohnheit, bei der Fixation im Allgemeinen nach hinten zu gehen. Daher sollte die Oberkieferschlinge so angehoben werden, dass der Hals gerade und nach oben gestreckt gehalten wird. Dies wird am einfachsten dadurch erreicht, dass der Halter der Oberkieferschlinge vor dem Schwein steht und im sozusagen „in die Augen schaut“.

Entnahme aus der V. jugularis

Die Einstichstelle befindet sich im äußeren Rand der Jugularrinne im 90° Winkel zur Haut (senkrecht).

- Sobald Sie die Kanüle in der Unterhaut platziert haben, bauen Sie mithilfe der Monovette einen Unterdruck auf und führen anschließend die Kanüle vorsichtig in die Tiefe.

Der Unterdruck schädigt die Erythrozyten soweit, dass es zu einer Hämolyse kommt, was bei der Interpretation der Blutparameter berücksichtigt werden muss. Man kann zwar auch abwarten und das Blut langsam ins Röhrchen laufen lassen, doch hat sich dies in der Praxis als nachteilig herausgestellt, zumal die Gewinnung von Serum meist für PCR oder ELISA gedacht ist.

- Anfangs ist es einfacher, eine zusätzliche Sicherung einzubauen. Dazu legen Sie den Daumen und den Mittelfinger der linken Hand auf den Konus der Kanüle. Mit dem Zeigefinger regulieren Sie den Abstand zur Haut. Die rechte Hand hält die Monovette, der kleine Finger und der Ringfinger ziehen den Kolben dabei zurück und erzeugen den Unterdruck.

Geübte Personen können das Entnahmesystem mit einer Hand steuern.

- Die V. jugularis liegt in der Regel 2–10 cm tief im Körper (abhängig von Gewicht und Alter des Tieres). Sobald Blut austritt, müssen Sie das Entnahmesystem ruhig halten.

Wenn der Blutfluss abbrechen sollte, versuchen Sie zunächst, die Monovette nur vorsichtig zu drehen oder leicht vor und zurück zu bewegen.

- Kann kein Blut gefunden werden, müssen Sie eine Korrektur vornehmen. Dazu ziehen Sie die Kanüle zurück und führen sie erneut in einer anderen Stichrichtung ein.
- Nach Abschluss der Blutentnahme unter anhaltendem Unterdruck ziehen Sie das Blutentnahmesystem heraus.
- Bei Nachblutungen drücken Sie mit dem Daumen kräftig auf die Blutentnahmestelle.

Bei einer versehentlichen Karotispunktion (spritzende hellrote Blutung) können Sie nichts weiter tun, als kurz abzudrücken. Da Sie für alle weiteren Maßnahmen das Schwein fixieren müssen, was die Schweine extrem aufregt, wäre dies kontraproduktiv.

Ferkel

- Bei Ferkeln wählt man für die Blutentnahme die **V. cava cranialis**.

Manche Betriebe verfügen zur einfacheren Fixierung des Ferkels über einen Blutentnahmeblock.

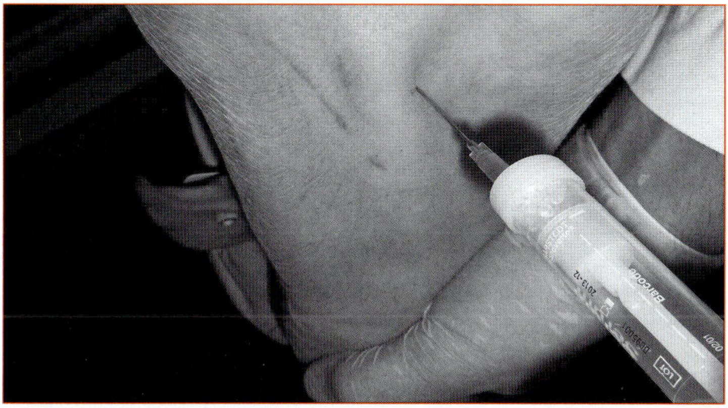

Abb. 3.2 Blutentnahme aus der V. cava cranialis.

- Bringen Sie das Tier in die Rückenlage, der Kopf des Ferkels zeigt nach unten.
- Eine Hilfsperson fixiert mit einer Hand die beiden Vorderfüße und mit der anderen den Kopf.
- Die Einstichstelle befindet sich links oder rechts am Brustbein vor der ersten Rippe.
- Punktieren Sie senkrecht mit aufgesetzter Kanüle (Abb. 3.2).
- Nach dem Einstich erzeugen Sie durch Zug am Monovetten-Stempel einen Unterdruck, sodass bei korrekter Lage Blut einströmt.

Bei starker Veränderung der Stimmlage oder Austritt von rötlichem Schaum aus Nase oder Mundöffnung müssen Sie die Punktion abbrechen und die Fixierung lösen, da Sie die Trachea punktiert haben. Lassen Sie das Tier dann lieber in Ruhe.

Schaf und Ziege

- Die Blutentnahme bei Schaf und Ziege erfolgt am besten an der **V. jugularis** und zwar auf einer gedachten Linie vom lateralen Augenwinkel parallel zum Hals. Die Vene liegt oberflächlicher als beim Rind und lässt sich leicht in der Drosselrinne stauen. Bei stark bewollten Tieren kann es hilfreich sein, im Bereich der Blutentnahmestelle die Wolle mit einer Schere zu kürzen (siehe auch Kap. 4.4 und 4.5).

- Erzeugen Sie nach der Punktion durch Zug am Kolben der Monovette einen Unterdruck. Wird dabei Blut abgezogen, schieben Sie die Kanüle mit einer Hand weiter vor und lösen die Stauung.

3.2 Gewinnung einer Viertelgemelksprobe

Viertelgemelksproben werden zur bakteriologischen Untersuchung auf Mastitiserreger genommen. Es werden im Labor die bakteriellen Erreger ermittelt und danach ein Test auf die wirksamen Antibiotika durchgeführt. Zwingend vorgeschrieben ist die bakteriologische Untersuchung in Betrieben, die nach Bio-Richtlinien wirtschaften, bevor Antibiotika eingesetzt werden. Zum anderen gibt es Erreger, die nicht therapierbar sind (z.B. Hefen).

- Ziehen Sie saubere Einweghandschuhe an.
- Beschriften Sie vier Probenröhrchen: vorne rechts (A), hinten rechts (B), vorne links (C.), hinten links (D) und tragen Sie den Namen oder die Ohrmarke der Kuh ein (Abb. 3.3a).
- Rüsten Sie das Euter richtig an, damit die Milch einschießt.
- Zur schnellen Information und zur Kontrolle machen Sie noch vorher einen Schalm-Test.
- Melken Sie einen ersten Milchstrahl ab und verwerfen Sie ihn, damit nicht nur Keime aus dem Strichkanal anwachsen (Abb. 3.3b).
- Reinigen Sie die Zitze mit einem trockenen oder etwas feuchten Tuch (Abb. 3.3c).
- Desinfizieren Sie die Zitzenkuppe mit 70%igem Alkohol und melken Sie vor der Probennahme nochmals einen Milchstrahl ab, damit kein Alkohol in die Probe gelangt (Abb. 3.3d und e).
- Füllen Sie das Röhrchen, ohne dabei die Zitzenkuppe zu berühren (Abb. 3.3f).
- Achten Sie darauf, den Verschlussdeckel nur am äußersten Rand zu berühren.
- Senden Sie immer Proben von allen vier Vierteln ein.
- Verwenden Sie spezielle Probenröhrchen mit Konservierungsmitteln, die die schnelle Säuerung der Milch während des Transports ins Labor verhindern.
- Füllen Sie das Begleitformular sorgfältig aus.

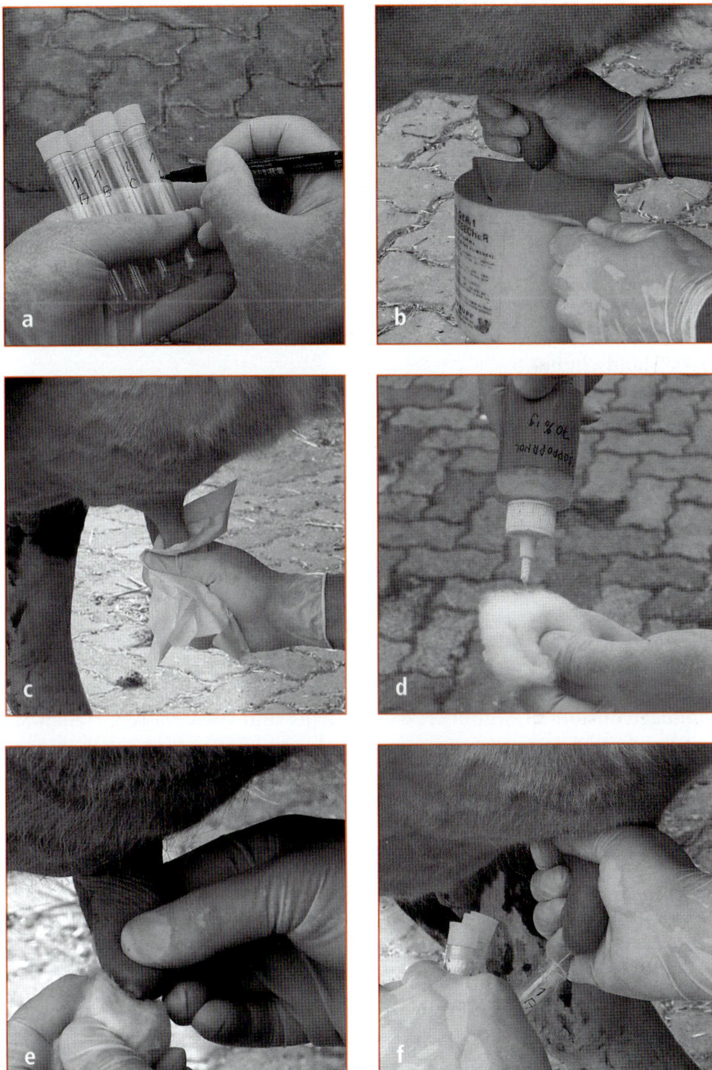

Abb. 3.3 **a** Beschriftung der Probenröhrchen. **b** Vormelken. **c** Reinigung der Zitze. **d** Alkohol (70%). **e** Desinfektion der Zitzenkuppe. **f** Abmelken in das Probenröhrchen.

3.3 Uringewinnung

Bei Rindern dient eine Urinprobe dem Nachweis einer Ketose mit einem einfachen Urinstick. Urinproben ermöglichen auch die Bestimmung des Säure-Basen-Haushaltes, um Rückschlüsse auf die Fütterung zu ziehen. So spiegelt sich eine zu kohlenhydrathaltige Fütterungsweise etwa in einer metabolischen Acidose wieder.

Vorbereitung

- Materialien:
  - Auffanggefäß (einfacher Plastikbecher, Reagenzglas o.Ä.),
  - Handschuhe,
  - Gleitgel,
  - Katheter (Blasen- oder Metallkatheter),
  - evtl. Spekulum.

Durchführung

Rind

- Rinder lassen spontan Wasser, wenn sie aus dem Liegen aufgetrieben werden.
- Wenn Sie mit der Hand direkt unterhalb der Vulva streichende Bewegungen ausführen, stimuliert das ebenfalls zum Wasserlassen. Halten Sie dabei den Schwanz nicht fest, weil das den Miktionsimpuls wieder unterbindet.
- Helfen diese einfachen Herangehensweisen nicht weiter, nehmen Sie einen starren Metallkatheter (Uteruskatheter) oder einen Breslau-Katheter.
- Reinigen Sie die Vulva mit einem in Jodseife getränkten Tuch.
- Nehmen Sie den Katheter in die rechte Hand und palpieren Sie mit den Fingern der linken Hand das Ostium urethrae etwa 2–3 cm ventral am Boden des Vaginaeingangs.
- Wenn Sie mit dem Blasenkatheter eingehen, müssen Sie zunächst gleich hinter dem Ostium das Diverticulum suburethrale passieren, das sich durch einen derben Widerstand an der Katheterspitze bemerkbar macht. Bei dieser Passage müssen Sie auch mit Abwehrbewegungen des Tieres rechnen.

- Nach der Passage schieben Sie den Katheter in kranioventraler Richtung vor.
- Oft entleert sich dann Urin. Anderenfalls saugen Sie mit einer aufgesetzten Einmalspritze Urin an.
- Sie können jetzt sofort den Urin mit Teststreifen (Ketontest, Combur-Test) untersuchen.
- Zur weiteren Untersuchung, z.B. Kalium- und Natriumbestimmung, sollte die Probe schnell und gekühlt zur Untersuchung in ein Labor gebracht werden.

> Dient die Uringewinnung einer bakteriologischen Untersuchung, ist natürlich ein streng steriles Vorgehen erforderlich und es muss Mittelstrahlharn entnommen werden.

- Bullen: Die Uringewinnung beim Bullen mit einem Katheter ist zu aufwendig, daher sollten Sie Spontanharn auffangen.

Schwein

- Eine Urinuntersuchung wird v.a. bei Sauen durchgeführt. Sauen setzen in der Regel nach dem Auftreiben Urin ab. Halten Sie dann mit der Hand ein Reagenzglas, um spontan abgesetzten Mittelstrahlurin zu erhalten.
- Der Harn sollte auf folgende Parameter untersucht werden:
  - makroskopische Untersuchung auf Farbe, Geruch, Trübungen und Beimengungen,
  - Keimgehalt (z.B. Eintauchnährböden oder Versand zur BU),
  - pH-Wert, Blutbestandteile, Proteingehalt,
  - Sedimente.

Schaf und Ziege

- Eine einfache Möglichkeit zur Auslösung der Miktion kann es sein, dem Tier für etwa 30–40 Sekunden die Nase zuzuhalten, wodurch ein Miktionsreflex ausgelöst wird.

3.4 Nasentupfer-/Trachealspülprobe

Nasentupfer eignen sich beim Rind gut zum Nachweis von viralen Erregern der Rindergrippe, z.B. BHV-1, BRSV, PI3. Die Trachealspülproben eignen sich besser zum Nachweis von bakteriellen (Sekundär-)Erregern.

Nasentupferprobe

- Es gibt spezielle Nasentupfer mit sehr langem Stab auf dem Markt, mit denen Sie sehr tief in das Nasenloch eingehen können. Am Ende des Plastikstabs befindet sich ein Wattetupfer, der nach erfolgtem Abstrich in ein Plastikröhrchen geschoben wird und dann versandfertig ist (Abb. 3.4).
- Verwenden Sie zur Durchführung den vorbereiteten Nasentupfer aus dem Abstrich-Set und führen Sie den Tupfer so tief wie möglich in die Nasenhöhle ein (Abb. 3.5).
- Rechnen Sie bei der Durchführung mit Abwehrbewegungen des Tieres, die zum Abbrechen des Tupfers führen können.
- Bewegen Sie den Tupfer mehrmals über der Schleimhaut vor und zurück, damit Sie möglichst viel Zellgewebe aufnehmen (wichtig zum BRSV-Nachweis).
- Entfernen Sie ihn danach wieder und stecken Sie ihn sofort in das dafür vorgesehene Behältnis.
- Versenden Sie die Proben so schnell wie möglich ins Labor. So können Sie schon oft nach 24 h ein Ergebnis erhalten.

> Nehmen Sie von 10% der Tiere Proben, aber mindestens von dreien.

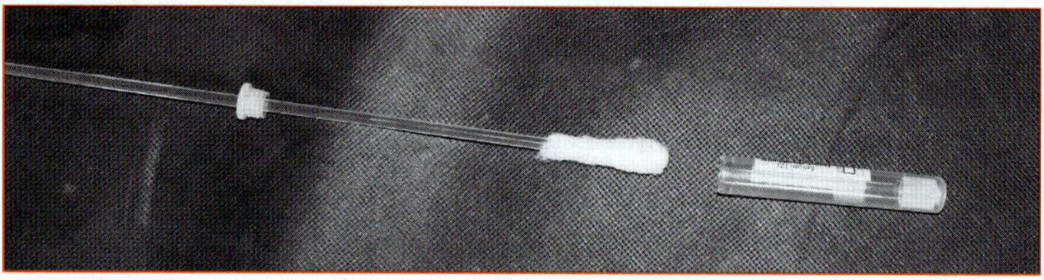

Abb. 3.4 Nasentupfersystem.

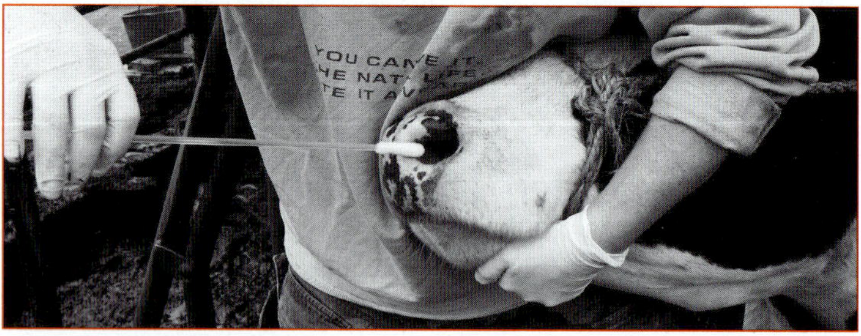

Abb. 3.5 Entnahme der Nasentupferprobe.

Trachealspülprobe

Die transtracheale Spülprobe eignet sich besser zum Nachweis von bakteriellen Erregern, da Bakterien, die in der Nase isoliert werden, oft nichts mit der Lungenerkrankung zu tun haben.

- Wählen Sie Tiere aus, die sich gerade im Anfangsstadium der Erkrankung befinden, nicht chronisch kranke.
- Für die Probe verwenden Sie spezielle Katheter (z.B. Centracath Vigon, 75 cm lang). Sie punktieren die Trachea im mittleren Drittel des Halses und schieben den Katheter etwa 40–50 cm tief in die Trachea bzw. in die oberen Bronchien vor.
- Dann injizieren Sie etwa 50 ml Kochsalzlösung und aspirieren sofort wieder, um einige Milliliter der Spülflüssigkeit zurückzugewinnen (Abb. 3.6).
- Sie können die Spülflüssigkeit von drei Proben poolen, ohne das Ergebnis zu verfälschen.

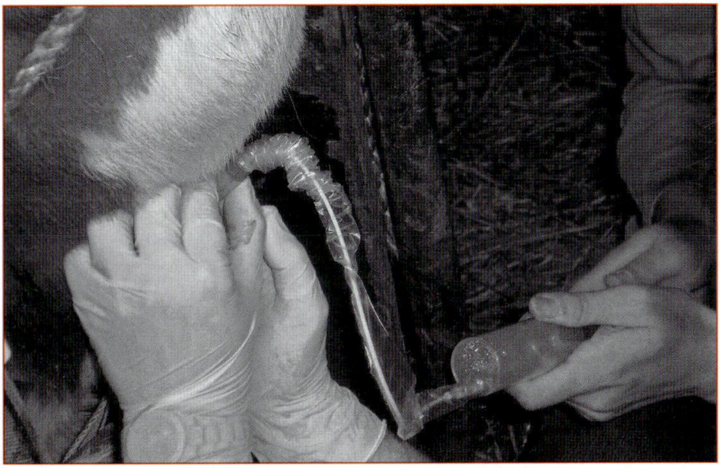

Abb. 3.6 Trachealspülprobe.

3.5 Kotprobe

Rind

Die Kotgewinnung beim Rind dient der bakteriologischen und/oder virologischen Analyse (Rotaviren, Coronaviren) sowie zur parasitologischen Untersuchung (Kokzidien, Kryptosporidien). Meist wird die Probe ins Labor verschickt, doch stehen auch Schnelltests zur Verfügung (Rotaviren, Coronaviren, Kryptosporidien). In der amtlichen Seuchenbekämpfung werden Kotproben zur Untersuchung auf Paratuberkulose genommen.

- Die Kotprobe gewinnen Sie beim Rind mit der behandschuhten Hand direkt aus dem Rektum.
- Bei Kälbern kann die Gewinnung etwas schwieriger sein. Gehen Sie dazu mit dem Thermometer in das Rektum des Tieres und bewegen Sie es einige Male vor und zurück, wodurch oft der Defäkationsimpuls ausgelöst wird.

Schwein

- Bei Schweinen führen Sie zur Gewinnung der Kotprobe zwei Finger in das Rektum ein.
- Bei Ferkeln verwenden Sie je nach Fragestellung Tupfer mit oder ohne Medium, eventuell auch abgesetzten Kot (nach Stimulation mithilfe eines Tupfers), um eine Tupferprobe zu gewinnen.

Schaf und Ziege

- Bei Schafen dient die Kotprobe vor allem der parasitologischen Untersuchung. Sie wird mit einem Finger dem Rektum entnommen.

3.6 Versand von Proben

Der Gesetzgeber sieht für den Versand von Untersuchungsmaterialien ein bestimmtes Vorgehen vor. Kommerzielle Labors stellen Ihnen entsprechendes Versandmaterial zur Verfügung.

- Alle Proben müssen auslaufsicher verpackt und entsprechend gekennzeichnet verschickt werden.
- Alle Materialien, die einer bakteriologischen Untersuchung zugeführt werden, müssen ein spezielles Symbol auf der Verpackung tragen und zusätzlich zur Absenderangabe die Telefonnummer der Praxis aufweisen.

Dies gilt auch, wenn die Probe durch einen Kurierdienst abgeholt wird. Diese Sendungen dürfen nur als Maxibrief oder Paket verschickt werden.

- Nicht jede etwas speziellere Untersuchung wird in jedem Labor täglich durchgeführt. Auch bei sehr warmer Witterung oder bei Frost sollten Sie darauf achten, dass die Probe nicht unnötig in einem Postbriefkasten lagert oder unbearbeitet das Wochenende im Laborbriefkasten verbringt, wenn die Proben nicht ohnehin von Boten in der Praxis abgeholt werden. Die Probe könnte sonst unbrauchbar werden. Im Zweifelsfall sollten Sie im Labor nachfragen.
- Manche Botendienste kommen von selbst täglich vorbei, andere müssen stets gesondert benachrichtigt werden. Informieren Sie sich gut.
- Kühl zu lagernde Proben dürfen nicht vor dem Eintreffen des Boten aus dem Kühlschrank geholt werden.
- Das Probenmaterial muss sicher verpackt werden:
  - keine aufgesetzten Kanülen,
  - Probenröhrchen in auslaufsicheren, bruchfesten Versandverpackungen,
  - keine Glasgefäße.
- Die Versandumschläge des Labors tragen in der Regel bereits die Kennzeichnung „medizinisches Untersuchungsgut“ und evtl. das oben erwähnte Zeichen „UN 3373“ (für „infektiöse Stoffe der Kategorie B“). Wichtig ist ein Absenderstempel mit Angabe der Telefonnummer.
- Für alle Schäden während des Transportes (Auslaufen, Bruch) haftet der Absender.
- Achten Sie immer auf eine eindeutige Zuordnung von Probe und Untersuchungsantrag!
- Wenn die Rechnung nicht an die Praxis, sondern direkt an den Tierbesitzer gestellt werden soll, muss dies auf dem Formular vermerkt und durch Unterschrift des Tierhalters bestätigt werden.

4 Injektionen und Medikamentengabe

4.1 Subkutane Injektion

Subkutan, also unter die Haut, bedeutet, dass die Hautschicht von der Muskelschicht abgehoben und das Medikament dazwischen injiziert wird.

Vorbereitung

- Materialien:
  - Spritze in geeigneter Größe (bei Rindern meist 20 ml- oder 30 ml-Spritzen, bei Schafen/Ziegen eher 5 ml- und 10 ml-Spritzen),
  - Kanüle (bei Rindern und Schweinen durchsichtige 1,6 x 25 mm, bei Schafen/Ziegen und Ferkeln eher 1,2 x 40 mm),
  - Injektionslösung.
- Das Tier sollte auf jeden Fall gut fixiert werden, damit Verletzungen bei Mensch und Tier durch Abwehrreaktionen vermieden werden können.
- Führen Sie keine Injektion in stark verschmutzte oder krankhaft veränderte Hautpartien durch.
- Die verwendete Nadel darf nicht zu lang sein, damit die darunter befindlichen Muskelpartien nicht beschädigt werden.
- Bei allen Injektionslösungen, Medikamenten und Impfstoffen muss unbedingt auf das Verfallsdatum und den Applikationsort gemäß der Herstellerangaben geachtet werden.
- Mischen Sie keine Arzneimittel in einer Spritze. Viele Lösungen fallen aus und können zu verschiedenen Reaktionen des Gewebes und der Immunantwort führen.
- Erklären Sie dem Tierbesitzer, welches Medikament Sie verabreichen und weisen Sie ihn vorher auf die Wartezeit hin, bis Milch und Fleisch wieder genutzt werden können.

Durchführung

Rind

- Die Injektionsorte sind das Unterhautgewebe seitlich am Hals oder vor oder hinter der Schulter (Abb. 4.1a und b).

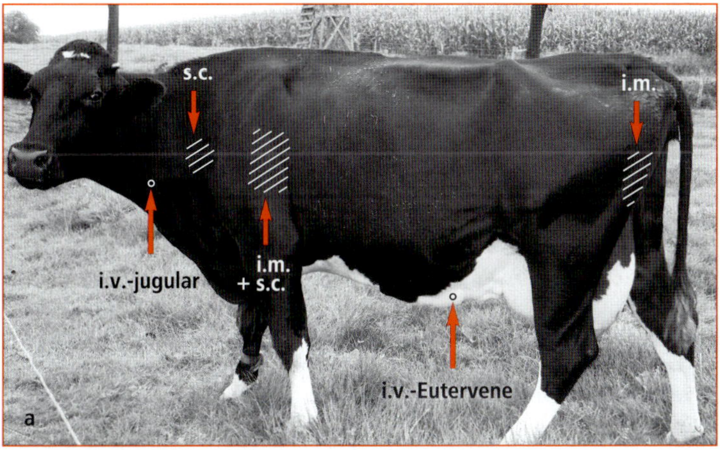

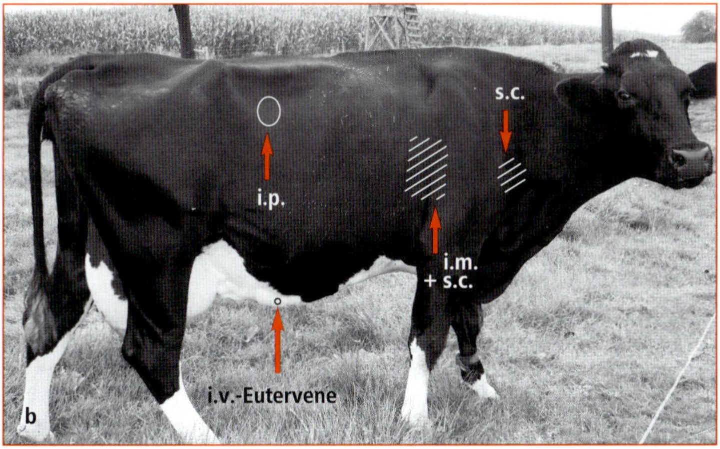

Abb. 4.1 Injektionsstellen. **a** Linke Seite. **b** Rechte Seite.

- Heben Sie mit der linken Hand eine Hautfalte ab und führen Sie die Nadel senkrecht zu dieser an der Basis der Falte unter die Haut ein, ohne auf der Gegenseite der Hautfalte wieder mit der Nadel auszutreten.
- Die Nadel sollte unter der Haut frei verschiebbar sein.
- Aspirieren Sie kurz, um auszuschließen, dass Sie ein Gefäß punktiert haben.
- Das maximale Injektionsvolumen beim ausgewachsenen Tier beträgt 50 ml, bei Jungtieren 20 ml und bei Kälbern 10 ml. Größere Volumina sollten auf mehrere Injektionsstellen verteilt werden. Je nach Präparat haben die Hersteller Angaben zu den maximalen Injektionsvolumina an einer Stelle gemacht.
- Achten Sie nach der Injektion auf eventuelle Unverträglichkeitsreaktionen.

Schwein

- Beim Schwein werden die meisten Injektionen intramuskulär durchgeführt (siehe Kap. 4.2).
- Bei Saugferkeln erfolgt die subkutane Injektion in die Kniefalte.
- Das Ferkel wird an den Hinterbeinen festgehalten und nach unten hängen gelassen. Durch Zug an den Vorderbeinen wird das Tier gespannt fixiert. Die Kanüle muss frei beweglich sein.
- Bei Mastschweinen/Sauen ist der Injektionsort der kaudale Rand und höchste Punkt des Ohrgrundes. Die Kanüle wird dann von oben senkrecht nach unten gerichtet eingestochen. Die Kanüle muss wiederum frei beweglich sein.
- Das Tier muss für die subkutane Injektion fixiert sein. Eine Aspiration ist nicht möglich.

> Sollten Sie einmal versehentlich ein Hautgefäß treffen und Blut aspirieren, dürfen Sie die Injektion nicht fortsetzen. Ziehen Sie die Spritze heraus und drücken Sie die blutende Stelle mit dem Finger kurz ab. Injizieren Sie dann an einer anderen Stelle.

Schaf und Ziege

- Die Injektionsorte sind die wollfreien Stellen unter dem Ellenbogen, an der seitlichen Brustwand hinter der Schulter möglichst weit oben und der seitliche Hals unterhalb des Ohrgrundes (für alle lokal reizenden Substanzen z.B. spezielle Impfstoffe).

> Bei Lämmern erfolgt die Injektion durch Aufheben einer Hautfalte im Nacken.

- Heben Sie mit der linken Hand eine Hautfalte ab und führen Sie die Nadel senkrecht zu dieser an der Basis der Falte unter die Haut ein, ohne auf der Gegenseite der Hautfalte wieder mit der Nadel auszutreten.
- Aspirieren Sie kurz, um auszuschließen, dass Sie ein Gefäß punktiert haben.
- Beobachten Sie das Tier nach der Injektion auf eventuelle Unverträglich keitsreaktionen.
- Bei Massenbehandlungen im Treibgang ist der Bereich hinter der Schulter die angemessene Stelle. Ein Nadelwechsel nach etwa 10 Tieren wird empfohlen (Vorsicht jedoch bei Beständen mit Pseudotuberkulose – hier pro Tier eine Nadel!).

> Schafe sind sehr anfällig für Clostridieninfektionen, vor allem im Zusammenhang mit i.m.-Injektionen. Deshalb sollte jede Medikamenten-Injektion beim Schaf subkutan erfolgen, sofern keine dringenden Gründe dagegen sprechen.

4.2 Intramuskuläre Injektion

Die intramuskuläre Injektion (i.m.-Injektion) ist beim Rind die Injektionsform, wenn es um die Verabreichung kristalloider oder öliger Suspensionen geht und das zu verabreichende Medikament nach den Herstellerangaben keine andere Darreichungsform vorsieht. Der Übertritt des Medikaments in den Kreislauf erfolgt langsamer als bei der i.v.-Injektion, aber schneller als bei der subkutanen Injektion. Einige Präparate haben eine Depotwirkung von 24–48 h.

Es gelten die gleichen Vorsichtsmaßnahmen wie bei der s.c.-Injektion. Allerdings ist die i.m.-Injektion in der Regel etwas schmerzhafter und führt zu lokalen Gewebsschäden. Daher sollte, falls vom Hersteller zugelassen, die subkutane Injektion beim Rind den Vorzug erhalten. Die Resorptionszeit hängt vom Präparat ab.

Vorbereitung

- Materialien:
  - Spritze in geeigneter Größe,
  - Kanüle,
  - Injektionslösung.
- Die Kanülenlänge muss mindestens 40 mm betragen, damit gewährleistet ist, dass Sie mit der Nadel auch die Muskulatur erreichen. Die Kanülengröße wird von der Viskosität des Medikaments bestimmt:
  - für ölige Lösungen und Kristallsuspensionen: Durchmesser 1,2–1,8 mm,
  - für wässrige Lösungen: Durchmesser 0,9–1,2 mm.
- Die wichtigste Hygienemaßnahme ist die Sauberkeit der Injektionsmaterialien und des Medikaments. Verwenden Sie nie bereits benutzte Kanülen und Spritzen, bereits länger angebrochene Flaschen oder unsachgemäß gelagerte Medikamente.
- Beachten Sie das Verfallsdatum und die Beschaffenheit der Lösung (Trübungen, Flockenbildung).
- Errechnen Sie die benötigte Injektionsmenge. Zur Gewichtsbestimmung müssen Sie sich wahrscheinlich auf Ihr Schätzvermögen und Ihre Erfahrung verlassen. Im Zweifel können Sie das Rind vermessen, indem Sie mit einem speziellen Maßband für Rinder (speziell auch für Kälber erhältlich) den Brustumfang hinter den beiden Ellbogen messen. Das Zirkagewicht lässt sich dann leicht ablesen und für die Berechnung nutzen. Im Allgemeinen neigt man dazu, das Gewicht eines Rindes eher zu unter- als zu überschätzen.

> Das Durchschnittsgewicht einer Holstein-Friesian-Milchkuh liegt ganz grob bei 650 kg. Wenn Sie sich die erforderliche Medikamentendosierung für dieses Maß merken, können Sie relativ leicht die im Einzelfall erforderliche Dosis abschätzen und müssen nicht jedes Mal wieder umständliche Umrechnungen durchführen. Und: Viehhändler und Metzger haben meist ein gutes Auge bei der Schätzung des Körpergewichtes. Üben Sie es mit ihnen zusammen.

- Das Tier sollte auf jeden Fall gut fixiert werden (Fressgitter oder Strick), damit Verletzungen bei Mensch und Tier durch Abwehrreaktionen vermieden werden können. Eventuell muss eine Hilfsperson erst in der Fixierung des Rindes angeleitet werden.

- Führen Sie keine Injektion in stark verschmutzte oder krankhaft veränderte Hautpartien durch.
- Die verwendete Nadel darf nicht zu lang sein, damit die darunter befindlichen Muskelpartien nicht beschädigt werden.
- Bei allen Injektionslösungen, Medikamenten und Impfstoffen muss unbedingt auf das Verfallsdatum und den Applikationsort gemäß Herstellerangaben geachtet werden.
- Mischen Sie keine Arzneimittel in einer Spritze. Viele Lösungen fallen aus und können zu verschiedenen Reaktionen des Gewebes und der Immunantwort führen. Nicht zuletzt aus forensischen Gründen ist die Mischung von verschiedenen Lösungen, die nicht ausdrücklich dafür bestimmt sind, abzulehnen.
- Erklären Sie dem Tierbesitzer, welches Medikament Sie verabreichen und weisen Sie ihn vorher auf die Wartezeit hin, bis Milch und Fleisch wieder genutzt werden können.

Durchführung

Rind

Injektionsorte sind vor allem die Ankonäenmuskulatur oder die lange Sitzbeinmuskulatur (siehe Abb. 4.1). Gegen die Sitzbeinmuskulatur spricht die Gefahr einer Medikamentenreaktion mit Schwellung und Entzündung, da die Sitzbeinmuskulatur des Rindes, abhängig von der Aufstallungsform, sehr verschmutzt sein kann. Außerdem sind es bei Mastrindern recht wertvolle Fleischpartien. Die Halsmuskulatur hat den Nachteil, dass wegen der dachziegelhaften Anordnung der Muskelschichten ein möglicher Spritzenabszess in die Tiefe wandern kann. Außerdem führen Schwellungen, Reizungen und Schmerzen in diesem Bereich dazu, dass die Tiere nicht mehr ins Fangfressgitter gehen oder in der Anbindung Schmerzen haben. Für manche Impfstoffe wird die Injektionsstelle von den Herstellern empfohlen.

- Bilden Sie eine kleine Hautfalte (verringert die Schmerzen beim Einstechen) und stechen Sie dann die Kanüle (etwa 40–50 mm lang) senkrecht durch die Haut in die Muskulatur.

- Stellen Sie sich dicht in Höhe der Schulter an das Rind, damit Sie bei seitlichen Ausweichbewegungen nicht umgedrückt werden, weil das Rind sich immer um den Schulterbereich herum dreht. Sie können von dieser Stelle den Hals- und die Ankonäenmuskulatur zur Injektion gut erreichen.
- Eine Desinfektion der Injektionsstelle wird beim Rind in der Regel nicht durchgeführt, allerdings ist es daher besonders wichtig, saubere Injektionsorte zu wählen.

Injizieren Sie nicht in entzündete Hautregionen. Wegen der Gefahr einer Keimeinschleppung ist das Risiko von Komplikationen viel größer.

- Das maximale Injektionsvolumen hängt vom Präparat und den Angaben des Herstellers ab. Es sollten bei einem erwachsenen Rind 25 ml pro Injektionsstelle nicht überschritten werden.
- Bei Einzeltierbehandlungen nehmen Sie grundsätzlich Einmalspritzen und Kanülen. Bei der Behandlung von ganzen Gruppen ist es häufig vorteilhaft, automatische Spritzen (Revolverspritzen, Hauptner Muto usw.) zu benutzen, mit denen man mehrere Tiere behandeln kann.

Es besteht bei diesen Spritzen auch die Möglichkeit, einen Impfstab einzusetzen. Damit können Sie auch Gruppen impfen, die nicht einzeln fixiert sind, z.B. in Mastbuchten. Die Anwendung eines Impfstabes ist aber nur bei kleinen Injektionsvolumina bis maximal 5 ml möglich. Vor jeder Benutzung in einem anderen Betrieb müssen die Systeme sehr sorgfältig gereinigt werden. Es dürfen keinerlei Medikamenten- oder Impfstoffreste in dem System sein. Es ist viel darüber diskutiert worden, ob Rinder mit Resten von BHV-1-Markerimpfstoff „infiziert" wurden und daher im Ig-E-Test positiv reagiert haben und sog. „Pseudoimpflinge" entstanden sind.

- Wechseln Sie die Kanülen regelmäßig, bevor sie stumpf oder verschmutzt sind. Allerdings müssen Sie auf Wunsch des Tierbesitzers bei Bestandsimpfungen (z.B. gegen Blauzungenkrankheit) bei jedem Tier die Kanüle wechseln.

Schwein

- Als Injektionsort kommt nur die seitliche Halsmuskulatur am höchsten Punkt des Ohrgrundes am Übergang der lockeren, faltigen, wenig behaarten Haut zur behaarten Haut infrage.
- Die Richtung der Injektion ist am stehenden Tier waagerecht.

- Wichtig ist gerade bei Sauen eine ausreichende Nadellänge, da Sauen ein dickes Unterhautfettdepot aufweisen und die Injektion unbedingt intramuskulär erfolgen muss, um den Erfolg der Therapie/Impfung nicht zu gefährden.

Schaf und Ziege

Die Applikation erfolgt in die lange Sitzbeinmuskulatur oder in die Ankonäenmuskulatur. Da Schafe sehr empfindlich gegenüber anaeroben Wundinfektionen sind (Clostridien), sollten Sie die subkutane Injektion, falls vom Hersteller zugelassen, vorziehen.

4.3 Intraperitoneale Medikamentengabe

Die intraperitoneale Medikamentengabe dient der Verabreichung von Medikamenten in die Bauchhöhle bei z.B. einer Peritonitis oder zur Gabe größerer Flüssigkeitsmengen bei stark exsikkierten Tieren, deren Venensystem kollabiert ist.

Vorbereitung

- Materialien:
  - Medikament,
  - Injektionskanüle,
  - Rasierer,
  - (Jod-)Seifenlauge,
  - sauberes Handtuch,
  - Desinfektionsmittel.
- Sorgen Sie für die Anwesenheit einer Hilfsperson, die Ihnen Materialien anreichen kann und/oder das Tier fixiert.

Durchführung

Rind

- Die Injektion erfolgt auf der rechten Seite in der Hungergrube, etwa eine Handbreit unter den Lendenwirbelquerfortsätzen und eine Handbreit hinter der letzten Rippe (siehe Abb. 4.1).

- Rasieren Sie hier ein etwa 5 x 6 cm großes Gebiet.
- Waschen Sie die Injektionsstelle.
- Trocknen Sie dann die Stelle mit einem sauberen Handtuch ab.
- Jetzt desinfizieren Sie die Haut durch Sprühdesinfektion und lassen diese mindestens 30 s einwirken.
- Führen Sie die Kanüle nach dem Durchdringen der Haut auf das gegenüberliegende Ellbogengelenk zu.

Wenn Sie Braunülen verwenden (G12, 2,7 x 80 mm), können Sie die Metallkanüle nach dem Eindringen in die Bauchhöhle herausnehmen und nur noch das stumpfe weiche Kunststoffteil der Braunüle in der Bauchhöhle belassen. So verhindern Sie, dass die scharfe Metallkanüle bei Abwehrbewegungen des Tieres Darmteile verletzt.

- Bei Kälbern liegt die Kanüle etwa 2–3 Querfinger unter den Querfortsätzen und hinter der letzten Rippe korrekt.

Schwein

Am nach unten hängenden Ferkel befindet sich die Injektionsstelle zwischen den beiden letzten Zitzenpaaren paramedian (links und rechts) (Abb. 4.2).

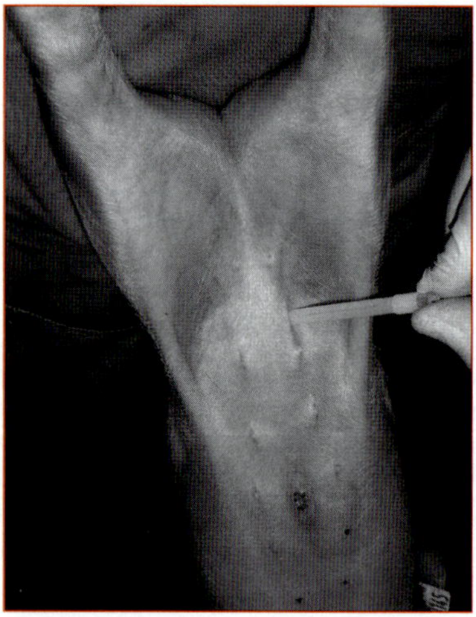

Abb. 4.2 Lokalisation der intraperitonealen Injektion beim Saugferkel.

Schaf und Ziege

- Das Vorgehen und die hygienischen Bedingungen entsprechen denen beim Rind.
- Bei adulten Tieren befindet sich die Injektionsstelle etwa 2–3 Querfinger unter den Lendenwirbelquerfortsätzen und 2–3 Querfinger hinter der letzten Rippe.

Lämmer

- Zur intraperitonealen Injektion wird das Tier von einer Hilfsperson an den Hinterbeinen hochgehoben, wodurch sich das Darmkonvolut nach kranial verlagert.
- Teilen Sie dann den Abdominalabschnitt durch Ziehen einer gedachten Längslinie in der Linea alba und einer Querlinie in Nabelhöhe in vier Quadranten.
- Gehen Sie nach ausreichender Desinfektion im linken oder rechten oberen Quadranten paramedian der Linea alba mit der Spritze ein.
- Aspirieren Sie, um auszuschließen, dass Sie die Blase getroffen haben.
- Injizieren Sie dann das Medikament.

4.4 Intravenöse Injektion

Der Vorteil einer i.v.-Injektion besteht in der raschen Anflutung des Wirkstoffes und in der Möglichkeit, größere Injektionsvolumina zu verabreichen. Allerdings dürfen nur Medikamente i.v. gegeben werden, die dafür eine Zulassung haben. Wichtig ist eine gute Fixierung des Tieres.

Durchführung

Rind

V. jugularis

Die V. jugularis eignet sich zur Applikation großer Injektionsmengen (20–30 ml und mehr; siehe Abb. 4.1).

- Bitten Sie den Landwirt, den Kopf des Tieres nach Möglichkeit nach oben oder zur Seite ausbinden zu lassen.
- Stauen Sie die Vene am unteren Hals mit dem Daumen/Finger.

Normalerweise genügt die Stauung mit dem Daumen. Weitere Hilfsmittel, wie Stauzange oder Staukette werden oft vergessen oder verschmutzen.

- Die Vene lässt sich am besten in der Mitte des Halses stauen und punktieren.
- Stochern Sie nicht blind nach der Vene, sondern punktieren Sie sie erst, wenn Sie sie sicher sehen oder fühlen.
- Stechen Sie die Kanüle senkrecht zur Vene ein, bis Blut austritt.
- Dann schieben Sie sie in der ganzen Länge in die Vene vor.

Auch für das Rind haben sich große Braunülen bewährt: beim erwachsenen Rind eine große Braunüle (G12, 2,7 x 80 mm), beim Kalb eine kleinere (G14, 2,2 x 50 mm).

- Wenn weiterhin Blut austritt, liegt die Kanüle richtig (Abb. 4.3). Dann lösen Sie die Stauung.
- Injizieren Sie jetzt das Medikament.
- Entfernen Sie dann die Kanüle. Bei Nachblutungen drücken Sie die Blutungsstelle für etwa 1 Minute direkt mit dem Finger ab.

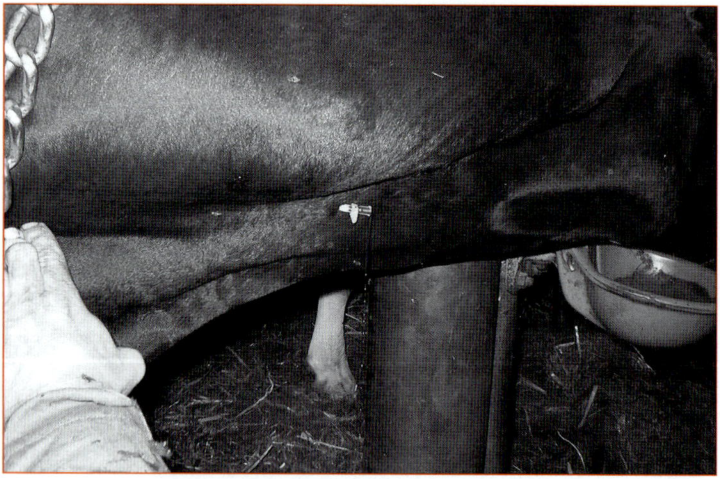

Abb. 4.3 Braunülenzugang bei der Kuh via V. jugularis.

Abb. 4.4 Braunülenzugang beim Kalb via V. jugularis.

V. coccygea media

Diese Vene eignet sich gut für kleine Injektionsvolumina (z.B. 1–2 ml Xylazin). Wichtig ist es hier, den Schwanz gerade nach oben zu biegen und medial zwischen den Wirbelkörpern waagerecht einzustechen (nicht zu dicht am Schwanzansatz).

Bei Kälbern wird die V. jugularis verwendet (bei liegendem Venenkatheter auch die V. auricularis; Abb. 4.4).

V. subcutanea abdominalis (sog. Milchader oder Eutervene)

- Ob und wie die Eutervene für Injektionen/Infusionen genutzt wird, sollte mit dem Praxisinhaber und den anderen Kollegen abgesprochen werden. Die meisten Rinderpraktiker nutzen die Eutervene (siehe Abb. 4.1).
- Wenn Sie Rechtshänder sind, stellen Sie sich auf die linke Seite der Kuh, sodass Sie die Hinterbeine im Blick haben.
- Lassen Sie von einer Hilfskraft den Schwanz senkrecht nach oben drücken, damit die Kuh nicht oder zumindest nur verzögert treten kann.
- Dann nehmen Sie eine sterile Kanüle (z.B. 1,6 x 50) und punktieren die Eutervene senkrecht zur Haut, bis Blut austritt.

- Dann schieben Sie die Kanüle in voller Länge nach kaudal in die Vene vor. Jetzt können Sie das Medikament injizieren. Danach entfernen Sie die Kanüle. Leichte Nachblutungen drücken Sie nicht zu, da sich erst die Vene schließen muss und danach die Haut, sonst bilden sich Hämatome in der lockeren Unterhaut des Bauches. Bei normaler Blutgerinnung tropft nach einer Minute kein Blut mehr nach.

Schwein

Beim Schwein erfolgt die Venenpunktion zur Injektion an der **V. auricularis**. Ein adultes Tier fixieren Sie gut am Kopf mithilfe einer Oberkieferschlinge, wobei der Kopf gerade gestreckt wird.

> Schweine neigen dazu den Kopf zu schütteln, wenn man die Ohren berührt.

- Stauen Sie bei adulten Tieren den Ohrgrund mit einem Strick oder durch den Finger einer Hilfsperson.
- Stechen Sie möglichst weit peripher in die Ohrvene, um bei Misserfolg noch etwas Platz für einen erneuten Versuch zu haben.
- Bei Ferkeln genügt die Fixierung des Kopfes durch einen Helfer. Es ist hilfreich, das Ferkel dabei mit dem Kopf nach unten hängend zu fixieren.

Schaf und Ziege

- Injektionsort ist die **V. jugularis**. Bei kurzhaarigen Tieren ist diese sehr gut auffindbar.
- Bei bewollten Tieren fassen Sie mit Finger und Daumen in die untere Drosselgrube, um die Vene zu stauen.
- Mit der anderen Hand scheiteln Sie im darüber liegenden Bereich der Drosselrinne die Wolle.
- In der Regel zeichnet sich jetzt die V. jugularis leicht ab oder ist mit dem Finger zu fühlen.
- Im Zweifelsfalle lösen Sie die Stauung wieder und legen sie erneut an, um dann das Hervortreten der Vene zu palpieren.
- Gehen Sie in einem Winkel von 45° ein und schieben Sie die Kanüle behutsam in die Vene vor.
- Lösen Sie dann die Stauung und injizieren Sie das Medikament.
- Entfernen Sie die Kanüle. Bei Nachblutungen drücken Sie diese direkt mit dem Finger für etwa 1 Minute ab.

4.5 Infusion

Die intravenöse Flüssigkeitstherapie ist eine wichtige Maßnahme bei vielen akuten Erkrankungen und spielt gerade in der Rinderpraxis bei Durchfallkälbern und festliegenden Kühen eine wichtige Rolle. Das Vorgehen entspricht dem bei der venösen Blutentnahme (siehe Kap. 3.1). Bei Dauertropfinfusionen werden in der Regel Braunülen gelegt.
Für die Infusion oder einen Zugang eignen sich am besten die **V. auricularis** oder die **V. jugularis**.

Vorbereitung

- Materialien (Abb. 4.5):
  - Nadel-Faden-Kombination oder Kanüle mit vorher durchgezogenem Faden,
  - Braunülen,
  - Desinfektionslösung,
  - Klebeband,
  - Infusionsbesteck,
  - Heidelberger Verlängerung,
  - Rasierer oder Schere (nicht im Bild),
  - Stauschlauch (nicht im Bild),
  - ggf. Flexileine (nicht im Bild).
- Die Haut sollte bei schlecht sichtbaren Venen rasiert und desinfiziert werden.

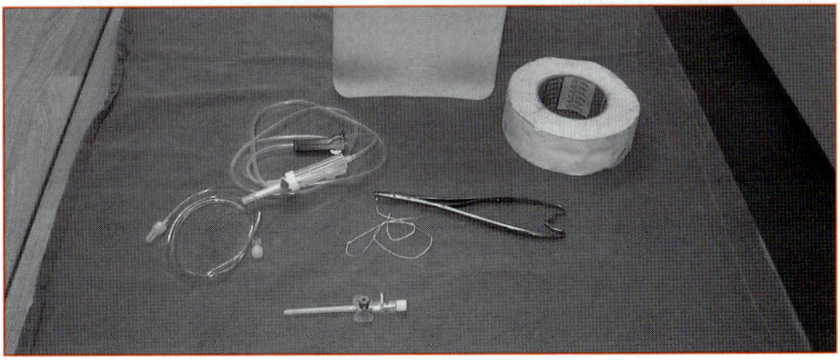

Abb. 4.5 Materialien für die Dauertropfinfusion.

Durchführung

Rind

Zur Infusionstherapie wird beim Rind meist die V. jugularis oder bei der erwachsenen Milchkuh auch die Eutervene benutzt (Abb. 4.6). Der Zugang erfolgt beim erwachsenen Rind über eine große Braunüle (G12, 2,7 x 80 mm) und beim Kalb über eine kleinere (G14, 2,2 x 50 mm).

- Stechen Sie die Braunüle senkrecht ein, bis Blut austritt.
- Dann schieben Sie sie bis zur halben Länge herzwärts (V. jugularis) bzw. kaudal (Eutervene) in die Vene ein.
- Danach ziehen Sie die Nadel heraus und schieben den verbleibenden Katheter in voller Länge in die Vene hinein.

Abb. 4.6 Infusion bei der erwachsenen Milchkuh über die Eutervene.

Auch beim Rind ist die Verwendung von Braunülen sinnvoll, auch wenn diese teurer sind, denn bei Abwehrbewegungen des Tieres sitzen diese sicherer und die Gefahr, dass die Infusionslösung paravenös läuft, verringert sich.

- Bei sehr exsikkierten Kälbern kann es schwierig sein, den Katheter richtig zu platzieren, da die Vene sich kaum stauen lässt. In diesen Fällen rasieren Sie die Haut über der V. jugularis und bitten dann eine Hilfsperson, das Kalb an den Hinterbeinen solange hochzuheben, bis sich die Vene mit Blut füllt und Sie sie sehen und fühlen können.

Infusionsbestecke aus der Humanmedizin, mit Tropfkammer, eignen sich nicht zur Kalziuminfusion, da sich die Filter sehr schnell zusetzen.

Dauertropfinfusion

- Bei Nutzung der Ohrvenen zur Dauertropfinfusion müssen Sie am Ohrgrund mit Stauschlauch oder Strick eine Stauung anlegen. Dazu wählen Sie eine passende Braunüle aus (1,7 x 50 mm bei einem Kalb, 2,2 x 50 mm bei einer Kuh).
- Durchstechen Sie die Haut und punktieren Sie anschließend die Vene.
- Bei sichtbarem Blutaustritt ziehen Sie die Kanüle ein wenig zurück und schieben gleichzeitig den Katheter langsam bis zum Anschlag ins Lumen der Vene vor. Der Katheter sitzt gut, wenn er sich ohne Widerstand vorschieben lässt und Blut austritt.
- Lösen Sie die Stauung und fixieren Sie den Katheter zunächst mit einer Hand.
- Fixieren Sie anschließend die Braunüle durch ein Klebeband am Ohr.
- Anschließend wird das vorher entlüftete Infusionsbesteck mit einer Heidelberger Verlängerung angeschlossen.
- Legen Sie den Infusionsschlauch einmal um den Ohrgrund und fixieren Sie ihn mit einem Klebestreifen.

Bei Kühen mit Hörnern können Sie alles auch am Horn befestigen. Bei Kälbern hat sich eine am Infusionsschlauch befestigte Flexileine bewährt, die den Schlauch aus dem Bewegungsradius der Tiere herausnimmt bzw. nachgibt.

Schaf und Ziege

Das Vorgehen entspricht hier dem Vorgehen bei der Punktion der V. jugularis des Rindes zur Anlage von Braunüle und Infusion. Es ist auch eine Dauertropfinfusion analog zum Vorgehen beim Kalb möglich.

4.6 Orale Medikamentengabe

Nicht alle Medikamente eignen sich für eine Injektion. Mitunter ist es auch der einfachere Weg, dem Tier das Medikament oral zu verabreichen und schließlich müssen bestimmte Medikamente, besonders gegen Gastrointestinalerkrankungen, oral verabreicht werden, um ihre lokale Wirkung entfalten zu können. Letztlich ist entscheidend, dass das Medikament auch sicher und in der vorgesehenen Menge aufgenommen wird.
Mit einem Magnet- oder einem speziellen Pilleneingeber können Boli oder Magneten eingegeben werden (Abb. 4.7).

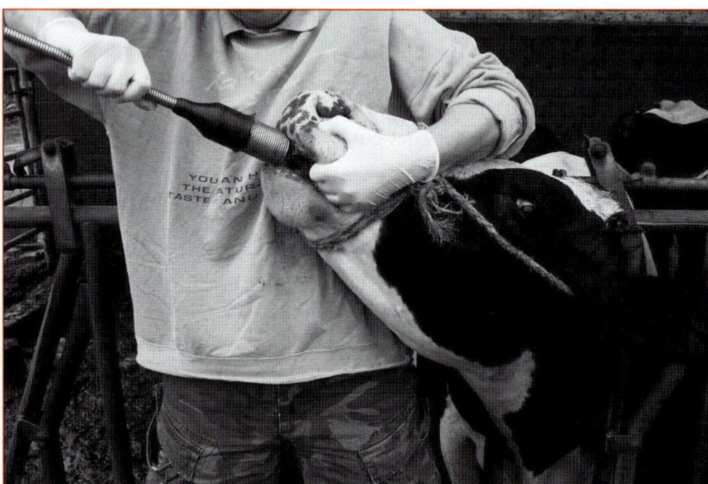

Abb. 4.7 Magnet oder Bolus eingeben.

Vorbereitung

- Materialien:
  - Medikament,
  - Gleitgel,
  - Schlundsonde,
  - Nasensonde,
  - Pilleneingeber.
- Eventuell benötigen Sie eine Hilfsperson.

Durchführung

Rind

- Fixieren Sie das Tier mit einem Strick.
- Es wird das Maul ausreichend weit öffnen, wenn Sie mit einer Hand in das Diasthema greifen.
- Platzieren Sie den Eingeber hinter den Zungenwulst (leichter Widerstand, der überwunden werden muss).
- Schlundsonden lassen sich in der Regel bei Rindern gut über die Mundöffnung schieben. Um einen Verbiss der Sonde zu verhindern, sollte ein Beißholz mit mittigem Loch verwendet werden, durch das Sie die Sonde vorschieben können und gleichzeitig schützen.
- Ebenfalls funktioniert das Schieben einer Sonde über die Nasenöffnung. Bestreichen Sie das vordere Ende mit Gleitgel.
- Schieben Sie die Sonde in den Rachen vor. Blasen Sie Luft über die Sonde ein und schieben Sie sie während des Schluckreflexes vor. Bei korrekter Lage fühlen Sie den Vorschub an der linken Halsseite.
- Die korrekte Lage der Sonde überprüfen Sie zusätzlich, indem Sie Luft einblasen und zugleich eine Hilfsperson das entstehende Blasgeräusch (links im Hauben-/Pansenbereich) auskultiert (oder natürlich mit vertauschten Rollen). Ein weiterer Hinweis auf eine korrekte Lage ist es, wenn sich über den Schlauch keine Luft ansaugen lässt.
- Eine falsche Lage der Sonde kann sich durch starke Abwehrreaktionen, Hustenreiz und das Mitatmen durch den Schlauch äußern.

- Um dem Tier viel Flüssigkeit einzuflößen, können Sie Drench-Systeme mit manueller oder elektrischer Pumpe einsetzen (Abb. 4.8). Die Oliven der Drench-Systeme können laut Hersteller nicht in die Luftröhre gelangen. Dennoch muss auch hier auf die korrekte Sondenlage geachtet werden.
- Bei Kälbern ist die Vorgehensweise gleich, lediglich der Durchmesser der Sonden ist kleiner (Abb. 4.9).

Abb. 4.8 Drencher.

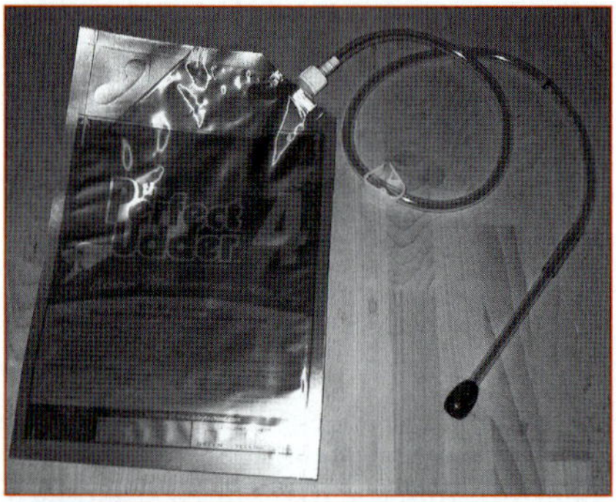

Abb. 4.9 Kälberdrenchbesteck.

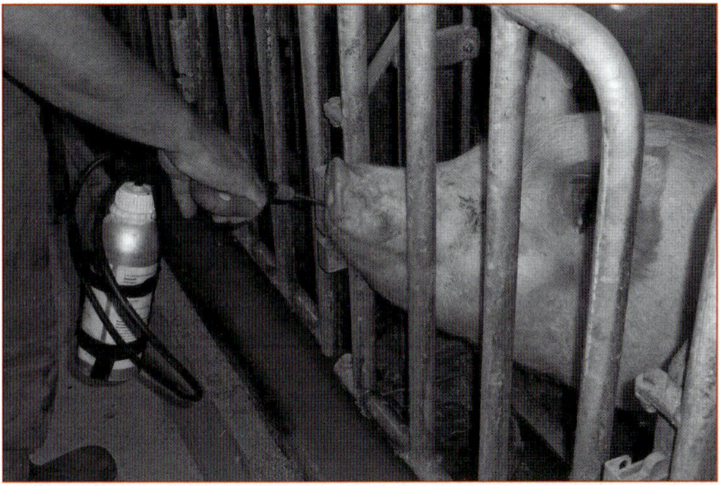

Abb. 4.10 Orale Anwendung von Medikamenten beim erwachsenen Schwein.

Schwein

Die orale Medikamentengabe erfolgt bei Saugferkeln einfach mit einer Dosierpumpe in den Maulwinkel (bei Durchfallbehandlung). Dabei sollte das Medikament mit einem langen Schlauch oder einem speziellen Applikator in den Pharynx eingebracht werden (Abb. 4.10).

> Achtung: Bei ausgewachsenen Schweinen nie die direkte orale Gabe versuchen.

Schaf und Ziege

- Die Pilleneingabe erfolgt über Pilleneingeber. Auch hier muss der Eingeber hinter den Zungenwulst platziert werden.
- Kleinere Flüssigkeitsmengen werden über Drench-Pistolen verabreicht (z.B. Wurmmittel).
- Einzeltierbehandlungen können auch mit einer großen Spritze durchgeführt werden.
- Größere Flüssigkeitsmengen werden über eine Schlundsonde durch die Mundöffnung verabreicht. Es sollte ein Beißholz mit einem mittigen Loch verwendet werden, um die Sonde zu schonen.

- Um vor allem bei oraler Applikation eine schnelle Resorption mit ausreichender Dosierung zu gewährleisten, ist es vorteilhaft, wenn die Medikation beim hungernden Tier erfolgt (etwa 12 Stunden Nahrungskarenz).
- Eine Unterdosierung von Anthelminthika begünstigt die Entwicklung von Resistenzen. Deshalb sollte das Gewicht der größeren Tiere einer Gruppe zugrunde gelegt werden.

Bei der medikamentösen Behandlung einer Ziege gegen Würmer und Parasiten empfiehlt es sich in der Regel, die 1,5- bis 2-fache Dosis der Packungsangaben zu verabreichen, die sich meist auf Schafe beziehen. Aber: Keine Dosiserhöhung bei Levamisol!

4.7 Intrazisternale Medikamentengabe

Bei jeder Applikation einer Eutertube (Laktationsantibiotika, Trockensteller) sollte mit größtmöglicher Vorsicht und Hygiene vorgegangen werden.

Vorbereitung

- Waschen Sie sich zunächst gründlich die Hände mit Seife. Noch besser ist es, gleich Einmalhandschuhe zu tragen.
- Zuerst melken Sie vor. Die ersten Milchstrahlen gehen in den Vormelkbecher.
- Dann melken Sie das Euterviertel aus.
- Säubern Sie sorgfältig die Zitze und die Strichkanalöffnung.
- Desinfizieren Sie die Strichenden und besonders die Strichkanalöffnungen mit einem Alkohol-Eutertuch. Lassen Sie die Lösung etwa 30 s einwirken. Beginnen Sie an den körperfernen Eutervierteln, bevor Sie die körpernahen desinfizieren.

Nach der Desinfektion dürfen Sie die Strichenden nicht mehr mit unsterilen Dingen berühren!

Durchführung

- Bringen Sie die Eutertube zuerst in die körpernahen Euterviertel ein und behandeln Sie dann die beiden körperfernen. Achten Sie darauf, dass die Injektorspitze vor der Applikation nicht mit den Händen oder dem Euter in Berührung kommt.
- Führen Sie die Injektorspitze maximal 0,5 cm in den Strichkanal ein.

> Antibiotische Trockensteller sollten Sie hoch massieren, einen Zitzenversiegler jedoch nicht!

- Betupfen Sie zur abschließenden äußerlichen Desinfektion alle vier Euterzitzen mit einer Jod- oder Diplösung.

5 Operationen

In der Nutztierpraxis ist die Entscheidung, ein Tier zu operieren, in erster Linie eine wirtschaftliche Überlegung, die frei von Emotionen ist. Die Operationskosten dürfen nie den individuellen Wert des Tieres übersteigen. Die Aussicht auf die spätere vollständige Nutzung des Tieres muss hoch sein. Daher sind komplizierte und teure Operationen die Ausnahme. Landwirte oder Herdenmanager kennen die meisten Routineeingriffe und können Kosten, Nutzen und Risiken sehr gut einschätzen. Bei Hobbyhaltern von kleinen Wiederkäuern sind die Entscheidungen allerdings eher mit denen einer Pferdepraxis vergleichbar.

Bei den Schweinen gibt es wegen des geringen Einzelwertes der Tiere kaum noch Operationen. Selbst der Kaiserschnitt bleibt eine sehr seltene Operation. Normale Kastrationen werden vom Landwirt selbst erledigt. Kryptorchiden oder Leistenbrüche werden heute nicht immer operiert.

Beim Rind beträgt die Differenz zwischen den Aufzuchtkosten einer Färse und dem Schlachterlös noch weit über 1000 €. Daher lassen sich noch einige Operationen mit guter Prognose aus wirtschaftlichen Erwägungen rechtfertigen.

Um überhaupt zu einer Diagnose zu kommen, muss das Tier zunächst von Ihnen untersucht werden. Konzentrieren Sie sich dabei nicht nur auf die zu operierenden Organe, z.B. Labmagen oder Hörner, sondern führen Sie immer eine gründliche und vollständige Allgemeinuntersuchung durch. Die Untersuchungsergebnisse erlauben Rückschlüsse über die Dringlichkeit der Behandlung/OP. Sie dienen auch der Einschätzung von Begleittherapien (Infusion) und Nachsorgemaßnahmen (Antibiose, Schmerzmittel).

> Es macht keinen Sinn, eine Kuh mit einer Labmagenverlagerung zu operieren, die gleichzeitig ein vereitertes Klauengelenk, eine Beckenphlegmone nach Schwergeburt oder eine gangränöse Mastitis aufweist.

5.1 OP-Planung und Vorbereitung

Besprechung mit dem Tierbesitzer

- Sie müssen den Tierbesitzer bei allen Eingriffen auf die Dringlichkeit, die Risiken, die Prognose sowie auf die Kosten und Folgekosten hinweisen. Für jeden operativen Eingriff sollten Sie eine sorgfältig gestellte Indikation vorlegen können und auch Behandlungsalternativen einschließlich der Möglichkeit der Schlachtung ansprechen, um alles mit dem Tierbesitzer diskutieren zu können. Es gibt natürlich auch Operationen, die ohne therapeutische Alternativen sind, was Sie dann auch deutlich zum Ausdruck bringen sollten.
- Bei Rindern sind in der Regel alle Eingriffe am stehenden Tier unter Lokalanästhesie möglich. Nabeloperationen bei Kälbern oder etwa die Kastration von Schwein, Schaf oder Ziege sollten in Allgemeinanästhesie am abgelegten Tier durchgeführt werden.
- Ganz wichtig für den Landwirt ist die Mitteilung über die Wartezeit auf Milch und Fleisch.
- Vermeiden Sie eine Bagatellisierung der Narkose- und Operationsrisiken gegenüber dem Tierbesitzer – ein Restrisiko bleibt immer!

Der OP-Koffer

- Auch als Anfänger sollten Sie mit allen Abläufen bei einer Operation vertraut sein und wissen, wann welches Instrument benötigt wird, denn Sie sind als Operateur für den glatten und erfolgreichen OP-Verlauf verantwortlich. Dazu gehören auch die Anästhesie und die OP-Planung.
- Es macht in größeren Praxen Sinn, dass jeder Tierarzt seinen persönlichen OP-Koffer hat, auch wenn die Fahrzeuge zum Teil gemeinsam genutzt werden.

> Vorteilhaft ist es, getrennt voneinander ein kleines, unsteriles OP-Besteck zu haben, für kleinere Verletzungen oder kleinere Eingriffe, und ein großes OP-Besteck mit sterilisierten und verpackten Instrumenten für größere Operationen (Tab. 5.1).

Tab. 5.1 OP-Koffer.

Großer OP-Koffer (z.B. für Labmagenoperation oder Sectio)
• Rasierer/Rasierklingen • Kanülen und Spritzen in unterschiedlichen Längen und Stärken • Skalpellklingen • evtl. Tupfer • 2–3 Nadel-Faden-Kombinationen • Klammerzange mit zugehörigen Klammern (Schweinekrampen) • Aluspray zum Abdecken der OP-Wunde • Jodspray • resorbierbares Nahtmaterial von der Spule (PGS-Faden EP 8) • Lokalanästhetikum (z.B. Isocain) • Xylazin, Ketamin • Procain-Penicillin • Uterusstäbe • Desinfektionsspray (z.B. Cutasept) • Jodseife (z.B. Jodosept) • Einmalschürzen • OP-Handschuhe
Instrumente
• 1 Uterusfasszange • 1 Knieschere • 1 chirurgische Schere • 2–3 Arterienklemmen • 1 Pinzette • 1 Nadelhalter • 1 Skalpellhalter + Klingen • 1 dicke Aderlasskanüle mit einem daran befestigten Schlauch (etwa 1,2 m) für das Abgasen des Labmagens • Nadeln verschiedener Größen, scharf und glatt
Kleines OP-Besteck (zur Schonung des großen OP-Bestecks, z.B. bei Hautverletzungen oder Schwanzamputation)
• 1 Nadelhalter • Nadel-Faden-Kombinationen • verschiedene Nadeln • Nahtmaterial, PGS-Faden EP 8 • 1 Skalpellhalter + Skalpellklingen • Gerlach-Nadel groß für Rinder und klein für Schaf und Ziege • 1 Schere • Kanülen und Spritzen in unterschiedlichen Längen und Stärken • Bühner-Band • Rasierer/Rasierklingen • 2 Arterienklemmen • Lokalanästhetikum • Besteckwanne mit geeignetem Instrumentendesinfektionsmittel (z.B. Valvanol) • Ketamin/Xylazin

Operationsort

Der Ort an dem operiert werden soll, sollte möglichst sauber sein und von anderen Tieren nicht erreicht werden können. Ideal ist ein gut ausgeleuchteter Platz. Da Sie aber in der Regel im Stall arbeiten, wird es eher der Abkalbestall sein oder ein Teil vom Fressgitter wird abgeteilt.

- Setzen Sie eine Stirnlampe auf, um auf jeden Fall genügend Licht im OP-Feld zu haben. Oft wirft die aufgestellte Lampe zu viel Schatten oder es ist ein Problem, eine Lampe zu besorgen, oder das Verlängerungskabel ist nicht auffindbar usw.

> Wenn nicht genügend Licht vorhanden ist, lassen Sie einen Strahler aufstellen.

- Beim „Instrumententisch“ handelt es sich zumeist um einen Gartentisch oder um zwei Strohballen mit einem Brett darüber oder um eine Schubkarre mit einem Brett. Was Sie auch verwenden, es sollte zumindest so gestellt werden, dass es außerhalb des Aktionsradius des Tieres ist und Sie bequem an Ihre Instrumente herankommen. Der Tisch sollte einigermaßen gerade stehen.
- Decken Sie den Tisch mit frischen Handtüchern oder mit einem Laken ab.
- Sie benötigen in der Regel 2 Eimer Wasser (achten Sie darauf, dass die Eimer sauber sind): einen als „Rasierwasser“ und einen für Sie zum Waschen. Bewährt hat sich ein Schöpfgefäß (1-Liter-Messbecher), mit dem Sie das Wasser zum Waschen des OP-Feldes bequem abschöpfen können.
- Für die Instrumente bereiten Sie eine kleine Wanne vor, in die Sie ein Desinfektionmittel geben, z.B. Braunol, oder füllen Sie die Wanne mit warmem Wasser und geben Sie einige Wasserstoffperoxid-Tabletten dazu.

> Wenn Sie die Instrumente immer wieder in die Desinfektionslösung zurücklegen, wird auch Staub oder Schmutz aus dem Stall immer wieder abgewaschen und das Instrument wird neu desinfiziert. Außerdem ist das Reinigen der Instrumente nach dem Gebrauch leichter.

Vorbereitung des Tieres

- Das Tier sollte gut fixiert werden können.

> Fixieren Sie das Tier nie in einem Fangfressgitter, weil Sie es dort nicht mehr herausbekommen, wenn es sich hinlegt.

- Bei Tieren, die treten, können Sie Fesselbänder an den Hinterbeinen anlegen.
- Bei starker Verschmutzung des Tieres nehmen Sie mit Bürste und Lauge eine großzügige Grobreinigung des OP-Feldes von Schmutz und Kot vor.
- Rasieren Sie das Operationsfeld möglichst großflächig.
- Befestigen Sie den Schwanz des Rindes unmittelbar vor OP-Beginn mit einem Band an der Hintergliedmaße, damit der Schwanzquast nicht in das OP-Feld schlägt (bei seitlicher Laparotomie).
- Bei Schweinen rasieren Sie immer mit den Borsten und nicht gegen die Borsten („mit dem Strich").
- Schafe werden zuvor geschoren, da das Rasieren ansonsten zu viel Zeit in Anspruch nimmt.
- Entfetten Sie das Gebiet nun mit Alkohol und Kompressen, wobei Sie stets von zentral nach peripher wischen.
- Sprühen Sie das Operationsfeld danach mit einem Desinfektionsmittel ein. Beachten Sie immer die vom Hersteller vorgeschriebene Einwirkzeit von mehreren Minuten. Von jetzt an dürfen nur noch aseptisch vorbereitete Personen Zugang zum Operationsgebiet haben.
- Anschließend wird das OP-Feld 2-mal desinfiziert. Das Desinfektionsmittel sollte dabei mindestens 1 Minute einwirken und danach möglichst nicht mehr mit unsterilen Gegenständen in Berührung kommen.
- Bei einer OP in Rückenlage, wie z.B. der Nabeloperation des Kalbes, ziehen Sie wegen der Verschmutzungsgefahr am besten jeweils einen Einmalhandschuh über die Klauen.
- Bei einer Allgemeinanästhesie und/oder schlechtem Allgemeinzustand des Tieres legen Sie vor der Operation einen venösen Zugang, um die Narkose besser steuern zu können und um eine rasche Flüssigkeitszufuhr/Volumengabe zu gewährleisten.

Vorbereitung des Operateurs

- Ziehen Sie zum Operieren einen Einmal-OP-Kittel an, damit Ihre Kleidung darunter nicht nass wird. Selbst im Winter können Sie unter dem Kittel eine Weste o.Ä. tragen.
- Schmuck, Uhr usw. müssen auf jeden Fall abgelegt werden.
- Nachdem Sie das Tier zur OP vorbereitet haben (Rasur, Lokalanästhesie) und der OP-Tisch gedeckt ist, ziehen Sie sich um und waschen sich 2-mal mit Seife (z.B. Jodosept). Nach dem Abtrocknen mit einem sauberen Handtuch desinfizieren Sie Ihre Arme und Hände mit einem geeigneten Desinfektionsmittel (z.B. Cutasept).
- Danach dürfen Sie nichts Unsteriles mehr berühren. Andernfalls müssten Sie die gesamte Prozedur wiederholen.

> Sie werden feststellen, dass dies im Stall gar nicht so einfach ist. Gehen Sie in der sterilen Ruhestellung (Hände gefaltet und erhoben) zu Ihrem Patienten.

- Als Operateur müssen Sie immer die von Ihnen betriebene Hygiene verantworten können. Im Zweifel ist ein Zuviel an Hygiene besser als ein Zuwenig. Sie sind jedoch in Anbetracht der Operationsbedingungen in einem Stall mit einem OP-Kittel hinreichend gekleidet.
- OP-Handschuhe sollten Sie auf jeden Fall benutzen, da in der Nutztierpraxis die Arbeiten nicht immer planbar sind. Wenn Sie vor einem Kaiserschnitt eine Klauenbehandlung (da sollte man allerdings auch Handschuhe tragen) durchgeführt haben, werden Sie Ihre Hände nur noch mit viel Mühe sterilisieren können.
- Eine Auskleidung mit Mundschutz, OP-Haube usw. macht im Stall keinen Sinn. Eine Operation im Rinderstall ist nie steril. Sie sollte nur so sauber und hygienisch wie möglich durchgeführt werden. Trotzdem haben Sie mit Wundinfektionen oft weniger Probleme als in einer Klinik.
- Falls der Tierbesitzer Ihnen assistieren soll, muss er dieselbe Prozedur der chirurgischen Händedesinfektion durchlaufen. Weisen Sie ihn andernfalls freundlich und bestimmt darauf hin, dass er die bereitliegenden Operationsinstrumente nicht anfassen darf.

Chirurgische Händedesinfektion

- Durch die chirurgische Händedesinfektion töten Sie die pathogenen Keime an Händen und Unterarmen bis zu den Ellenbogen ab und verringern die dortigen Stammkeime. Tiefer gelegene Keime an den Haarfollikeln und Schweißdrüsen werden nicht erreicht. Nach 20–30 min setzt die Wiederbesiedlung der Haut ein.
- Stellen Sie die Wassertemperatur so ein, dass sie für Sie angenehm ist.
- Waschen Sie Ihre Hände und Unterarme gründlich mit Seife. Spülen Sie den Seifenschaum von den Armen und Händen ab und wiederholen Sie das Ganze.
- Halten Sie Ihre Hände und Unterarme immer etwas erhöht, damit das Wasser von den Händen über die Ellenbogen ablaufen kann.
- Trocknen Sie die Arme mit möglichst sauberen Handtüchern von der Hand zum Ellenbogen hin ab.
- Jetzt reiben Sie die Hände und Unterarme gründlich mit einem Desinfektionsmittel ein (auch zwischen den Fingern).
- Waschen Sie sich jetzt noch einmal die Hände.
- Mit dem Beginn der Waschung sollten Sie nach Möglichkeit nichts mehr berühren oder anfassen, was nicht eindeutig steril ist.
- Falls Sie sehr viel operieren, sollten Sie Ihre Haut wegen der häufigen Hautdesinfektionen mit alkalifreien Seifen und Cremes vor Schädigungen wie Rhagadenbildung oder Infektionen schützen. Wenn Sie bereits unter einer infektiösen Hauterkrankung der Hände leiden, sollten Sie bis zur Ausheilung nicht operieren. Haben Sie eine empfindliche Haut und entwickelt sich bei Ihnen nach den Waschungen ein juckendes Ekzem, können Sie auf ein jodhaltiges Desinfektionsmittel ausweichen, wie z.B. Braunosan.

Sterile Handschuhe anziehen

- Das Päckchen mit den sterilen Handschuhen sollte geöffnet vor Ihnen liegen.
- Greifen Sie mit 2 Fingern die nach außen umgeklappte Öffnung des Handschuhs an der Umschlagkante und gleiten Sie mit der anderen Hand hinein.
- Greifen Sie dann mit dem sterilen Handschuh von außen in die Umschlagfalte des anderen Handschuhes und rutschen Sie mit der anderen Hand hinein.

Jetzt kann es losgehen!

5.2 Anästhesie

Die Lokalanästhesie, also die örtliche Betäubung, ist bei den Wiederkäuern die gängigste Form der Anästhesie. Für die Nutztierpraxis ist derzeit nur noch Procain als Lokalanästhetikum zugelassen. Da es nur eine geringe Wirkdauer von etwa 30 min hat, wurden Sperrkörper wie etwa Epinephrin hinzugegeben (z.B. bei Isocain).
Im Folgenden werden beispielhaft die häufigsten Anwendungsmöglichkeiten aufgezeigt.

Anästhesie bei Operation der linken und rechten Flanke

- Dazu führen Sie bei einer Sectio (linke Seite) oder einer Labmagenoperation (je nach OP-Methode auf der rechten oder linken Seite) eine Schnittinfiltration entlang der Schnittlinie durch.
- Führen Sie eine Spritze mit langer Nadel (1,6 x 50 mm) und einem geeigneten Lokalanästhetikum (z.B. Isocain 2%) unter die Haut und unter die Subkutis (etwa 1 cm).
- Setzen Sie dann Depots unter die Haut von jeweils etwa 5–10 ml im Abstand von etwa 5 cm (etwa 3 Querfinger) entlang der künftigen Schnittführung. Dabei injizieren Sie während des Vorschubs der Nadel oder beim Zurückziehen. Es gibt auch spezielle Infiltrationsnadeln mit seitlichen Öffnungen zur Infiltrationsanästhesie.
- Anschließend werden die Muskeln und das Peritoneum durch Vorschieben und Setzen des jeweiligen Depots anästhesiert (10–15 ml pro Depot in den jeweiligen Schichten beim Rind).

Anästhesie bei Eingriffen an der Zitze

Für eine Operation an der Zitze infiltrieren Sie die Zitzenbasis zirkulär und subkutan. Setzen Sie dazu 4- bis 5-mal ein Depot von 1–2 ml direkt unter der Haut.
Eine Alternative ist die **regionale intravenöse Infiltrationsanästhesie**:

- Dabei wird die Zitze im Bereich der Zitzenbasis mit einer Darm- oder Zitzenklemme abgeklemmt.
- Stechen Sie dann mit einer dünnen Kanüle (blau) vorsichtig im oberen Drittel in die Haut ein und suchen Sie mit der Nadel nach einer Vene.
- Bei Blutfluss werden 2–3 ml eines Lokalanästhetikums verabreicht.

Anästhesie bei Eingriffen an den Gliedmaßen

- Suchen Sie nach der Anlage eines Stauschlauches oder eines Gummibandes an der distalen Gliedmaße unterhalb der Stauung eine Vene auf.
- Applizieren Sie mit einer Kanüle 15–20 ml eines Lokalanästhetikums. Die Betäubung setzt schnell ein und hält, solange die Stauung beibehalten wird (z.B. zur Klauenamputation).
- Nach dem Lösen des Stauschlauchs ist die Gliedmaße innerhalb weniger Minuten wieder voll sensibel.

Leitungsanästhesie

Eine Leitungsanästhesie bewirkt die Hemmung einer Weiterleitung von Schmerzimpulsen in afferenten Nervenfasern.
Die **distale paravertebrale Anästhesie** dient der Anästhesie der Flanken und bietet bei Bauchoperationen wie der Labmagenverlagerung nach links oder rechts sowie bei der Sectio nach der Literatur leichte Vorteile gegenüber der Schnittinfiltration, bei der es eher zu Wundheilungsstörungen kommen kann.
Das Prinzip dieser Anästhesie ist die Anlage von Lokalanästhetikum-Depots entlang der Spinalnerven auf der zu operierenden Seite.

- Materialien:
  - Lokalanästhetikum,
  - Jodseife,
  - Rasierer,
  - Hautdesinfektionsmittel,
  - 50 ml-Spritze,
  - Kanüle (8–10 cm).
- Die Rasur, Reinigung und Desinfektion des OP-Gebiets soll auch die Einstichstelle zur Anästhesie mit umfassen.
- Beginnen Sie an Th13 und arbeiten Sie sich dann bis L1 und L2 vor.
- Führen Sie die Kanüle zwischen der letzten Rippe und dem Querfortsatz von L1 ein. Stechen Sie die Kanüle dort senkrecht ein.
- Schieben Sie die Nadel zunächst nur in die Haut und setzen Sie dort ein erstes Depot von 5–10 ml.
- Schieben Sie die Kanüle nun, ohne sie dabei herauszuziehen, nach leichtem Rückzug und erneutem Vorschub 2–3 cm nach kaudal und setzen Sie dort ein weiteres Depot.
- Jetzt gehen Sie 2 cm weiter in die Tiefe, wo Sie zwei weitere Depots in der Subkutis setzen, ein Stück kranial und ein Stück kaudal.

- Weitere 2 cm tief setzen Sie erneut zwei Depots in der Muskularisschicht.

> Es ist auch ein umgekehrtes Vorgehen möglich, indem Sie zunächst die Nadel bis an das Peritoneum vorführen (etwa 6–8 cm) und dann die Depots während des Zurückziehens der Nadel setzen.

- Wenn Sie sich nicht sicher sind, ob das Tier ausreichend anästhesiert ist, können Sie zusätzlich eine Schnittinfiltrationsanästhesie durchführen.

Anästhesie bei Enthornung

(siehe auch Kap. 5.7)

- Auf einer gedachten Linie zwischen Hornbasis und lateralem Augenwinkel setzen Sie mittig subkutan ein Depot von 10–20 ml eines Lokalanästhetikums (Abb. 5.1).
- Gehen Sie senkrecht in die Haut, etwa 1 cm tief. Nach der Injektion fühlen und sehen Sie die Depotquaddel. Dies führt zur Analgesie des N. cornealis.

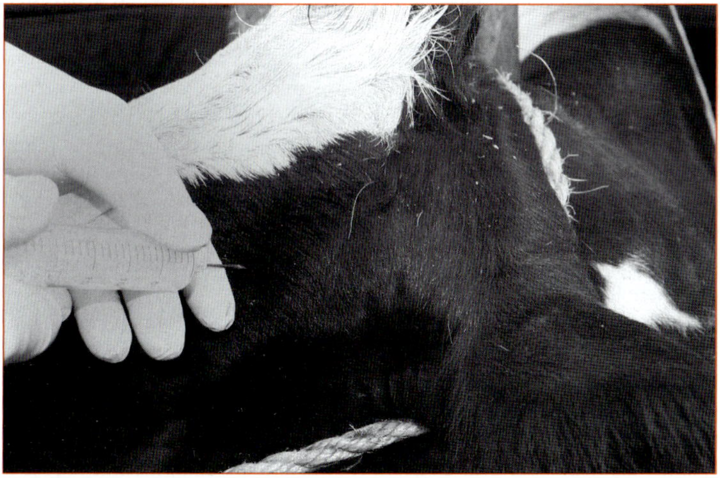

Abb. 5.1 Anästhesie des N. cornealis.

Epiduralanästhesie

Bei der Epiduralanästhesie wird ein Lokalanästhetikum in den Epiduralraum instilliert. Die Motorik der hinteren Gliedmaße ist bei der kaudalen Epiduralanästhesie nicht betroffen, sondern es kommt nur zur Betäubung von Anus, Vulva, Perineum und Schwanz. Zudem verhindert sie ein zu starkes Pressen im Geburtsverlauf und beugt somit in der Geburtshilfe einem Gebärmuttervorfall vor.

Das Injektionsvolumen bei einem Rind beträgt 5–6 ml, bei Schaf und Ziege nicht mehr als 3 ml.

- Materialien:
  - Handschuhe,
  - eine Kanüle (1,2 x 40 mm – 1,6 x 50 mm),
  - Procain 2%, 5–7 ml,
  - Spritze,
  - Desinfektionslösung,
  - Rasierutensilien.
- Stellen Sie sich hinten seitlich ans Tier.
- Suchen Sie das Spatium sacrococcygeale auf. Das Foramen befindet sich zwischen dem ersten Schwanzwirbel und dem Kreuzbein und wird durch Bewegung des Schwanzes gut sichtbar.
- Führen Sie mit einer Hand Pumpenschwengelbewegungen am Schwanzansatz durch, während Sie gleichzeitig mit der anderen die Zwischenwirbelräume an den Schwanzwirbeln palpieren.
- Rasieren und desinfizieren Sie die Injektionsstelle. Eindringende Keime könnten zu einer aufsteigenden Infektion mit ernsten Komplikationen führen.
- Wenn Sie den geeigneten Spalt gefunden haben, halten Sie ihn mit einem Finger markiert, während Sie sich von einer Hilfsperson die Kanüle in die andere Hand geben lassen.
- Stechen Sie die Kanüle in einem Winkel von 45° zur Hautebene ein und schieben Sie sie behutsam vor, bis Sie auf einen knöchernen Widerstand stoßen (Abb. 5.2).
- Ziehen Sie die Nadel dann ein wenig zurück und aspirieren Sie, um eine intravasale Installation auszuschließen.
- Die Injektion sollte dann leicht und ohne Widerstand durchführbar sein. Im Zweifel über die Lage können Sie die Spritze abnehmen und vor der Injektion einen Tropfen des Lokalanästhetikums auf den Konus der Kanüle geben, der dann „von selbst“ eingezogen werden sollte. Unter Umständen hören Sie auch ein leichtes saugendes Geräusch, das den

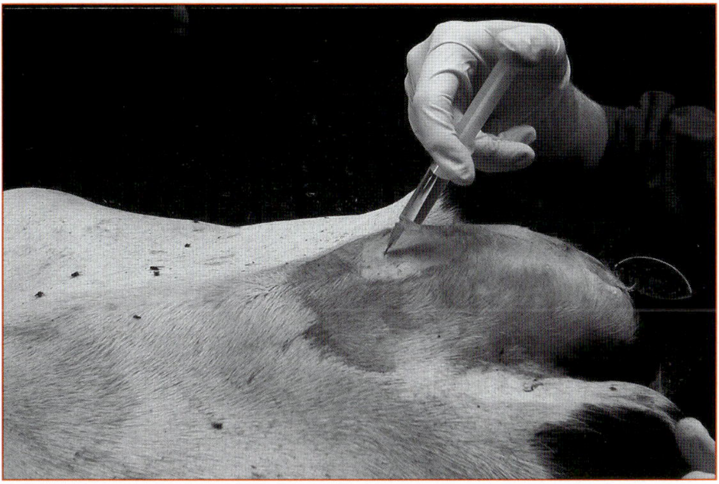

Abb. 5.2 Epiduralanästhesie im rasierten und desinfizierten Hautareal in einem Winkel von 45° zur Hautebene.

Druckausgleich mit dem Cavum epidurale gegenüber der Außenluft anzeigt.

- Die Wirkung tritt nach etwa 5 min ein. Die Injektion ist richtig verlaufen, wenn der Schwanz innerhalb weniger Minuten „schlaff wie ein Glockenseil" an dem Tier hängt.
- Sie erreichen auf diese Weise eine Anästhesie von etwa 1–2 h, die für eine erfolgreiche Geburtshilfe ausreicht.

Narkosemittel

Für lebensmittelliefernde Tiere sind zurzeit nur drei Medikamente für die Sedierung bzw. Narkose zugelassen: Ketamin, Xylazin und Azaperon.

Ketamin (z.B. Ursotamin)

- Eigenschaften:
  - keine atem- oder kreislaufdepressive Wirkung,
  - keine Muskelrelaxation,
  - stark analgetische Wirkung,
  - oberflächlicher Schlaf und Katalepsie,
  - Husten-, Schluck- und Lidreflexe bleiben erhalten.

- Dosierung:
  - kleine Wiederkäuer 10–20 mg/kg i.m. oder i.v.,
  - Rinder 2–5 mg/kg i.v., Ketamin ist nur für Rinder unter 5 Monaten zugelassen, bei Großtieren keine ausreichende distale Analgesie,
  - Schwein 10–20 mg/kg i.m. oder i.v. + 2 mg/kg Azaperon

> Ketamin sollte bei Rindern und kleinen Wiederkäuern immer in Kombination mit Xylazin verwendet werden. Dadurch kommt es einerseits zu einer besseren Anästhesie und Muskelrelaxation, allerdings auch zu einer stärkeren Atem- und Kreislaufdepression.

Xylazin (z.B. Rompun)

- Eigenschaften:
  - starke sedative Wirkung beim Rind,
  - Schweine sind relativ unempfindlich gegenüber Xylazin,
  - muskelrelaxierend und blutdrucksenkend,
  - bei Schaf und Rind Salivation und Atemdepression,
  - nicht im letzten Trächtigkeitsdrittel anwenden!
- Dosierung Rind:
  - 0,05 mg/kg: deutliche Sedation, leichte Muskelrelaxation, mäßige Analgesie,
  - 0,1 mg/kg i.m. oder i.v.: mittelstarke Sedation, deutliche Muskelrelaxans und Analgesie,
  - über 0,2 mg/kg: Verlust der Stehfähigkeit, narkoseähnlicher Zustand,

> Bei intravenöser Injektion haben Sie einen sofortigen Wirkungseintritt und Sie können die Dosis um ein Drittel reduzieren.

  - kleine Wiederkäuer 0,1–0,5 mg/kg i.m. oder 0,05–0,2 mg/kg i.v.

> Ziegen und bestimmte Schafrassen (z.B. Bergschafe) reagieren sehr stark auf Xylazin, weshalb Sie am besten bei einer Dosierung von 0,1 mg/kg beginnen und ggf. nachdosieren. Eine Prämedikation mit Atropin wäre wünschenswert, ist aber arzneimittelrechtlich schwierig.

Kombination Ketamin/Xylazin

- Dosierung:
  - Schafe 0,2 mg/kg Xylazin i.m., 15 min warten, dann 10 mg/kg Ketamin i.m.,

  - Ziegen 0,1 mg/kg Xylazin i.m.; 10 min warten, dann 10 mg/kg Ketamin i.m. oder langsam i.v.,
  - Rind 0,2 mg/kg Xylazin und 7–10 mg/kg Ketamin i.m. oder 0,1 mg/kg Xylazin und 3–5 mg/kg Ketamin i.v. (gleichzeitige Gabe möglich).

Azaperon (z.B. Stresnil)

- Eigenschaften:
  - nur für das Schwein zugelassen,
  - für chirurgische Eingriffe in Kombination mit Ketamin,
  - Sedation,
  - antiemetische Wirkung,
  - Abfall der Körpertemperatur durch Vasodilatation.
- Dosierung:
  - Schwein bis zu 2 mg/kg = 1 ml pro 20 kg.

> Die Injektion von Azaperon und Ketamin erfolgt zeitgleich. Mit dieser Medikation kann aber keine Analgesie erzeugt werden. Zur Vertiefung der Narkose kann mittels Thiopental (5,0 mg/kg streng i.v.!) eine Vertiefung vorgenommen werden.

5.3 Nahtmaterialien und Nahttechniken

Die Wahl des geeigneten Nahtmaterials richtet sich nach dem Gewebe, das versorgt werden muss.

Nadeln

In der Nutztierpraxis werden meist halbkreisförmig gekrümmte Nadeln benutzt, die sich gut für die Naht von dicken Muskelschichten eignen, sowie Nadeln, die nur am Ende gekrümmt sind (schlittenkufenartig), die man gut fassen kann und die vor allem bei schlecht zugänglichen Stellen, wie z.B. Scheidenverletzungen, vorteilhaft sind:

- **Rundkörpernadeln:** wenig traumatisch, Verwendung besonders für Gefäße, Uterus oder Bauchfell,
- **dreieckige Nadeln** mit außen liegender Schnittkante: Verwendung besonders für „zähe" Gewebe wie Faszien und Haut,
- **lanzettförmige Nadeln** (sog. „Spatulanadeln"): vor allem am Auge.

- **Nadeln mit Federöhr oder einfachem Öhr:** Bei Ersteren ist das Einfädeln leichter, sie sind aber am Ende breiter und daher besonders bei hartem Gewebe schwieriger zu verwenden.
- **Nadel-Faden-Kombinationen:** Sie sind wesentlich teurer und werden in der Nutztierpraxis meist nur bei kleineren Verletzungen oder bei Zitzenverletzungen benutzt. Sie haben den Vorteil, dass Nadel und Faden verschweißt sind und daher sehr dünn und atraumatisch sind.

Fäden

Bei den Fäden unterscheidet man zwischen resorbierbaren (sich auflösenden) und nicht resorbierbaren. Die Wahl des richtigen Fadens richtet sich nach dem Material, der erwünschten Resorptionsdauer, der Reißfestigkeit und der Knotensicherheit. Zusätzlich unterscheidet man zwischen monofilen und polyfilen Fäden. Ein polyfiler Faden besteht aus geflochtenen bzw. verdrillten Einzelfäden. Er lässt sich gut knoten, hat aber eine „Dochtwirkung", d.h. durch die Kapillarwirkung der Einzelfäden werden Sekrete angesaugt, und eine Infektion kann sich leichter in den verschiedenen Geweben ausbreiten, die durch einen solchen Faden zusammengehalten werden. Ein monofiler Faden hat diese Dochtwirkung nicht, ist aber wegen seiner Stärke eher starr und nicht so gut zu knoten.
Alle Fäden werden in sterilen Heftchen oder auf Spulen geliefert. Die Verwendung von Einzelbriefchen ist teurer, bei Fäden „von der Rolle" besteht jedoch die Gefahr des Brüchigwerdens und der mangelnden Sterilität.
Die Zerfallsdauer resorbierbarer Fäden wird vom Hersteller angegeben.

Resorbierbarer Faden

PGA (Polyglycolic acid) ist ein resorbierbarer Faden, den es in Stärken bis metric 8 gibt. Er wird in der Nutztierpraxis am häufigsten angewendet. Der Abbau erfolgt über Hydrolyse. Die entstehenden Abbauprodukte, Glykolsäure und Milchsäure, werden metabolisiert, ohne das Wundmilieu zu verändern. Zwei Wochen nach der Naht zeigt der Faden noch etwa 50% seiner ursprünglichen Reißfestigkeit. Der Knotensitz ist sicher.

> Es gibt zwei Systeme, mit denen die Fadenstärke auf den Verpackungen angegeben wird: Das metrische europäische System (EP) ist für alle Fadenmaterialien gleich, das amerikanische USP-System ist immer abhängig vom Nahtmaterial und kann differieren. „5 EP metric" entspricht einem Fadendurchmesser von 0,5 mm.

Wenn Sie unsicher sind, welchen Faden Sie für welche Indikation verwenden sollen, bitten Sie einen erfahrenen Kollegen, Ihnen die in der Praxis oder in der Klinik üblichen Kombinationen zu nennen. In der Regel ist für Haut, Unterhaut und Faszie ein Faden von 3.0–5.0 metric, je nach Größe des Tieres, gut geeignet.
Der Markt für Operationsfäden ist inzwischen groß und eher unübersichtlich. Viele Operateure haben ihre eigenen Vorlieben. Sie sollten sich ruhig den Gegebenheiten an Ihrem Arbeitsplatz anpassen.
Der Einsatz von Catgut oder Chromcat, hergestellt aus Rinderkollagen, war aufgrund der BSE-Problematik zeitweilig nicht möglich. Heute garantieren aber die Hersteller die Produktion aus garantiert BSE-freien Ländern oder Rinderbeständen. Der Faden bietet den Vorteil, dass er sehr dick und weich ist und daher bei brüchigem Gewebe unter Spannung nicht einschneidet. Er hat für die Naht des Uterus große Vorteile. Bei einer Uterusnaht nach Torsio, bei dem das Gewebe sehr ödematös und brüchig ist, kommt kaum ein anderes Nahtmaterial infrage.
Ansonsten werden moderne synthetische Fäden aus Polyglykolsäure (PGA; z.B. Vicryl, Dexon, Maxon) oder Polydioxanon (z.B. PDS) verwendet. Sie benötigen 60–180 Tage bis zur kompletten Auflösung. Die Reißfestigkeit wird je nach Fadentyp mit etwa 3 Wochen angegeben. Bei diesen Fadenmaterialien sollten 4–6 Knoten gemacht werden, um sicher zu sein, dass sie sich nicht wieder lösen.
Welches Fadenmaterial und welche Fadenstärke Sie letztlich verwenden, hängt von der jeweiligen Operation ab. Schauen Sie hierzu in der entsprechenden Fachliteratur nach.

Nicht resorbierbarer Faden
Seide ist kaum noch gebräuchlich. Die modernen Fäden bestehen aus Polyamid (z.B. Supramid, Ethilon) oder Polyester (z.B. Synthofil, Ethibond, Mersilene). Alle diese Fäden müssen gezogen werden und sind nur geeignet für Hautnähte.

Nahttechniken am Beispiel der Hautnaht

- Die unsterile Hilfsperson öffnet die Außenverpackung und lässt den sterilen Inhalt auf die sterile Unterlage fallen.
- Öffnen Sie die Innenverpackung und ziehen Sie, mit dem Nadelhalter in der führenden Hand, Nadel und Faden heraus.

- Sorgen Sie für eine etwa mittige Position der Nadel im Nadelhalter und korrigieren Sie sie gegebenenfalls.
- Nehmen Sie die chirurgische Pinzette in die andere Hand und fassen Sie damit den Wundrand, um ihn anzuheben. Beim Nähen sollte die Bewegung locker aus dem Handgelenk und nicht aus dem Ellenbogen erfolgen.
- Stechen Sie die Nadel in der Nähe des Pinzettenansatzes senkrecht zur Haut ein.
- Öffnen Sie den Nadelhalter und fassen Sie die auf der Gegenseite hervortretende Nadel erneut. Führen Sie sie dem Nadelbogen folgend durch die Haut.
- Für den Ausstich am gegenüberliegenden Wundrand gehen Sie in gleicher Weise vor, d.h. auch mit gleichem Abstand zum Wundrand zur gleichmäßigen Verteilung der Zugkräfte. Bei engem Wundrandabstand sowie bei sehr dünner Haut werden beide Wundränder in einem Zug und ohne Umsetzen des Nadelhalters erfasst.
- Setzen Sie den Knoten.
- Die Spannung des Knotens sollte einerseits die Adaptation der Wundränder sicherstellen, aber gleichzeitig nicht durch zu starken Zug am Faden Einschnitte und Gewebequetschungen erzeugen.

> Viele Anfänger neigen dazu, die Knoten zu stramm anzuziehen. Berücksichtigen Sie dabei immer die postoperative Ödematisierung.

Knoten

Das Knoten der Fäden ist natürlich in erster Linie eine praktische Tätigkeit, die sich kaum beschreiben lässt. Sie können es zu Hause in Ruhe üben. Setzen Sie die verschiedenen Knoten z.B. am Henkel einer gefüllten Kaffeetasse. So zwingen Sie sich selbst dazu, beim Knoten nicht zu zerren. Sie können sich auch beim Metzger Schweinefüßchen besorgen, die Ihnen ein „fleischiges" Gefühl beim Knoten vermitteln. Dann können Sie sich auch noch ein paar enge und feuchte Handschuhe anziehen, um die Simulation zu vervollkommnen.

Hier sind die wichtigsten Knotentechniken grafisch dargestellt (Abb. 5.3a–f).

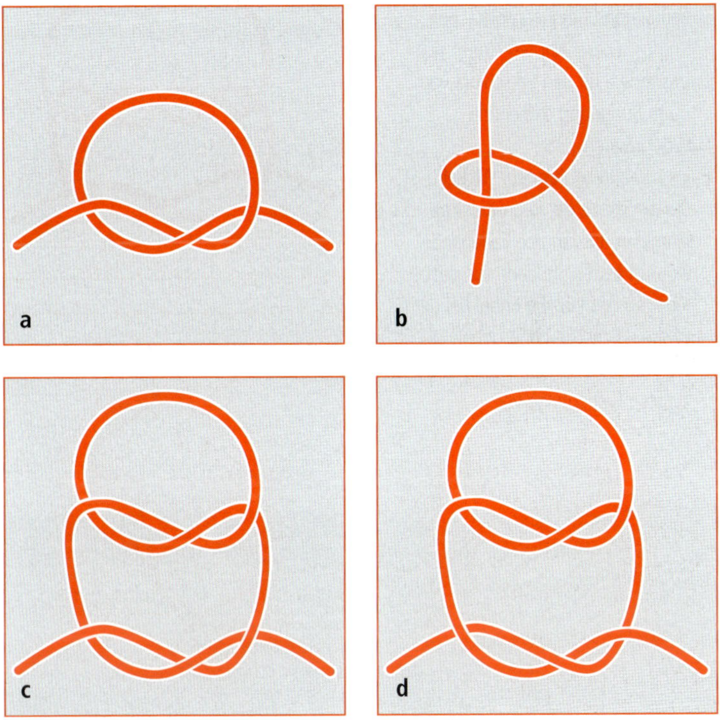

Abb. 5.3

a Nicht überschlungener Knoten.

b Überschlungener Knoten.

c Weberknoten. Beim Endknoten schlingen Sie die Fadenenden in der gleichen Richtung wie beim Grundknoten.

d Schifferknoten. Beim Endknoten schlingen Sie die Fadenenden entgegen der Richtung des Grundknotens, wodurch der Knoten einen zuverlässigen Halt bekommt. Er ist somit auch der Knoten der Wahl.

e Chirurgischer Knoten. Umschlingen Sie den Knoten zweimal und setzen Sie darüber einen einfachen Knoten. Dieser Knoten eignet sich besonders für den Verschluss von unter Spannung stehenden Wundrändern.

f Instrumenteller Knoten. Wickeln Sie die Spitze der Péan-Klemme einmal in das längere Fadenende ein und fassen Sie dann mit der Klemme das kürzere Ende. Bei der zweiten Umschnürung gehen Sie, um Faden zu sparen, in der umgekehrten Reihenfolge vor.

e

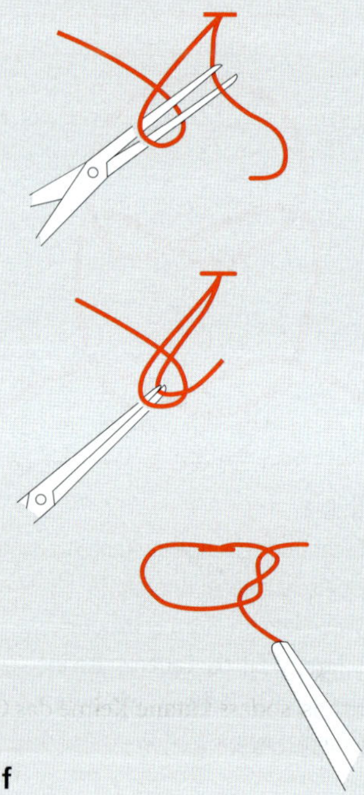
f

- Knoten sollten möglichst klein sein, da dies auch zu geringeren Gewebereaktionen führt.
- Sie sollten beim Knoten immer ein Fadenende unter Spannung halten, ohne jemals daran zu zerren und zu reißen.
- Der Knoten muss stets so fest sein, dass er sich nicht von selbst lockert.
- Adaptierende Knoten dürfen Sie nicht zu fest setzen, da es sonst zu Gewebenekrosen kommen kann. Sie sollten neben dem Wundrand platziert werden.
- Berücksichtigen Sie die postoperative Ödematisierung der Wunde. Eine direkt nach der OP noch nicht zu straffe Naht kann deshalb am folgenden Tag durchaus einschneiden. Um die Haut nicht zu traumatisieren, dürfen die Fäden deshalb nicht fest geknotet werden. Trotzdem müssen die Knoten natürlich „sitzen". Wenn Sie eine dünne Sonde zwischen die Wunde und Ihren Knoten legen, können Sie auf dieser Sonde kräftig anziehen. Wenn Sie fertig sind, ziehen Sie die Sonde vorsichtig wieder unter den Hautheften heraus. Das ist zwar etwas umständlich, gibt Ihnen aber die Sicherheit fester und nicht einschneidender Einzelhefte. Es kann auch helfen, den ersten Knoten eher locker zu machen und erst die folgenden kräftig anzuziehen.
- Besonders für den ungeübten Operateur gilt: Schnelle Knoten sind schlechte Knoten!

Fäden ziehen

- Vergewissern Sie sich anhand Ihrer Aufzeichnungen, dass der Zeitpunkt zum Ziehen der Fäden nicht verfrüht ist. Beurteilen Sie die Umgebung der Wunde und den Heilungsverlauf, bevor Sie die Fäden ziehen.
- In der Regel werden Hautnähte nach 10–12 Tagen entfernt, bei unter Spannung stehenden Wundnähten auch schon einmal erst nach 14 Tagen.
- Vor dem Ziehen eines Fadens sollten Sie die Naht regelgerecht desinfizieren. Dies gilt besonders für Hautnähte in Gelenknähe z.B. nach einer Arthroskopie, denn beim Entfernen des Fadens ziehen Sie noch einmal ein Stück des Fadens von der Haut durch den Stichkanal zur anderen Seite heraus, sodass kutane Keime das OP-Gebiet nachträglich infizieren können.
- Erfassen Sie ein Fadenende mit einer Pinzette. Mit einem Fadenmesser durchtrennen Sie dann den Faden an der Fadenbrücke. Mit einem Fadenmesser senken Sie das Verletzungsrisiko im Falle einer Abwehrbewegung des Tieres gegenüber dem Einsatz eines Skalpells oder einer Schere.

Wundverschluss mit einem Hautklammergerät

Es gibt zahlreiche Einwegklammergeräte auf dem Markt. Sie sind besonders praktisch bei kleinen Wunden, die nicht unter Spannung stehen, z.B. Zitzenwunden.

- Bilden Sie mit einer Pinzette oder den Fingern einen kleinen Kamm und setzen Sie die Klammern darüber.
- Die Klammern können nur mit einer speziellen Zange entfernt werden.

Hautverschluss mit Schweinekrampen

Der Hautverschluss mit Schweinekrampen ist praktisch, schnell, günstig und wird vom Gewebe gut vertragen. Man sollte sie jedoch nur bei Rindern einsetzen, da diese eine dicke Haut haben, die relativ schwer zu nähen ist.

- Präparieren Sie eventuell vorhandenes Unterhautmuskelgewebe mit Skalpell und Pinzette von der Haut ab.
- Zum Klammersetzen fassen Sie die gut mobilisierten Wundränder, drücken sie zusammen und platzieren die Klammer unter leichtem Druck mit der dazugehörigen Zange (Abb. 5.4).
- Die nächste Klammer sollte in einem Abstand von etwa 10 mm gesetzt werden.
- Wenn die Wunde verschlossen ist, decken Sie diese noch großflächig mit einem Aluspray ab.
- Die Klammern werden in der Regel nach etwa 10 Tagen mit einer Kneifzange mittig durchtrennt und können dann entfernt werden.

Abb. 5.4 Hautverschluss mit Schweinekrampen.

5.4 OP Labmagenverlagerung nach links („Hannoversche Methode")

Die Labmagenverlagerung ist gewissermaßen die „Berufskrankheit" der Hochleistungskühe und kommt besonders bei Holsteins in der Zeit nach der Geburt sehr häufig vor (etwa 2–8%). Sie kann aber auch schon bei Kälbern ab der 3. LW vorkommen. Sie ist in der Regel mit anderen Puerperal- oder Stoffwechselerkrankungen kombiniert. Die vollständige klinische Untersuchung ist daher besonders wichtig, auch wenn die Verdachtsdiagnose sehr offensichtlich ist. Allgemeines Symptom ist die Fressunlust. Oft wird noch Strukturfutter gefressen, das Kraftfutter lässt die Kuh aber liegen und es werden nur geringe Mengen Kot abgesetzt. Die Tiere erscheinen träge.

Untersuchung

- Beginnen Sie die spezielle Untersuchung mit einer Betrachtung der Kuh von hinten. Der linke Rippenbogen ist meist leicht vorgewölbt, obwohl der Pansen in der Hungergrube kaum fühlbar ist und bei der rektalen Untersuchung leer erscheint. Manchmal kann man die Kuppe des dilatierten Labmagens in der Hungergrube fühlen oder auch sehen. Ist der Labmagen extrem mit Gas gefüllt, kann er aber auch die ganze linke Hungergrube ausfüllen. Dieser Zustand ist dann leicht mit einer Pansentympanie zu verwechseln.
- Nehmen Sie sich viel Zeit zur Auskultation am vorgewölbten Rippenbogen. Hören Sie dort gelegentlich hell klingende Geräusche, als ob Wassertropfen in einen Topf mit Wasser fallen, ist die Diagnose schon sicher. Bei der Perkussionsauskultation können Sie helle metallische Geräusche wahrnehmen (Steelband-Effekt) und bei der Schwingauskultation oft Plätschergeräusche. Pansengeräusche sind über den Rippen nicht mehr zu hören, sollten aber in der kaudalen Hungergrube noch hörbar sein.

Dies alles sind eindeutige Symptome für eine akute Labmagenverlagerung nach links. Besteht die Erkrankung aber schon mehrere Tage, in denen die Kuh nichts gefressen hat, ist die Diagnose oft nicht so eindeutig. Der Labmagen ist dann weniger mit Gas und Flüssigkeit gefüllt, sodass die typischen Geräusche nicht zu hören

sind. Die kleinen Kotmengen haben oft eine schmierige, dunkle Konsistenz und das Allgemeinbefinden ist stärker gestört. Die typischen Geräusche sind auch bei einigen Differenzialdiagnosen zu hören. Bei einer Pansentympanie sind häufig „Tropfgeräusche", aber keine Pansenmotorik mehr zu hören.
Wenn Sie an der linken und an der rechten Bauchseite Steelband-Geräusche hören, kann das auch die Folge einer Gasfüllung der leeren Bauchhöhle sein oder es liegt eine Peritonitis vor.
Plätschergeräusche auf beiden Seiten des Bauches hören Sie auch bei Kühen mit Durchfall oder bei einer Blinddarmdilatation. Es kann durchaus sein, dass man die typischen Geräusche bei vorhandener Labmagenverlagerung nicht immer hört.

- Wenn Sie sich nicht sicher sind, untersuchen Sie die Kuh einige Stunden später oder am nächsten Tag noch einmal. Der Grad der Verlagerung kann auch von Tag zu Tag wechseln oder am nächsten Tag kann aus einer Verlagerung nach links eine Verlagerung nach rechts geworden sein und umgekehrt.
- Bevor Sie sich für eine Therapie entscheiden (konservativ-medikamentös, minimalinvasiv oder offen chirurgisch), müssen Sie mit dem Landwirt über Prognose und Wirtschaftlichkeit der Maßnahmen sprechen.

Kriterien für die Prognose und Wirtschaftlichkeit der Operation bei Labmagenverlagerung

Diese sind vor allem von den Begleiterkrankungen oder von Vorerkrankungen des Tieres abhängig. Besonders ungünstige Prognosen ergeben sich bei folgenden Erkrankungen:

- schwere Geburtsverletzungen mit Beckenphlegmone oder Peritonitis,
- akute septische Mastitiden,
- chronische Mastitiden mit erhöhten Zellzahlen,
- schwere Klauenleiden mit hochgradiger Lahmheit,
- Labmagengeschwüre mit starkem Blutverlust (schwarzer Kot),
- schwere Leberschäden (Fettleber).

Entscheidet man sich für die Operation, ist Ihnen die Operationsmethode als Neuling in der Großtierpraxis in der Regel vorgegeben. Sie müssen die Methode übernehmen, die von den Praxisinhabern bisher erfolgreich angewendet wird und mit der die Patientenbesitzer vertraut sind. Es gibt auch keine klare Empfehlung für die eine oder andere OP-Methode. Entscheidend für den Erfolg ist immer, wie gut der Operateur seine Methode beherrscht.

Vor- und Nachteile der unterschiedlichen OP-Methoden

Neben der hier ausführlich dargestellten klassischen „Hannoverschen Methode" bei Labmagenverlagerung werden folgende weitere Verfahren durchgeführt, die hier nur kurz angerissen werden:

1. Reposition durch Wälzen mit perkutaner Fixierung des Labmagens, entweder mithilfe einer großen Nadel und Faden oder mittels eines Trokars und „toogle pin". Vorteil dieser Methode ist, dass man die Bauchhöhle nur minimalinvasiv eröffnet und daher in der Regel ohne Antibiotika auskommt (sofern keine anderen Infektionen bei der Kuh vorliegen). Nachteil dieser Methoden ist ein nahezu blindes Fixieren des Labmagens mit folgenden Risiken:

- Verletzung anderer Darmteile,
- Fistelbildung,
- Fixierung des Labmagens in der Nähe des Pylorus ohne vollständige Rückverlagerung,
- Gefahr der Peritonitis,
- peritonitische Verwachsungen des Labmagens werden nicht erkannt.

2. Reposition und perkutane Fixierung unter endoskopischer Kontrolle (nach Janowitz): Die Nachteile der vorherigen Methode sind ausgeschaltet, weil die Fixierung unter Sichtkontrolle abläuft. Wundinfektionen sind durch den minimalinvasiven Eingriff verringert, was vor allem in Großbetrieben mit sehr viel höherem Infektionsdruck vorteilhaft ist. Man kommt in der Regel ohne Antibiotika aus. Nachteil ist der erhebliche instrumentelle Aufwand, der nicht vom Landwirt bezahlt wird. Allerdings wirkt die Methode sehr modern und ist für den Landwirt sehr beeindruckend. Peritonitische Verwachsungen kann man endoskopisch erkennen, eine manuelle Lösung dieser Verklebungen ist aber kaum möglich und somit auch nicht die vollständige Reposition des Labmagens.

3. Laparotomie von links mit ventraler Fixiering („Utrechter Methode"). Nach vollständigem Abgasen des Labmagens ist eine Rückverlagerung und sichere Fixierung möglich. Nachteilig ist die vollständige Eröffnung der Bauchhöhle mit notwendiger antibiotischer Versorgung. Bei großen HF-Kühen kommen Operateure mit weniger als 160 cm Körpergröße an ihre Grenzen. Sie können die Nabelregion zur Fixierung des Labmagens mit ihrer kompletten Armlänge nicht mehr erreichen.

Vorbereitung

Hier soll die klassische „Hannoversche Methode“ näher beschrieben werden. Es ist für den Berufsanfänger von großem Vorteil, wenn er in der ersten Praxis die Möglichkeit hat, zuerst mit dieser Methode vertraut zu werden und er darin eine gewisse Routine bekommt. Nur so lernt man, sich in der eröffneten Bauchhöhle zu orientieren. Diese Fähigkeiten benötigt man auch bei selteneren Operationen am Verdauungstrakt, wie z.B. bei Ileusoperationen, Operation des nach rechts verlagerten Labmagens oder Blinddarmdrehungen. Hat man mit dieser Operationstechnik gelernt, sich in der Bauchhöhle zu orientieren, ist das Erlernen der anderen Operationsmethoden sehr viel leichter. Außerdem muss man immer in der Lage sein, eine minimalinvasive Operation, bei der es Komplikationen gibt (z.B. peritonitische Verklebungen), durch die klassische Operation zu ersetzen.

- Bevor Sie mit der Operation beginnen, behandeln Sie die immer vorhandene Ketose der Kuh durch Infusion einer Traubenzuckerlösung oder mit 1 l „Amynin“. Währenddessen kann der Landwirt die erforderlichen OP-Vorbereitungen treffen, die denen beim Kaiserschnitt entsprechen (siehe Kap. 10.3).
- Zuerst müssen Sie sichere Arbeitsbedingungen schaffen. Das Rind muss möglichst mit 2 Kopfstricken angebunden werden (falls bei einer Panikattacke mal einer reißt).

> Fixieren Sie das Tier nicht im Fressgitter, weil bei einem plötzlichen Niederlegen das Rind eingeklemmt wird und ersticken könnte.

- Der Boden muss rutschfest und sauber sein und es muss für ausreichend Licht gesorgt werden.
- Da man verhindern möchte, dass das Rind hin und her springt, sollte man es so stellen, dass es mit der linken Seite an einer Wand oder einem Gitter steht. Weiterhin ist es sinnvoll, den Kopf etwas nach rechts auszubinden, damit es beim möglichen Niederlegen auf die linke Seite und nicht auf die OP-Wunde fällt.
- Meist steht auf dem Betrieb nur eine Hilfskraft zur Verfügung, der Sie klare Anweisungen geben müssen.

> Die meiste Zeit können Sie nicht bei der OP, sondern bei der Vor- und Nachbereitung einsparen.

- Nachdem das Tier fixiert ist, bestellen Sie bei der Hilfskraft einen kleinen Tisch (manchmal genügen auch zwei Strohballen und ein breites Brett), den Sie in Schulterhöhe rechts neben dem Patienten in etwa einem Meter Abstand aufstellen. Falls das Tier hin und her springt, dreht es um den Schulterbereich und kann den Tisch nicht umwerfen.
- Danach verlangen Sie 2–3 Eimer sauberes, warmes Wasser, Handtücher und einen Abfalleimer.
- Materialien:
  - Skalpell,
  - Knieschere,
  - Uterusfasszange,
  - 2 Arterienklemmen,
  - Pinzette,
  - Nadelhalter,
  - Nadeln (möglichst große, 3/8 gebogen, scharf und glatt),
  - Wundklammern und passende Zange,
  - PGS Faden EP 8,
  - Perlonscheibenpaar: Fädeln Sie einen nicht resorbierbaren Kunststofffaden (z.B. Polyester grün EP 7 oder Perlon) so durch die ovale Perlonscheibe, dass sich die Zugkraft über die ganze Platte verteilt und die zwei Fadenenden aus der mittleren Bohrung austreten. Dann fädeln Sie die beiden Fadenenden durch eine gebogene Nadel.
  - Silikonschlauch mit aufgesetzter Kanüle zum Ablassen des Gases aus dem Labmagen,
  - 100 ml Penicillin,
  - Aluspray oder Sprühpflaster zur Wundabdeckung,
  - Einmal-OP-Kittel,
  - OP-Handschuhe,
  - 2–3 Eimer sauberes, warmes Wasser,
  - 2 Handtücher,
  - Abfalleimer.
- Sorgen Sie für die Anwesenheit mindestens einer Hilfsperson.

Durchführung

- Nach der Rasur und Desinfektion des Operationsfeldes beginnen Sie mit der Infiltrationsanästhesie der Schnittlinie. Die Laparotomie erfolgt in der rechten Flanke von kaudodorsal (etwa 10 cm vom Hüfthöcker entfernt) nach kranioventral.

Falls Sie die runde Perlonscheibe an der Kniefalte unter die Haut versenken wollen, muss auch noch dieses Gebiet anästhesiert werden. Es ist aber auch möglich, den runden Knopf in den unteren Winkel der Laparotomiewunde zu versenken.

- Wenn Sie jetzt mit dem Hautschnitt beginnen, lassen Sie das Tier von der Hilfsperson am Kopf halten und den Kopf leicht nach rechts ziehen. Dann lehnt sich die Hilfsperson mit dem Rücken gegen die Schulter des Rindes.
- Führen Sie den Schnitt in Richtung der schiefen Bauchmuskulatur.
- Nach zügiger Durchtrennung aller Muskelschichten legen Sie sich ein Stück Bauchfell deutlich sichtbar frei, heben es mit der Pinzette an und durchtrennen es dann auf einer Länge von etwa 5 cm. Dadurch verhindern Sie, dass der häufig dilatierte Blinddarm unbeabsichtigt perforiert wird.
- Danach eröffnen Sie mit der Knieschere das Bauchfell auf der ganzen Schnittlänge.
- Jetzt nehmen Sie die Kanüle mit dem Schlauch in die linke Hand (die Hand muss die Kanüle vollständig umschließen) und gehen mit dem linken Arm in die Bauchhöhle ein.
- Führen Sie die Hand erst nach kaudal an Netz und Darmgekröse vorbei. Wenn Sie den Pansen fühlen, gehen Sie in kranialer Richtung über ihn hinweg, bis Sie die Kuppe des aufgegasten Labmagens zwischen linker Bauchwand und Pansen spüren.
- Jetzt lassen Sie die Kanüle mit dem Schlauch vorsichtig aus Ihrer Handfläche heraus, fassen die Kanüle mit den Fingern und punktieren die Kuppe des Labmagens.
- Gehen Sie soweit wie möglich mit dem linken Arm in die Bauchhöhle ein, damit Sie dem langsam absinkenden Labmagen folgen können.
- Riechen Sie an dem aus der Bauchhöhle heraushängenden Schlauch, ob das austretende Gas den typischen Geruch hat und nicht nach Pansengas riecht.
- Lassen Sie solange, wie die Reichweite Ihres Armes es ermöglicht, Gas ab. Falls der Schlauch vorübergehend mit festem Labmageninhalt verstopft, müssen Sie ihn kurz durchblasen.

Nur wenn der Labmagen vollständig abgegast ist, kann man ihn problemlos zurückverlagern.

- Entweicht kein Gas mehr, ziehen Sie die Kanüle heraus und entfernen die Kanüle mit dem Schlauch aus der Bauchhöhle. Jetzt gehen Sie wieder mit dem linken Arm in die Bauchhöhle ein, dicht entlang der rechten Bauchwand und dann an der ventralen Bauchseite entlang in Richtung Nabelgegend. Hier findet man in der Regel das große Netz. Fassen Sie das Netz mit der ganzen Hand und versuchen Sie, es unter leichtem aber beständigem Zug bis in die Laparotomiewunde zu ziehen. Vorsicht: Bei fetten Kühen kann das Netz sehr brüchig sein!

- Fixieren Sie das Netz mit der Uterusfasszange und lassen Sie es von der Hilfsperson halten.
- Jetzt gehen Sie wieder mit dem linken Arm in die Bauchhöhle ein, an der rechten Bauchwand entlang, gehen mit der Hand unter die große Kurvatur des Labmagens und drücken ihn unter leichtem Anheben ganz auf die linke Seite.
- Wenn Sie jetzt das Netz soweit in die Laparotomiewunde vorziehen können, dass Sie den Pylorus sehen, können Sie sicher sein, dass der Labmagen vollständig zurückverlagert ist. Wenn Sie es nicht soweit vorlagern können, gehen Sie mit dem Arm wieder in die Bauchhöhle ein und untersuchen noch einmal das Gebiet zwischen linker Bauchwand und Pansen. Manchmal finden Sie jetzt noch einen kleinen Teil des Labmagens mit Gasblase oder Sie finden Verklebungen des Labmagens mit der linken Bauchwand.

> Diese Verklebungen manuell zu lösen, erfordert sehr viel Fingerspitzengefühl, damit man den Labmagen nicht perforiert. Falls man aus diesem Grund den Labmagen nicht vollständig zurückverlagern kann, ist die Prognose zweifelhaft.

- Wenn Sie den Pylorus in der OP-Wunde sehen, können Sie die Operation mit einem guten Gefühl beenden. Der Labmagen ist vollständig rückverlagert.
- Fixieren Sie nun die vorbereitete ovale Perlonplatte hinter dem vorgezogenen Netz in Nähe des „Schweinsohres" bzw. 5 cm links neben dem Pylorus, indem Sie mit dem vorbereiteten Perlonfaden und Nadel das Netz durchstechen. Dann nehmen Sie die Nadel mit dem Faden in die hohle rechte Hand und stechen im Bereich der anästhesierten Stelle oberhalb der Kniefalte durch die Bauchdecke.
- Eröffnen Sie dort die Haut mit einem etwa 5 cm langen Hautschnitt (kann man auch schon vorher machen) und ziehen dann an den beiden Fadenenden, bis die ovale Platte mit dem Netz dicht an der rechten Bauchwand anliegt. Das kontrollieren Sie, indem Sie mit der rechten Hand in die Bauchhöhle eingehen.

- Vergewissern Sie sich auch, dass keine Darmschlingen unter dem Faden oder der Perlonplatte eingeklemmt sind.
- Jetzt fädeln Sie die beiden Fadenenden durch die Bohrungen des runden Knopfes und ziehen die Fäden an, bis Sie den Knopf in der Unterhaut versenken können. Da an dieser Stelle am häufigsten eine Wundinfektion auftritt, versorgen Sie die Stelle sofort lokal mit Antibiotika und verschließen danach die Hautwunde mit einigen Wundklammern.
- Zum Schluss geben Sie Antibiotika (z.B. 100 ml Procain-Penicillin) in die Bauchhöhle und verschließen anschließend die Laparotomiewunde (siehe Abb. 10.3).

Verschluss der Laparotomiewunde

- Der Verschluss erfolgt in vier Schichten. Beginnen Sie im oberen Wundwinkel mit der Naht des Bauchfells. Verwenden Sie PGA-Nahtmaterial der Stärke EP 8.
- Das Peritoneum und die anliegende Muskelschicht (M. transversus abdominis) werden mit einer einfachen fortlaufenden Matratzennaht verschlossen. Achten Sie darauf, den Faden nach einigen Stichen immer wieder fest zu ziehen, weil dies zum Schluss nicht mehr gelingt. Besonders der obere Wundwinkel muss absolut dicht verschlossen werden, da es sonst zu einem Unterhautemphysem kommen kann.

> Um die Darmmotorik nach der Operation schneller in Gang zu bringen, empfiehlt es sich, vor dem endgültigen Verschluss des Bauchfells wieder Unterdruck im Bauchraum herzustellen. Lassen Sie dazu von zwei Hilfspersonen den Bauch mit einer Stange (kranial des Euters) anheben. Es tritt dann deutlich hörbar Luft aus der Bauchhöhle. Dann ziehen Sie die Fäden der Bauchfellnaht fest an und verschließen die Bauchhöhle, bevor die Helfer den Bauch wieder absenken.

- Danach setzen Sie über diesen Nahtkamm eine Kürschnernaht.
- Verschließen Sie die weitere Muskulatur mit Knopfheften oder einer fortlaufenden Diagonalnaht.
- Der Verschluss der Hautwunde erfolgt durch einzelne U-Hefte mit nicht resorbierbarem Polyesterfaden EP 7 oder mit Schweinekrampen.

Nachbehandlung

In den nächsten 2–3 Tagen nach der OP ist eine sorgfältige Nachbehandlung mit Überwachung der Futteraufnahme erforderlich. Die Labmagenverlagerung ist die Folge vorangegangener auslösender Erkrankungen wie Ketose, negative Energiebilanz, Endotoxinbelastung oder Hypokalzämie. Sie haben also mit der OP nicht die Ursache beseitigt, sondern nur die Folge dieser Erkrankungen.

- Kontrollieren Sie den Patienten am Tag nach der Operation und legen Sie erneut eine Glukoseinfusion an.
- Verabreichen Sie zusätzlich Antibiotika und Antiphlogistica zur Schmerztherapie (z.B. Ketoprofen).

> Beachten Sie, dass keine Antiphlogistica gegeben werden, wenn das Tier mit Glukokortikoiden vorbehandelt wurde, weil dann die Gefahr eines Labmagengeschwüres besteht.

- Wenn die Futteraufnahme noch nicht ausreichend ist, wiederholen Sie die Behandlung am nächsten Tag.

Labmagenverlagerung beim Kalb

Wenn der Pansen sich ab der 3. Lebenswoche vergrößert hat, kommen Labmagenverlagerungen nach links auch beim Kalb vor. Dabei gibt es einige Besonderheiten zu berücksichtigen. Die starke Gasansammlung im nach links verlagerten Labmagen lässt sich von einer Pansentympanie nur unterscheiden, indem eine Pansenschlundsonde eingeführt wird. Entweicht kein Gas und bleibt die linke Bauchwand vorgewölbt, ist es eine Labmagenverlagerung (siehe auch Kap. 7.11). Auch beim Kalb entsteht die Verlagerung durch vermehrte Gasbildung im Labmagen, verbunden mit einer gestörten Motorik. Die Ursachen beim Kalb sind im Gegensatz zum erwachsenen Tier unter anderem Infektionen, Durchfall, Labmagengeschwüre, Trinkwassermangel oder zuviel Kraftfutteraufnahme.

- In der Regel kann man den Labmagen durch das Wälzen des Kalbes über den Rücken im Uhrzeigersinn dauerhaft zurückverlagern. Danach bekommt das Kalb einige Tage lang keine Milchtränke mehr, sondern nur noch gutes Raufutter und reichlich Trinkwasser oder Elektrolyttränke.
- Wenn trotzdem ein Rezidiv auftritt, wiederholen Sie die „Wälztherapie".

Eine Operation ist beim Kalb selten erforderlich. Sie unterscheidet sich nicht grundsätzlich von der vorher beschriebenen Operation beim erwachsenen Tier. Der Labmagen sollte weit aus der Laparotomiewunde vorgelagert werden, um nach Labmagengeschwüren zu suchen, tiefreichende Geschwüre sollten Sie einstülpend vernähen. Bei der Omentopexie können Sie aber auf die Silikonplatten verzichten. Stattdessen vernähen Sie einen Teil des großen Netzes bei der Naht des Peritoneums direkt in die Laparotomiewunde.

5.5 OP Labmagenverlagerung nach rechts

Die Ursachen der Labmagenverlagerung nach rechts sind in vielen Fällen mit denen der Verlagerung nach links identisch, allerdings entwickelt sich die Gasansammlung und dann die Verlagerung zwischen rechter Bauchwand und Darmscheibe sehr viel schneller, mit heftiger Kolik und stark gestörtem Allgemeinbefinden. Von der Geschwindigkeit der Gasansammlung hängt es auch ab, wie schnell sich der verlagerte Labmagen dreht (etwa 99% drehen links herum), und es damit zu einem Verschluss der Darmpassage kommt. Bei Rotation um 360° schlingt sich das Duodenum um den Magen und es entsteht ein Volvulus mit Darmverschluss. Je nach Grad der Drehung verschlechtert sich auch das Allgemeinbefinden perakut, ein echter Notfall in der Rinderpraxis. Es gibt, genau wie bei der Verlagerung nach links, eine deutliche Häufung der Erkrankung nach dem Kalben, manchmal entwickelt sich die Verlagerung nach rechts sogar aus einer Verlagerung nach links (pendelnder Labmagen). Etwa 20% der Fälle ereignen sich nicht geburtsnah, sondern z.B. nach Durchfällen, Stürzen oder starker Versandung des Labmagens.
Die einfache Labmagenverlagerung nach rechts kann oft erfolgreich konservativ behandelt werden. Es ist aber zu bedenken, dass sich jederzeit daraus eine Verlagerung mit Drehung entwickeln kann, die nur operativ zu behandeln ist.

Bei rechtsseitiger Operation ist die Prognose in der Praxis häufig besser als aus vielen Kliniken beschrieben wird.

Wichtig ist es, den richtigen Zeitpunkt für eine Operation nicht zu verpassen. Daher dürfen bei Tieren mit rechtsseitiger Labmagenverlagerung nie länger als 12 h bis zur Nachuntersuchung vergehen. Die Prognose hängt sehr vom Schädigungsgrad der Labmagenwand ab, der sich aber oft erst intraoperativ beurteilen lässt. Zum anderen können sich nach der Operation nicht vorhersehbare Komplikationen ergeben, z.B. perforierende Labmagengeschwüre, Embolien, Peritonitis, Intoxikation, oder der dilatierte und geschädigte Labmagen entleert sich nicht mehr und bleibt dauerhaft dilatiert.

Klären Sie den Landwirt über diese Risiken gründlich auf und besprechen Sie die Heilungsaussichten durch eine Operation. Einen Schlachtwert haben die Tiere mit hochgradig gestörtem Allgemeinbefinden nicht mehr. Insofern bleiben nur die zwei Möglichkeiten: Operation oder Euthanasie. Festliegende Kühe haben eine extrem schlechte Prognose.

Vorbereitung

- Bevor Sie mit der Operation beginnen, sollten Sie eine Glukoseinfusion verabreichen.
- Falls das Allgemeinbefinden der Kuh stark gestört ist (eingefallene Augen), sollten Sie vor der Operation auch mehrere Liter Kochsalz infundieren.
- Operiert wird auch hier am stehenden Tier in der rechten Flanke.
- Operationsvorbeitung und -durchführung unterscheiden sich nicht wesentlich von der Operation bei der Verlagerung nach links. Es seien hier nur einige Besonderheiten vermerkt.

Durchführung

Da der stark dilatierte Labmagen dem Bauchfell in der rechten Flanke eng anliegt, ist bis zur Eröffnung der Bauchhöhle extreme Vorsicht geboten.

- Durchtrennen Sie sehr vorsichtig Schicht für Schicht, bis Sie das Bauchfell sehen.
- Jetzt heben Sie das Bauchfell mit einer Pinzette an, machen einen kleinen Schnitt mit dem Skalpell und verlängern dann den Schnitt mit einer Knieschere.
- Nach Eröffnung der Bauchhöhle können Sie den dilatierten Labmagen in der OP-Wunde sehen.

- Punktieren Sie jetzt den Labmagen am höchsten Punkt mit der Kanüle mit aufgesetztem Silikonschlauch und lassen soviel Gas wie möglich ab.

> Vorsicht beim Punktieren des Labmagens, da er sehr brüchig ist und bei plötzlichen Bewegungen des Tieres mit der Kanüle aufgeschlitzt werden kann.

- Entweicht kein Gas mehr, gehen Sie mit der linken Hand in die Bauchhöhle ein und versuchen die Drehstelle zu ertasten, die zu 99% eine Linksdrehung ist, sodass die Torsionsfalten in Psalternähe wie ein Rechtsgewinde verlaufen.
- Nun legen Sie die flache (Vorsicht: Die Labmagenwand ist sehr brüchig!) linke Hand auf die Kuppe des Labmagens und drücken unter beständigem Druck den Labmagen nach ventral in Richtung Leber. Dadurch öffnet sich der Psalter im Bereich der Torsionsstelle etwas und die Flüssigkeit kann langsam vom Labmagen in das Duodenum fließen.
- Halten Sie den Druck einige Zeit aufrecht und fassen Sie dann mit der Hand wieder nach, um erneut nach kranioventral zu drücken. Haben Sie dabei Geduld, der Flüssigkeitsabfluss kann durchaus einige Minuten dauern.
- Wenn sich der Labmagen um etwa 2/3 verkleinert hat, können Sie die Torsion komplett im Uhrzeigersinn aufdrehen.
- Danach gehen Sie mit der linken Hand erneut in die Bauchhöhle ein und zwar entlang der rechten Bauchwand in Richtung Nabelgegend. Hier kann man jetzt das große Netz fühlen.
- Fassen Sie das Netz mit der ganzen Hand und versuchen Sie, es unter leichtem aber beständigem Zug bis in die Laparotomiewunde zu ziehen.

> Wenn Sie den Pylorus in der Laparotomiewunde sehen, können Sie sicher sein, dass Sie die Labmagendrehung vollständig beseitigt haben.

- Das Netz wird dann in gleicher Weise befestigt wie bei der Operation der linken Labmagenverlagerung und danach die Bauchhöhle entsprechend verschlossen.

Nachbehandlung

- Die erste Nachbehandlung sollte innerhalb von 12 h erfolgen. Je nach Kreislaufzustand ist die erneute Infusion von mehreren Litern Kochsalzlösung erforderlich. Um die geschädigte Labmagenschleimhaut zu regenerieren, hat sich auch die orale Gabe von 100–200 g

Leinsamenschleim mit Wasser bewährt. Die Prognose wird günstig, wenn 12–15 h nach der Operation übelriechender dünner Kot abgeht und das Tier wieder zu fressen beginnt.

- Drei bis fünf Tage lang sollten noch Antibiotika (z.B. Amoxicillin) und zur Schmerztherapie Ketoprofen gegeben werden.

5.6 Schwanzamputation

Nach dem Tierschutzgesetz ist die vorbeugende Schwanzamputation, wie sie z.B. früher in Mastbullenbeständen auf Vollspaltenboden üblich war, verboten. Eine Indikation zur Schwanzamputation ist also nur noch die schwere Verletzung mit Wundinfektion.
Bei Schafen ist die Schwanzamputation bis zu 8 Tagen (am besten am 2.–3. Tag) mit Gummiring erlaubt, sollte jedoch auf Zuchttiere beschränkt werden.

Vorbereitung

- Materialien:
  - Rasierer und Seife,
  - Desinfektionsmittel,
  - Spritze und Kanüle,
  - Esmarch oder Weckgummiring oder elastische Binde zum Abbinden,
  - Nadel-Faden, resorbierbar,
  - Blau- oder Aluspray,
  - Epiduralanästhesie (z.B. Isocain),
  - ggf. Verbandsmaterial.

Durchführung

- Sorgen Sie für eine gute Fixierung des Tiers, z.B. in der Liegebox anbinden oder zwischen zwei anderen Tieren im Fressgitter fixieren, damit es nicht seitlich hin- und herspringen kann.
- Setzen Sie eine Epiduralanästhesie mit 5 ml Procain (z.B Isocain; siehe Kap. 5.2).
- Waschen, rasieren und desinfizieren Sie die OP-Stelle
- Die Amputation sollte im gesunden Gewebe oberhalb des tastbaren entzündlichen Ödems erfolgen.

- Binden Sie den Schwanz an der Schwanzbasis mit einem Esmarch oder einer elastischen Binde ab, um starke Blutungen zu vermeiden.

> Zum Abbinden des Schwanzes hat sich ein Stauschlauch aus der Kleintierabteilung bewährt.

- Markieren Sie anschließend mithilfe einer Kanüle den Zwischenwirbelspalt des abzusetzenden Schwanzstückes (Abb. 5.5).
- Dann legen Sie auf der Unter- und Oberseite des Schwanzes einen halbmondförmigen Hautschnitt an und setzen das Schwanzstück ab.
- Eine eventuell auftretende arterielle Blutung muss von Ihnen ligiert werden.
- Adaptieren Sie beide Hautlappen mit Einzelheften (Abb. 5.6).

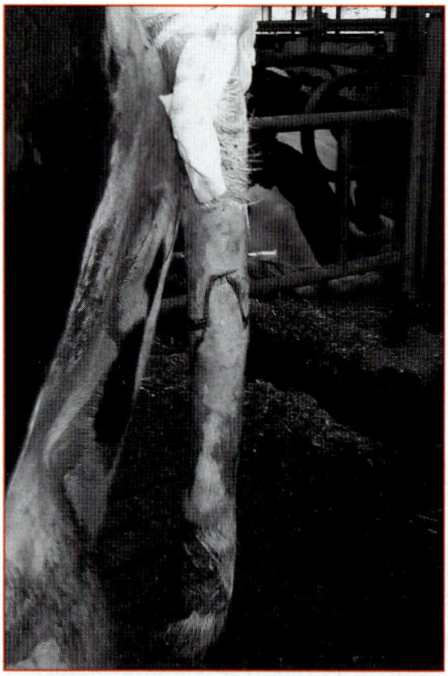

Abb. 5.5 Schnittführung.

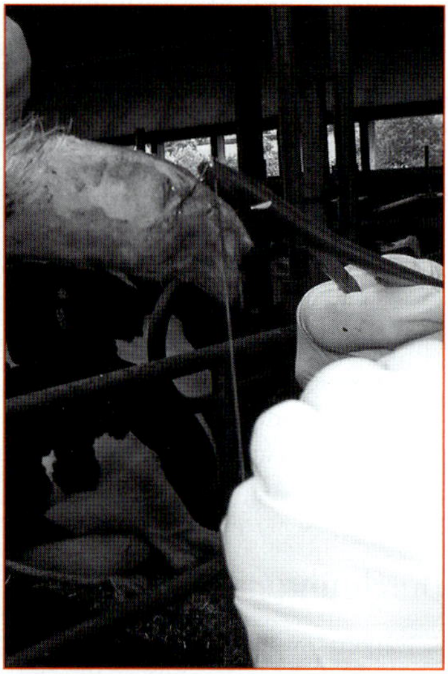

Abb. 5.6 Naht.

> Die zum Teil sehr feste Rinderhaut können Sie gut mit einer Nadel-Faden-Kombination nähen.

- Führen Sie eine Wundabdeckung mit Blauspray oder Aluspray durch.
- Legen Sie einen Verband mit selbstklebender Binde und Teerband an.

> Wenn Sie den Schwanz bis zum Schwanzansatz mit Teerband umwickeln, rutscht der Verband nicht ab.

- Der Verband wird nach 3–5 Tagen abgenommen.
- Eine systemische Antibiose ist immer dann erforderlich, wenn der Verdacht besteht, dass schon eine Infektion in die Lendenwirbel aufgestiegen ist (Fieber, schwankender Gang). In diesem Fall geben Sie 3–4 Tage lang Procain-Penicillin.

> Bei Schaf und Ziege müssen Sie darauf achten, dass die Scheide und bei Böcken der After komplett lege artis bedeckt sind.

5.7 Enthornung

In der Regel enthornen die Landwirte die Tiere selbst mit einem Brennstab, indem sie die Hornanlage bei den Kälbern ausbrennen. Kälber dürfen bis zu einem Alter von sechs Wochen ohne Betäubung enthornt werden. Auch bei jungen Kälbern ist das ein schmerzhafter Eingriff. Veranlassen Sie daher den Landwirt dazu, dies nur unter Sedierung mit Xylazin durchzuführen, das bei einer Dosierung von 1 ml/50 kg auch eine gute analgesierende Wirkung hat. Für den Landwirt hat dies den Vorteil, dass die Kälber keine Abwehrbewegungen mehr zeigen und die Prozedur schneller und ruhiger verläuft. Es kommt jedoch vor, dass Kälber nicht richtig enthornt oder vergessen wurden. Spätestens wenn die Tiere in den Laufstall kommen, sollten sie dann wegen der Verletzungsgefahr hornfrei sein.

> Die Enthornung von erwachsenen Tieren ohne medizinische Indikation ist nach dem Tierschutzgesetz nicht mehr zulässig.

Vorbereitung

- Materialien:
  - Lokalanästhetikum,
  - Liess-Säge mit Griffen (etwa 2 m) und Ersatzdraht,
  - Schere,
  - Blau- oder Aluspray,
  - Zahnstocher,
  - evtl. Fliegenrepellent,
  - evtl. Einmachringe oder Gummiringe,
  - bei sehr unruhigen Tieren Xylazin (nicht im letzten Drittel der Trächtigkeit wegen der Gefahr des Aborts!).

Durchführung

- Sorgen Sie für eine gute Fixierung des Tieres.
- Entfernen Sie mit einer Schere Haare an der Hornbasis, um einen besseren Ansatz für die Säge zu haben und ein späteres Verkleben der Haare in der Wunde zu verhindern.
- Auf einer gedachten Linie in der Mitte zwischen temporalem Augenwinkel und der Hornbasis befindet sich die Einstichstelle für die Leitungsanästhesie. Injizieren Sie hier ein Depot von etwa 20 ml des Lokalanästhetikums.
- Suchen Sie sich eine Position, in der Sie möglichst frei mit der Säge arbeiten können.

Eine Fixierung im Fressgitter ist günstig, aber verzichten Sie dann auf die Sedierung mit Xylazin. Wenn die Tiere sich unter Sedation im Fressgitter niederlegen, können Sie sich die Atemwege abschnüren und ersticken.

- Legen Sie den Sägedraht um die Hornbasis und sägen Sie mit kurzen schnellen Sägebewegungen eine Führungsrille in das Horn und setzen Sie anschließend das Horn mit kräftigen und langen Zügen ab. Je mehr Hitze Sie beim Sägen entwickeln, desto weniger Blutungen entstehen (Abb. 5.7).

Bei starken Hautblutungen können Sie Weck-Gummiringe in Achtertouren um die Hornbasis legen. Diese sollten aber nach maximal 3 Stunden wieder entfernt werden. Eine andere Möglichkeit ist das Kautern der Gefäße mit einem glühend erhitzten Eisenstab oder mit einem Thermokauter für Kälber (Abb. 5.8).

Abb. 5.7 Enthornung mit Sägedraht.

Abb. 5.8 Enthornung beim Kalb mit einem Thermokauter.

- Nehmen Sie sich jetzt etwas Verbandmull und reiben Sie die gesägte Fläche kräftig ab. Dadurch legen Sie die offenen kleinen Arterien frei, die zu bluten beginnen. Jetzt können Sie das Ende eines Zahnstochers in die Arterien spießen und so die Blutung stillen.

> Nach dem Sägen blutet es häufig zunächst gar nicht, aber dann oft nach einigen Stunden. Die kleinen Arterien waren dann nur „zugeschmiert". Sie müssen in diesen Fällen das Tier erneut fixieren und eine Lokalanästhesie durchführen. Daher ist es sinnvoll, die Hornstümpfe immer gründlich abzureiben, um solche Arterien zu entdecken.

- Die Wundabdeckung erfolgt mit einem Aluspray.
- Das Tier sollte noch einige Stunden unter Beobachtung bleiben, damit eventuelle Nachblutungen rechtzeitig erkannt werden.

> Ab einem Alter des Kalbes von 6 Monaten kann es passieren, dass die Stirnhöhle bei der Enthornung mit eröffnet wird. In solchen Fällen ist es möglich, dass Fliegen ihre Larven in der Höhle ablegen. Um dies zu verhindern, sollten Sie bei einer Eröffnung der Nebenhöhle ein Fliegenrepellent einsetzen oder am besten die Enthornung direkt in der fliegenfreien Zeit durchführen.

5.8 Gedeckte Zitzenverletzungen

Verletzungen der Zitze stören ganz erheblich den Melkablauf und erhöhen das Risiko einer Mastitis. Das Ziel einer Behandlung muss die möglichst schnelle funktionelle Wiederherstellung bei Erhalt der Eutergesundheit sein. Zunächst ist es wichtig, einige Details beim Landwirt zu erfragen:

- Zeitpunkt der Verletzung,
- Alter des Tieres,
- Datum der letzten Abkalbung,
- aktuelle Milchleistung,
- Einzelfall oder Bestandsproblem.

Zur Untersuchung kann eine Sedierung mit Fixierung des Tieres nötig sein, da die Palpation äußerst schmerzhaft für das Rind sein kann. Für die Entscheidung über die weitere Behandlung ist es wichtig, sich über das Ausmaß, die Art, Beschaffenheit und Lokalisation der Wunde klar zu werden. Dazu gehört auch der Ausschluss einer Mastitis, die die Prognose deutlich verschlechtern würde.

Etwa 70–90% der Zitzenverletzungen sind gedeckt. Darunter versteht man alle traumatisch erworbenen Veränderungen an der Zitze ohne Verletzung der äußeren Haut. Betroffen sind lediglich die Muskelbindegewebsschicht und die Schleimhaut. In der Folge ist der Milchfluss verlangsamt, unterbrochen oder sogar ganz unmöglich.

Die Ursache ist überwiegend eine Trittverletzung, seltener ein Melkmaschinenfehler. Meist tritt die Verletzung im distalen Drittel der Zitze im Bereich des Zitzenkanals und der Fürstenberg-Rosette auf. Je nach Lokalisation und Ausmaß unterscheiden wir drei Gruppen:

- gedeckte Zitzenverletzungen an der Zitzenzisterne mit oder ohne Abriss der Schleimhaut:
  - eher selten,
  - **akut:** Meist sind alle Schichten der Zitze entzündet (Thelitis). Palpatorisch lässt sich nicht klären, ob ein Schleimhautabriss vorliegt. Die Zitze ist hochgradig schmerzhaft, vermehrt warm und geschwollen. Es lässt sich wenig oder gar kein Sekret ermelken;
  - **chronisch:** Mittels Rollgriff ist eine strangartige Verhärtung an der Zisterne palpierbar und der Milchfluss ist deutlich verringert. Differenzialdiagnostisch muss an die wesentlich häufiger vorkommende Zisternitis gedacht werden, was sich allerdings nur durch die Zitzenkanalendoskopie oder im Ultraschall sicher ausschließen lässt.
- gedeckte Zitzenverletzung an der Fürstenberg-Rosette und am Zitzenkanal mit und ohne Zerreißung der Schleimhaut:
  - etwa 90% aller Zitzenverletzungen,
  - **akut:** Adspektion und Palpation zeigen eine hochgradig schmerzhafte, geschwollene, gerötete und vermehrt warme Zitzenkuppe. Die Milch lässt sich nur schwer bis gar nicht ermelken. Manchmal ist eine Beschädigung der Zitzenkuppe von außen sichtbar und es tritt Blut aus. Nach Einführen einer sterilen Ablasskanüle bis in eine Tiefe von etwa 1–2 cm fließt spontan Milch ab. Ob die Schleimhaut in Mitleidenschaft gezogen ist, lässt sich nur endoskopisch feststellen;
  - **chronisch:** Schon über den Vorbericht kann eine Diagnose gestellt werden. Der Tierhalter berichtet über eine deutlich verlängerte Melkdauer, unabhängig vom Laktationszustand, und über einen deutlich dünneren Milchstrahl, der eventuell noch seitlich abgelenkt wird. Palpatorisch können Verdickungen des Zitzenkanals und der Fürstenberg-Rosette festgestellt werden. Auch hier fließt nach dem

Einführen einer sterilen Ablasskanüle die Milch nach wenigen Zentimetern spontan ab. Beim Einführen der Kanüle kann sie an ein Hindernis stoßen, was ein Hinweis auf einen Schleimhautabriss sein kann.

- gedeckte Zitzenverletzung mit zirkulärem Abriss der Zitzenkanalschleimhaut und Vorfall der Schleimhaut nach außen:
  - An der Zitzenkuppe ist die Schleimhaut äußerlich sichtbar. Im akuten Fall tritt noch etwas Blut aus dem Strichkanal aus. Die Zitzenkuppe ist sehr schmerzhaft und es lässt sich wenig bis gar keine Milch ermelken.

Eine erfolgreiche Behandlung ist am ehesten möglich, wenn noch keine Mastitis vorliegt. Da Kühe mit Zitzenverletzungen immer ein erheblicher Störfaktor bei der Melkarbeit sind, vor allem bei großen Melkständen, ist die Therapie der Wahl das vorübergehende Trockenstellen des Viertels.

Temporäres Trockenstellen (3 x 3-Tage-Regel)

- Fixieren und sedieren Sie die Kuh.
- Reinigen und desinfizieren Sie die verletzte Zitze.
- Lassen Sie mit einer sterilen Melkkanüle die Milch ab.
- Instillieren Sie ein breit wirkendes Antibiotikum in den Strichkanal (z.B. Cephalosporin).
- Führen Sie einen Zitzenwachsstift in den Strichkanal ein (z.B. Thelasel).
- Fixieren Sie den überstehenden Faden des Wachsstiftes mit einem Zitzenverband (Abb. 5.9a–d).
- Wiederholen Sie die ganze Prozedur jeweils drei bzw. sechs Tage später.
- Am 9. Tag entfernen Sie den Zitzenverband und den Wachsstift und versuchen, das Viertel wieder normal auszumelken.
- Kennzeichnen Sie das Tier (Fesselbänder, PC, Melkstand), da die Milch aller Viertel hemmstoffpositiv ist und nicht abgeliefert werden darf.

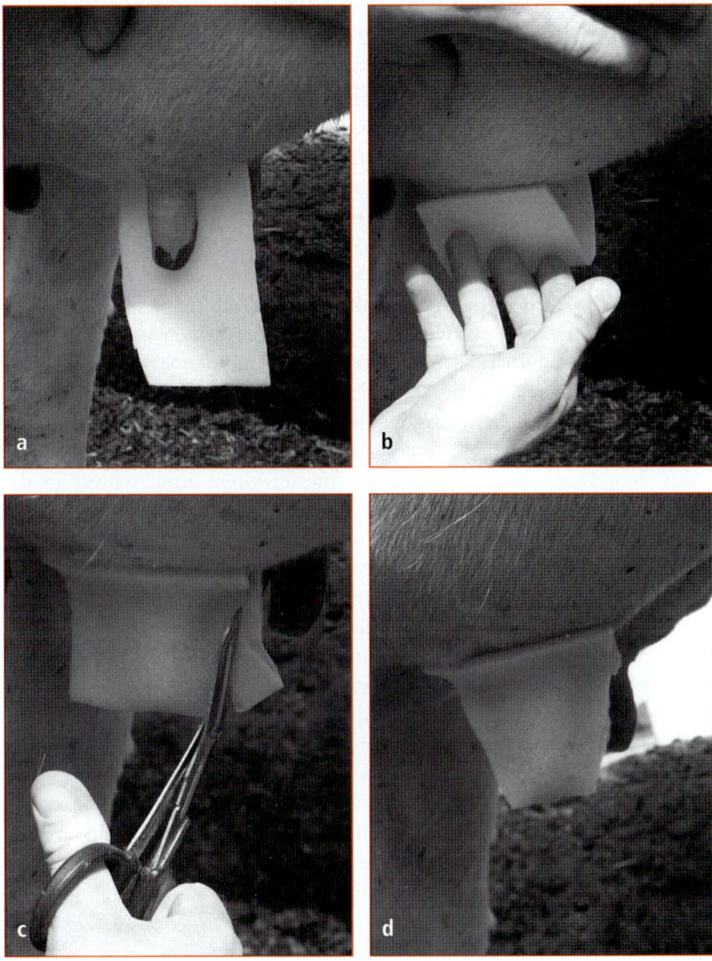

Abb. 5.9a–d Zitzenverband.

Entfernung von Geweberesten aus dem Strichkanal und Beseitigung von Stenosen

Es kommt häufig vor, dass nach stumpfen Verletzungen des Euters kleine Gewebebrocken oder Blutkoagula den Strichkanal verschließen. Sie lassen sich meist gut im Strichkanal ertasten. Beim Melken können sich diese Gewebereste wie ein Kugelventil vor die Strichkanalöffnung setzen und es kann keine Milch mehr ermolken werden.

- Fixieren und sedieren Sie die Kuh.
- Reinigen und desinfizieren Sie die verletzte Zitze.
- Versuchen Sie zuerst, den Fremdkörper mit sanfter Gewalt aus dem Strichkanal herauszupressen. Dazu massieren Sie Milch aus der Zisterne in den Strichkanal, drücken dann mit einer Hand den Strichkanal an der Basis ab und versuchen schließlich soviel Druck mit der Milch im Strichkanal aufzubauen, dass der Gewebebrocken herausgepresst wird.
- Wenn das nicht möglich ist, erweitern Sie die Zitzenöffnung, indem Sie mit dem Dänischen Kanülendoppelmesser einen Kreuzschnitt in die Öffnung machen.
- Jetzt versuchen Sie erneut, den Fremdkörper herauszupressen.
- Geben Sie danach ein Antibiotikum intrazisternal.
- Wenn diese Verfahren scheitern, ist eine Untersuchung und Operation mit dem Zitzenendoskop erforderlich.
- Stenosen an der Zitzenkuppe, können Sie ebenfalls mit dem Kanülendoppelmesser erweitern. Ein Kreuzschnitt bringt aber nur dann eine Verbesserung der Melkbarkeit, wenn sich die Verengung unmittelbar an der Zitzenkuppe befindet. Liegt eine Verengung, Vernarbung oder Entzündung des gesamten Strichkanals vor, bleibt nur das temporäre Trockenstellen als Therapie. Nach Beseitigung einer Stenose führen Sie für 3–4 Tage nach jedem Melken einen Wachsstift in den Strichkanal ein, damit die Wunden nicht verkleben.

Gedeckte Zitzenverletzung mit Mastitis

- Lassen Sie die Milch mit einem sterilen Melkröhrchen ab, solange Eiterflocken die Kanüle nicht verstopfen, anderenfalls muss man melken.
- Geben Sie Antibiotika intrazisternal ein.
- Führen Sie einen Zitzenwachsstift in den Strichkanal ein und fixieren Sie ihn mit Klebeband, damit er nicht herausrutscht.
- Wiederholen Sie das bei jeder Melkzeit.

5.9 Offene Zitzenverletzungen

Zitzenlappenwunden (offen)

Dabei handelt es sich um Hautwunden ohne Perforation der Zisternenschleimhaut. Zur Behandlung entfernen Sie den Hautlappen mit einer Schere und lassen die Wunde sekundär heilen. Dazu müssen Sie das Viertel temporär trockenstellen. Erst nach dem Ausheilen wird wieder angemolken. Die zweite Möglichkeit besteht darin, den Hautlappen wieder anzunähen, wenn die Verletzung nicht älter als 12 Stunden ist.

- Nach der üblichen Vorbereitung (s.o.) werden die Wundränder aufgefrischt und der Hautlappen mit vertikal rückläufigen Einzelheften, die einen Teil des Wundbodens miterfassen, angenäht (Donati-Hefte).
- Das Euterviertel wird temporär trockengestellt (3 x 3-Tage-Regel).
- Die Fäden werden 8 Tage nach der Operation gezogen.

> Bei den offenen Zitzenverletzungen handelt es sich um sichtbare Verletzungen der äußeren Haut mit oder ohne Zerstörung der Gefäß-Muskelschicht und der Zisternenschleimhaut. So wird jede Verletzung zu einem Einzelfall, der als solcher auf Therapierbarkeit und auch Wirtschaftlichkeit beurteilt werden muss.

Zitzenverletzung der äußeren Haut, der Gefäß-Muskelschicht und der Zisternenschleimhaut

Diese Verletzungen erkennen Sie daran, dass Milch seitlich aus der Zitze austritt, was in jedem Fall eine chirurgische Versorgung nötig macht. Sollte die Zitze schwer traumatisiert sein, müssen Sie die Wirtschaftlichkeit der Behandlung überlegen.

Die Bereitschaft der Landwirte, Zitzenoperationen durchführen zu lassen, hat stark abgenommen, da solche Tiere die Melkarbeit erheblich stören und damit hohe Kosten verursachen. Eine vollständige Wiederherstellung der Zitze und des Euters (keine Mastitis, keine erhöhten Zellzahlen, normale Melkdauer) ist oft nicht zu erreichen.

Querrisse an der Zitzenkuppe haben meist eine ungünstige Prognose. In diesem Fall kann es besser sein, die Wunde zu begradigen oder die Zitze teilweise zu amputieren, damit die Milch ungehindert abfließen kann.

Bei einem relativ glatten Längsriss mit Zerstörung der äußeren Haut, der Gefäß-Muskelschicht und der Zisternenschleimhaut ist eine zitzenerhaltende Operation möglich.

- Fixieren und sedieren Sie die Kuh.
- Reinigen und desinfizieren Sie die verletzte Zitze.
- Lassen Sie mit einer sterilen Melkkanüle die Milch ab. (Belassen Sie die Kanüle in dem Strichkanal zur Orientierung während der OP.)
- Unterbinden Sie die Blutzufuhr mit einer großen Darmklemme an der Zitzenbasis.
- Injizieren Sie ein Lokalanästhetikum unter die Wundränder.
- Verschließen Sie dann die Zitze in der Gefäßmuskelschicht mit einer fortlaufenden einstülpenden Matratzennaht. Die äußere Haut wird mit Michel-Klammern verschlossen, die nach 8–10 Tagen entfernt werden.

Bedenken Sie bei der Therapie, ob konservativ oder chirurgisch, dass Sie damit nicht die Ursachen der Zitzenverletzung beseitigen. Es ist frustrierend, wenn die Zitzennaht einige Tage gut verheilt und sich dann die Kuh bei einem missglückten Aufstehversuch erneut auf die Zitze tritt. Versuchen Sie daher immer, mit dem Landwirt zusammen die Ursachen zu beseitigen (fehlerhafte Liegeboxenmaße, rutschige Böden, Überbelegung).

5.10 Abszessspaltung

Ein Abszess ist bei einem Rind relativ häufig. Man findet diese überwiegend in der Gelenkgegend bei schlechtem Kuhkomfort und an großen Muskelpartien.
Die Erstbehandlung erfolgt mit „schwarzer Salbe" (z.B. Ichthyol 50%; sog. Zugsalbe). Antibiotika und Antiphlogistika haben kaum eine Wirkung, da die Abszesshöhle nicht gut durchblutet ist.
Sobald Sie Flüssigkeit fühlen können („Plätschern", Fluktuation), können Sie den Abszess spalten. Bei älteren Abszessen mit sehr dickem zähflüssigem Eiter oder auch bei sehr tief in der Muskulatur sitzenden Abszessen können Sie keine Flüssigkeit fühlen.

Vorbereitung

- Materialien:
  - Skalpell,
  - Desinfektionslösung,

- Wasser und Seife,
- Mullkompressen (10 x 10 cm),
- Wasserstoffperoxidtabletten.

Durchführung

- Verschaffen Sie sich palpatorisch einen Überblick über die Ausdehnung des Abszesses, um dadurch die tiefste Stelle zu finden, bei der noch eine Fluktuation fühlbar ist.
- Rasieren Sie die Haut über dem Entzündungsherd.
- Waschen Sie das Gebiet jetzt mit der Seifenlösung und trocknen Sie es mit einem sauberen Tuch ab.
- Der (erste) Schnitt wird an der Stelle der tiefsten feststellbaren Fluktuation gesetzt.
- Schützen Sie das Skalpell mit dem Daumen, damit die Klinge nicht zu tief eindringt.
- Nach der Eröffnung entleert sich der Abszessinhalt.
- Wenn größere Blutkoagel nicht abfließen, erweitern Sie die Öffnung in Form eines Kreuzschnittes.
- Stellen Sie noch weitere flüssigkeitsgefüllte Kammern fest, setzen Sie entsprechend weitere Schnitte.
- Legen Sie in die Wundhöhle etwa 10 Wasserstoffperoxidtabletten ein oder spülen Sie mit Jodlösung (Braunol).
- Wenn erhebliche Blutungen an dem Hautschnitt auftreten, tamponieren Sie die Schnittstelle und die Wundhöhle mit Mullkompressen aus, die Sie an den Enden zusammenknoten, um daraus einen längeren Drainagestrang zu schaffen.
- Vernähen Sie das Ende des Strangs oder klammern Sie es an der Haut fest.
- Nach 1–2 Tagen führen Sie eine Wundkontrolle durch. Dabei ziehen Sie die Drainage. Spülen Sie noch einmal die Wundhöhle mit Braunol oder alkoholischer Jodlösung und legen Sie, wie beschrieben, eine neue Drainage ein.

Da sich die Schnittwunde oft zu schnell verschließt, sollte Sie noch einige Male täglich gespült werden.

5.11 Kastration des Rindes

Die Kastration von landwirtschaftlichen Nutztieren gehört zu den Routineaufgaben eines Großtierpraktikers. Prinzipiell unterscheidet man zwischen unblutiger und blutiger Kastration.

Tierschutzgesetz Stand 15.07.2009
§ 5(1) An einem Wirbeltier darf ohne Betäubung ein mit Schmerzen verbundener Eingriff nicht vorgenommen werden. Die Betäubung warmblütiger Wirbeltiere sowie von Amphibien und Reptilien ist von einem Tierarzt vorzunehmen. (...)
(3) Eine Betäubung ist ferner nicht erforderlich:
1. für das Kastrieren von unter vier Wochen alten männlichen Rindern, Schafen und Ziegen, sofern kein von der normalen anatomischen Beschaffenheit abweichender Befund vorliegt. (...)
§ 6(2) Verboten ist, beim Amputieren oder Kastrieren elastische Ringe zu verwenden (...)

Unblutige Kastration

Die unblutige Kastration ist die häufigste Methode. Das beste Alter für diese Art der Kastration liegt bei 2 bis maximal 6 Monaten. Danach wird es aufgrund der Stärke des Samenstranges schwierig, die Zange zu schließen. Wichtig ist es, den Tierbesitzer darauf hinzuweisen, dass die Tiere nach der Kastration nicht mehr so schnell wachsen und der Muskelfleisch-Fettanteil sich zugunsten des Fettes verändert.

Vorbereitung

- Treffen Sie die allgemeinen OP-Vorbereitungen (siehe Kap. 5.1).
- Materialien:
  - Burdizzo-Zange,
  - zur allgemeinen Sedierung Xylazin (1,0 ml pro 100 kg),
  - 4 Stricke zum Ausbinden.

Durchführung

- Fixieren Sie das Tier gut.

Eine Anästhesie ist nicht erforderlich, die Sedierung reicht aus. Auch die Desinfektion ist nicht notwendig.

- Verabreichen Sie Xylazin 1,0–1,5 ml pro 100 kg i.m., um das Tier abzulegen.
- Anschließend binden Sie das oben liegende Bein mit einem Strick soweit es geht nach vorne aus.

> Gerade bei jüngeren Tieren kann diese Methode auch ohne Ablegen mit zusätzlicher Samenstranganästhesie angewendet werden.

- Älteren Bullen können Sie auch eine sakrale Epiduralanästhesie geben und mit Xylazin so sedieren, dass die Stehfähigkeit erhalten bleibt.
- Erfassen Sie den jeweiligen Samenstrang oberhalb des Hodens und schieben Sie ihn möglichst weit nach lateral.
- Setzen Sie dann die geöffnete Burdizzo-Zange in diesem Bereich an und schließen Sie sie. Dabei müssen Sie darauf achten, dass der Samenstrang nicht wieder zurückrutscht. Sie liegen richtig, wenn es beim Schließen der Zange knirscht. Die Kompression sollte ungefähr 1 min andauern.
- Öffnen Sie anschließend die Zange und setzen Sie sie jetzt 2–3 cm proximal der ersten Stelle an und quetschen Sie erneut.

> Quetschen Sie immer 2-mal pro Seite.

- Wiederholen Sie den Vorgang auf der anderen Seite. Dabei müssen Sie darauf achten, dass nicht die gesamte Skrotalhaut mit gequetscht wird. Lassen Sie eine ausreichende Hautbrücke von mindestens 2–3 cm stehen, da es sonst zu einer Skrotumnekrose kommen kann.
- Bringen Sie ein sediertes Tier nach dem Eingriff immer in Brustlage, weil das Tier dann freier atmen kann und weil Sie dadurch ein Aufblähen der Tiere verhindern.
- Nach dem Eingriff kann es kurzzeitig zu einem Anschwellen der Hoden kommen. Die Hoden atrophieren innerhalb von 3 Monaten.
- Die Tiere sind nach 4–6 Wochen unfruchtbar und können mit weiblichen Tieren nach Überprüfung der Hoden (sollten deutlich beidseitig geschrumpft sein) zusammengebracht werden.
- Die unblutige Kastration kann für den Tierarzt gelegentlich zu Haftpflichtansprüchen führen, wenn die Tiere nicht unfruchtbar geworden sind und die Nachkontrolle nicht erfolgt ist.

Blutige Kastration

Die blutige Kastration kann in jedem Alter durchgeführt werden. Am besten erfolgt die Prozedur in einer fliegenarmen Zeit. Es gibt Tierbesitzer, die diese Art der Kastration vorziehen, da Sie schlechte Erfahrungen mit der unblutigen Methode gemacht haben. Hier stellt sich der Erfolg sofort ein und ist sicher. Bei der blutigen Variante unterscheidet man noch zwischen der bedeckten (Tunica vaginalis wird nicht eröffnet) und der unbedeckten Form der Kastration. Die OP kann am stehenden und liegenden Tier durchgeführt werden.

Vorbereitung

- Materialien:
  - Skalpell,
  - Schere,
  - Nadel,
  - resorbierbarer Faden,
  - Nadelhalter,
  - Klemmen,
  - sterile Tupfer,
  - evtl. Emaskulator,
  - Lokalanästhetikum (10–15 ml),
  - Sedationsmittel (z.B. Xylazin),
  - Schmerzmittel (NSAID),
  - Antibiose (Procain-Penicillin),
  - Desinfektionslösung.
- Sorgen Sie für einen trockenen Stand des Tieres bei der Operation.
- Suchen Sie sich eine Hilfsperson (in der Regel der Landwirt).

Durchführung

- Als Anfänger ist es leichter, die OP am abgelegten Tier durchzuführen. Dazu injizieren Sie dem Tier das Sedationsmittel i.m. (z.B. Xylazin 1,0 ml/100 kg).
- Die Zeit bis zum Ablegen des Tieres (zwischen 2 und 5 min) können Sie nutzen, um die restlichen Sachen vorzubereiten.

> Falls das Tier nicht ruhig liegen will, bedecken Sie seinen Kopf bzw. die Augen mit einer Decke.

- Die OP sollte in einer einigermaßen sauberen Umgebung erfolgen.
- Führen Sie am distalen Ende der Hoden eine ringförmige Oberflächenanästhesie durch.
- Nach der Desinfektion des Hodensacks bereiten Sie sich selbst auf die Operation vor (siehe Kap. 5.1).
- Am abgelegten Tier sollte immer zuerst der untenliegende Hoden abgesetzt werden.
- Fassen Sie die Haut der Hodensackspitze mit einer Pinzette und setzen Sie die Spitze quer mit dem Skalpell oder einer Schere ab.
- Schieben Sie anschließend den Hoden aus der Öffnung heraus und präparieren Sie den Samenstrang frei, indem Sie das Skrotum nach oben verschieben. Die Tunica vaginalis bleibt geschlossen (bedeckte Kastration).
- Es erfolgt entweder eine Durchstichligatur mit bestehender Gewebebrücke (starker resorbierbarer Faden) oder der Hoden wird mithilfe eines Emaskulators gleichzeitig gequetscht und abgeschnitten. Dabei ist darauf zu achten, dass die Flügelschraube des Instrumentes zum Boden zeigt. Die Kompression des Emaskulators sollte 2–3 min aufrechterhalten werden.

> Verwenden Sie immer eine Durchstichligatur, denn nur dann können Sie sicher sein, dass die Ligatur nicht abrutscht.

- Nach dem Absetzen des Hodens müssen Sie die Samenstrangstümpfe auf Blutungen kontrollieren. Wenn Sie eine Blutung feststellen, setzen Sie eine Ligatur.

> Falls Sie sich nicht ganz sicher sind, ob die Ligatur fest genug sitzt, setzen Sie eine weitere!

- Die Hautwunde wird offen gelassen.
- Es erfolgt eine systemische Antibiose und ggf. eine Fliegenbehandlung (z.B. Butox, Bayofly).

5.12 Kastration des Schweins

Die Kastration wird in der Regel vom Landwirt in der ersten Lebenswoche durchgeführt. In Hobbyhaltungen kann es aber vorkommen, dass Sie gefordert werden. Außerdem sollten Sie wissen, wie es richtig gemacht wird, um ggf. den Landwirt zu schulen.

Wichtig: Neuregelung des Tierschutzgesetzes!
§ 5 (3) Eine Betäubung ist ferner nicht erforderlich
1a. für das Kastrieren von unter acht Tage alten männlichen Schweinen, sofern kein von den normalen anatomischen Beschaffenheiten abweichender Befund vorliegt,
§ 6 ... Im Anschluss an die Kastration eines über sieben Tage alten Schweins sind schmerzstillende Arzneimittel einschließlich Betäubungsmittel bei dem Tier anzuwenden.

Normale Kastration

- Materialien:
  - Skalpell,
  - evtl. Emaskulator,
  - ggf. Blauspray.
- Das Ferkel sollte auf dem Rücken liegend fixiert werden.
- Drücken Sie die Hoden mit dem Daumen nach kaudal.
- Schneiden Sie mit einem kurzen Schnitt durch die Haut in das Hodenparenchym.
- Drücken Sie die Hoden nach außen und legen Sie sie frei (unbedeckte Kastration). Die Samenstränge werden mit einem Emaskulator gequetscht und gleichzeitig kaudal der Zange abgesetzt. Meist werden die Hoden jedoch ohne Emaskulator mit dem Skalpell abgeschnitten.
- Die Hautwunde bleibt offen und wird lokal mit Blauspray versorgt.

Bruchferkel

Bei einem Bruchferkel handelt es sich um einen Hodensackbruch, d.h. durch einen erweiterten Leistenring fallen Dünndarmschlingen in den Hodensack vor. Die Tiere sollten im Alter von 5–7 Wochen operiert werden.

- Überlegen Sie am besten schon während der Anfahrt, welche Dinge Sie für die OP benötigen und legen Sie sich diese in einer Schale zurecht.

- Suchen Sie einen geeigneten Ort für die OP (z.B. Leiter, Tür, Wand), wo das Tier so aufgehängt wird, dass es Ihnen den Bauch zuwendet.
- Materialien:
  - zwei Stricke,
  - Schere,
  - Skalpell,
  - Nadel,
  - Faden (resorbierbar),
  - sauberes Tuch,
  - Desinfektionsmittel zum Aufsprühen,
  - Stresnil (1 ml/20 kg) + Ketamin (1 ml/10 kg),
  - NSAID,
  - Antibiose.
- Fixieren Sie das Tier.
- Applizieren Sie Stresnil/Ketamin (i.m. oder i.v. in die Ohrvene).

> Falls das Tier per i.m.-Injektion in Narkose gelegt wird, warten Sie, bis es auch richtig schläft.

- Gleichzeitig muss ein zugelassenes NSAID (z.B. Metacam oder Finadyne) gegeben werden. Verabreichen Sie es etwa 15 min vor der Operation!
- Hängen Sie dann das Tier mithilfe von zwei Stricken an den Hinterläufen auf.
- Säubern Sie das OP-Feld mit einem sauberen Tuch.
- Desinfizieren Sie die Haut.
- Führen Sie lateral der letzten beiden Zitzenpaare einen Hautschnitt durch. Hier ist die Haut sehr glatt. Die Größe des Schnittes hängt von der Größe des Tieres und des Bruchs selbst ab.
- Arbeiten Sie dann am besten mit dem Zeigefinger weiter. Dieser arbeitet sich stumpf unter der Haut bis zum Bruch vor und versucht den Processus vaginalis frei zu präparieren und durch Zug vom Hodensack zu lösen. Darmanteile werden durch den Leistenkanal zurückgeschoben.
- Dann wird der Processus vaginalis bzw. der Hoden 2- bis 3-mal um die eigene Achse gedreht, um ein erneutes Vorfallen von Darmschlingen zu verhindern.
- Anschließend führen Sie eine Durchstichligatur am Processus vaginalis durch und setzen den Hoden ab.

- Kontrollieren Sie den bleibenden Stumpf auf Blutungen und verlagern Sie ihn durch den Leistenring zurück. Bei einer Blutung setzen Sie eine Ligatur.

> Arbeiten Sie immer mit einer Durchstichligatur, denn nur dann können Sie sicher sein, das die Naht nicht abrutscht.

- Verschließen Sie dann den Leistenring mit einem U-Heft oder Sultan-Diagonalheft. Nähen Sie hier immer von lateral nach medial, da die A. femoralis an der Schenkelinnenseite verläuft.

> Nähen Sie bei Verschluss des Leistenringes zum Schutz der A. femoralis immer von lateral nach medial.

- Die Haut kann (!) mit ein bis zwei Stichen verschlossen werden.
- Eine Antibiose ist ratsam (z.B. Procain-Penicillin 1 ml/10 kg).
- Die Tiere sollten bis zum Aufwachen isoliert gehalten werden.
- Operieren Sie den anderen Hoden in gleicher Weise, da oft auch hier ein zu großer Leistenring vorliegt.

Binneneber

Bei einem Binneneber handelt es sich um einen Kryptorchiden, bei dem ein oder beide Hoden in der Bauchhöhle geblieben sind. Die Tiere sollten im Alter von 5–7 Wochen operiert werden.

> Kontrollieren Sie zuerst, ob es sich wirklich um einen Binneneber handelt oder ob das Tier nicht bereits kastriert worden ist (Narben in der Skrotalgegend).

- Suchen Sie einen geeigneten Ort für die OP (z.B. Leiter, Tür, Wand), wo das Tier so aufgehängt wird, dass es Ihnen den Bauch zuwendet.
- Materialien:
  - 2 Stricke,
  - Schere,
  - Skalpell,
  - Nadel,
  - Pinzette,
  - sauberes Tuch,
  - resorbierbarer Faden,

  - ggf. Klemme,
  - Azaperon (z.B. Stresnil, 1 ml/20 kg) + Ketamin (1 ml/10 kg),
  - NSAID,
  - Antibiose.
- Fixieren Sie das Tier mit dem Treibbrett zur i.m.-Injektion der Narkose oder lassen Sie sich das Tier von einer Hilfsperson halten und führen dann die i.v.-Injektion durch.
- Gleichzeitig muss ein zugelassenes NSAID (z.B. Metacam oder Finadyne) gegeben werden.
- Hängen Sie dann das Tier mithilfe von zwei Stricken an den Hinterläufen auf.
- Säubern Sie das OP-Feld mit einem sauberen Tuch.
- Führen Sie lateral der letzten beiden Zitzenpaare einen Hautschnitt durch. Hier ist die Haut schön glatt (Abb. 5.10).
- Gehen Sie mit dem Finger durch die Muskelbäuche oder spreizen Sie die Muskulatur stumpf mit einer Schere.
- Wenn Sie an der Bauchdecke angelangt sind, ziehen Sie sie mit einer Pinzette etwas vor und eröffnen sie mit der Schere, um nicht versehentlich in eine Darmschlinge zu schneiden.

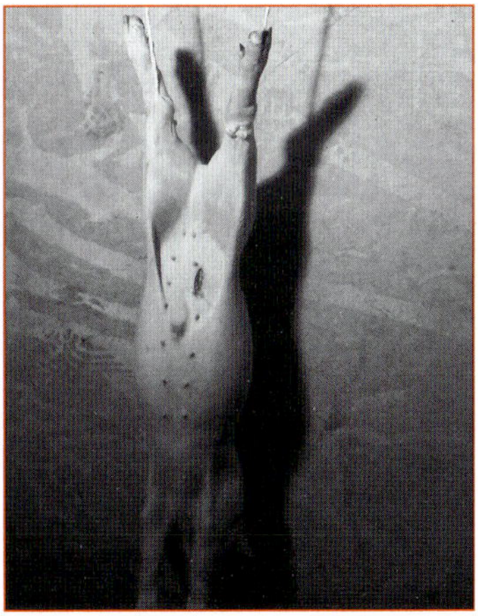

Abb. 5.10 Fixation des Ferkels zur Binneneber-Operation mit Hautschnitt.

- Schieben Sie jetzt den Finger in die Bauchhöhle vor und suchen Sie in Höhe der Nieren nach dem in der Regel etwas abgeflachten Hoden. Oft liegt er direkt der Bauchwand an und kann dort ohne große Schwierigkeiten gefunden werden. Er fühlt sich elastisch an und hängt an seinem eigenen Gekröse.

> Falls Sie den Hoden mit dem Finger nicht ertasten können, erweitern Sie den Bauchschnitt, um eine größere Übersicht zu bekommen.

- Ziehen Sie dann den Hoden aus der Bauchhöhle heraus.
- Ligieren Sie das „Hodengekröse“ und setzen Sie den Hoden ab.
- Verschließen Sie die Bauchhöhle mit resorbierbarem Nahtmaterial mit Sultan-Diagonalheften oder mit U-Heften. Verschließen Sie auch die Haut damit.
- Der andere Hoden kann normal kastriert werden.
- Das Tier sollte bis zum Aufwachen von seinen Artgenossen isoliert gehalten werden.

> Die **Immunokastration** ist seit 2009 in Deutschland zugelassen (z.B. Improvac). Die Injektionen müssen 2-mal in einem Abstand von 4 Wochen durchgeführt werden, wobei die letzte Impfung 4–6 Wochen vor der Schlachtung durchgeführt werden muss. Bis zur zweiten Injektion verhalten sich die Tiere allerdings wie unkastrierte Eber.

5.13 Kastration von Schaf und Ziege

Auch hier gibt es die Möglichkeit, die Tiere unblutig oder blutig zu kastrieren.

Unblutige Kastration

- Materialien
  - Burdizzo-Zange (es gibt kleinere Zangen speziell für Schafe und Ziegen),
  - Lokalanästhetikum,

> Achtung: Die toxische Grenze bei kleinen Wiederkäuern liegt bei 10 mg/kg.

  - Desinfektionslösung,
  - Xylazin zur Sedierung (0,1–0,2 mg/kg i.v. oder 0,3–0,6 mg i.m.),
  - Uhr.
- Da es sich bei diesen beiden Tierarten oft um Hobbytiere handelt und die Tierbesitzer dementsprechend besorgt um ihre Tiere sind, sollten Sie die Tiere sedieren.
- Ziegenbesitzer sollten Sie darauf hinweisen, dass die Tiere trotz „Narkose" während des Eingriffes schreien können.
- Das Tier wird mit Xylazin i.m. oder i.v. abgelegt.

> Bestimmte Schafrassen und Ziegen reagieren empfindlich auf Xylazin (0,02–0,1 mg/kg i.v.).

- Jetzt wird die Haut des Hodensackes im OP-Gebiet desinfiziert.
- Dann erfolgt die Infiltrationsanästhesie der Samenstränge (1–2 ml Procain als Depot am Ort der Quetschung).
- Anschließend werden die Hoden in den Hodensack gedrückt und die Burdizzo-Zange an den Samenstrang angesetzt und abgedrückt (Ziegen schreien manchmal). Die Quetschdauer beträgt etwa 1 Minute.
- Pro Seite sollte 2-mal gequetscht werden. Der Abstand zwischen den Quetschwunden muss etwa 1 cm betragen. Achten Sie darauf, dass nicht die ganze Skrotalhaut mit eingeklemmt wird, da es sonst zu einer Skrotumnekrose kommen kann.

> Bei der Quetschung müssen Sie unbedingt darauf achten, nicht versehentlich den Penis mitzuquetschen.

- Innerhalb von 4–6 Wochen sollten die Hoden deutlich atrophiert sein.

Blutige Kastration

- Die OP sollte möglichst in einer fliegenfreien Zeit durchgeführt werden, um das Risiko der Wundinfektion auf ein Minimum zu beschränken.
- Materialien:
  - Skalpell,
  - Schere,
  - Nadel und resorbierbarer Faden,
  - Klemme,
  - evtl. Emaskulator,
  - Lokalanästhetikum,

  - Sedationsmittel (Xylazin 0,1–0,2 mg/kg i.v. oder 0,3–0,6 mg/kg i.m.),
  - Desinfektionsmittel.
- Sedieren Sie das Tier.

> Weisen Sie die Besitzer darauf hin, dass das Tier trotz der Sedierung schreien kann.

- Bringen Sie das Tier dann in Rücken- oder Seitenlage.
- Reinigen und desinfizieren Sie das OP-Feld.
- Setzen Sie nun mit einem Scherenschlag die Hodensackkuppe ab.
- Drücken Sie mit einer Hand den Hoden aus der Öffnung.
- Es erfolgt eine Durchstichligatur des Processus vaginalis mit bestehender Hautbrücke. Anschließend kann der Hoden abgesetzt werden. Bei vorliegen eines Emaskulators kann der Hoden damit abgesetzt werden. Wer auf Nummer sicher gehen will, macht zusätzlich noch eine Ligatur.
- Mit dem anderen Hoden wird in gleicher Weise verfahren.
- Die Hautwunde bleibt offen.
- Sorgen Sie für eine antibiotische Abdeckung des Tieres (z.B. Procain-Penicillin 1 ml/10 kg). Denken Sie auch an eine Tetanusprophylaxe, da besonders Schafe und Ziegen sehr empfindlich gegenüber Clostridieninfektionen sind.

> Bei der Verwendung eines Emaskulators müssen Sie darauf achten, dass die Flügelschraube vom Tier wegzeigt.

6 Routinebehandlungen

6.1 Impfungen

Zu den Routinebehandlungen in der Großtierpraxis gehören auch die Impfungen. Hierbei wird unterschieden zwischen freiwilligen und behördlich angeordneten Impfungen.

Impfungen gehören in der Schweinepraxis zur absoluten Routine. In der Rinderpraxis stoßen Sie vor allem in kleineren Betrieben auf größere Skepsis, was vor allem Kostengründe hat. Es gehört daher zur guten Bestandsbetreuung, die Skeptiker fundiert zu beraten und ihnen den Sinn von Schutzimpfungen zu erklären. In Beständen, in denen hohe Tierzahlen gehalten werden, wäre das Ausbrechen einer Infektionskrankheit fatal.

Bei der Durchführung der Impfungen sollten Sie einige Punkte beachten:

- Achten Sie darauf, dass sowohl Tier als auch Mensch vor Verletzungen geschützt werden. Gerade bei Massenimpfungen mit dem Impfstab kommt es leicht zu Panik oder Fluchtbewegungen bei den Rindern, was mitunter zu schweren Verletzungen führen kann (z.B. Ausrutschen mit Knochenbrüchen). Daher fixieren Sie die Tiere falls nötig im Fangfressgitter, Behandlungsstand oder in Treibgängen und achten Sie darauf, dass der Untergrund rutschfest ist.
- Wenn möglich, binden Sie die Impfaktion in den gewohnten Tagesablauf ein, z.B. Impfung der Milchkühe während der Fresszeiten mit Fixierung im Fangfressgitter.
- Vermeiden Sie Unruhe und Panik unter den Tieren. Wenn Sie einen festen Termin mit dem Landwirt vereinbaren, kann er die Tiere in aller Ruhe vorher fixieren, ohne dass sie unnötig lange eingesperrt sein müssen.
- Benutzen Sie geeignetes Impfbesteck, z.B. Impfstab im Laufstall. Und denken Sie dann auch daran, die geimpften Tiere zu kennzeichnen, damit Sie wissen, welche schon fertig sind.
- Vermeiden Sie es, Infektionen von Tier zu Tier oder von Stall zu Stall zu übertragen, indem Sie geeignete Hygienemaßnahmen ergreifen (Kanülenwechsel, Einmalschutzkleidung). Wenn Sie ganze Bestände impfen, beginnen Sie immer bei den jüngsten Tieren.
- Beachten Sie immer die Anweisungen des Herstellers zu Impfalter, Anwendung (s.c. oder i.m.) und Haltbarkeit des aufgelösten und angebrochenen Impfstoffs.

- Bewahren Sie den Impfstoff im Kühlschrank entsprechend den Vorgaben des Herstellers auf (auch im Fahrzeug!).
- Bei amtlich angeordneten Impfungen (z.B. BT-Impfung) kommt es immer wieder vor, dass Landwirte versuchen, Impfschäden bei der Tierseuchenkasse geltend zu machen. Dabei müssen die zuständigen Veterinärämter beteiligt werden.
- Impfversagen: Eine Impfung kann nur dann den gewünschten Erfolg bringen, wenn die Voraussetzungen dafür gegeben sind, d.h. der Impfling muss körperlich in der Lage sein, genügend Antikörper zu bilden.
- Impfen Sie keine Tiere, die allgemein erkrankt oder immunsupprimiert sind (negative Energiebilanz).
- Verabreichen Sie nicht gleichzeitig Glukokortikoide, weil diese die Immunantwort unterdrücken.
- Mischen Sie niemals einen Impfstoff mit einem anderen Medikament oder Impfstoff, wenn es vom Hersteller nicht ausdrücklich zugelassen ist.

Impfdokumentation

Zu einer korrekt durchgeführten Impfung gehört auch die Dokumentation derselben. Je nach Tierart und Impfung werden verschiedene Dokumente erstellt.

Nach der Tierimpfstoffverordnung von 2006 dürfen Impfstoffe an den Landwirt abgegeben werden, mit Ausnahme von Impfstoffen für anzeigepflichtige Seuchen (§ 42 Abgabeverbote).

Der § 44 regelt die Abgabe an den Tierhalter, die mit umfangreichen Auflagen verbunden ist. Der Tierhalter oder die von diesem beauftragte Person muss in der Anwendung des Mittels einschließlich der Überprüfung der Impfreaktionen unterwiesen werden und über die Risiken und möglichen Nebenwirkungen der Anwendung des Mittels unterrichtet sein.

- Händigen Sie dem Landwirt einen sog. Anwendungsplan aus, der Folgendes enthalten muss:
  - die Bezeichnung des Mittels und des Herstellers,
  - die Indikation,
  - den Anwendungszeitpunkt oder den Anwendungszeitraum,
  - die Anzahl und die nähere Bezeichnung der Tiere, bei denen das Mittel angewendet werden soll,
  - die Lagerungs- und Anwendungshinweise für den Tierhalter einschließlich des Hinweises auf die einzuhaltende Wartezeit, soweit ein solcher Hinweis erforderlich ist,
  - den Zeitplan für die Kontrollen.

- Die Bestandskontrollen umfassen mindestens eine vierteljährliche Untersuchung des Bestandes.
- Vor der Anwendung bzw. Abgabe des Impfstoffes müssen Sie die Impffähigkeit der Tiere feststellen. Sie dürfen nur die erforderliche Menge im Voraus bis zur nächsten Kontrolle abgeben.
- Sie müssen im Anwendungsplan den Termin für die Nachkontrolle im Bestand aufführen, bei dem Sie die Aufzeichnungen des Tierhalters, Impfschäden und den Impferfolg überprüfen.
- Die erstmalige Abgabe eines Mittels, dessen Anwendung durch den Tierhalter oder eine von ihm beauftragte Person vorgesehen ist, müssen Sie dem für den Tierhalter zuständigen Veterinäramt unter Vorlage des Anwendungsplans und der Angabe der Anschrift des Tierhalters schriftlich anzeigen.

> Einige Veterinärämter haben entsprechende Vordrucke für die Impfstoffabgabe online zur Verfügung gestellt.

- Bei anzeigepflichtigen Seuchen, z.B. BHV-1, BT, BVD, tragen Sie die Impfungen in die HIT-Datenbank ein, was eine vollständige Dokumentation bedeutet.
- Bei Impfungen von Jungtieren können Sie die Ohrmarke des ältesten und jüngsten Tieres einer Gruppe im Praxisprogramm bzw. in der Karteikarte und auf der Rechnung dokumentieren.

Impfungen beim Rind

Gegen folgende Krankheiten wird üblicherweise geimpft:

BHV-1

- Erreger: Bovines Herpesvirus 1.
- Übertragung: Tröpfcheninfektion über Schleimhäute des Atmungstraktes oder die Genitalschleimhäute.
- Inkubationszeit: 2–6 Tage.
- Maßnahmen: Anzeigepflichtige Seuche mit staatlich kontrollierter Bestandssanierung, d.h. die Herden sollen virusfrei werden. Bei geringer Verbreitung werden die infizierten Tiere gekeult. Dazu werden Reagenten (positiver Virusnachweis) entfernt und getötet. Diese Maßnahmen sollten bis zum 30.6.2010 abgeschlossen sein. Seit dem 1.7.2010 ist die Gesamtbestandsimpfung vorgeschrieben, wenn die Reagenten nicht

gemerzt worden sind. Wurden alle Reagenten entfernt, muss eine Basisuntersuchung durchgeführt werden. Dazu werden entweder 2-mal im Abstand von 5–7 Monaten alle über 9 Monate alten Tiere oder aber 2-mal im Abstand von 60 Tagen alle Tiere beprobt (Blut bzw. Milch).

- Bei akutem Ausbruch einer BHV-1-Infektion in einem Rinderbestand (z.B. nach Tierzukauf) ist die intranasale Impfung mit Lebendimpfstoff die wichtigste und sofort durchzuführende Notfallmaßnahme (s.u.).
- Sind in einem Bestand noch wenige positive Reagenten, so müssen Sie diese halbjährlich mit einer inaktivierten BHV-1-Vakzine (Totimpfstoff) impfen. Zugleich müssen Sie aber einen Zeitplan festlegen, wann diese Tiere aus dem Bestand entfernt werden.
- Bleiben die Reagenten im Bestand, muss der ganze Bestand halbjährlich BHV-1 geimpft werden.
- Die Impfungen müssen in der HIT-Datenbank dokumentiert werden.

Intranasale Impfung mit Lebendimpfstoff

- Vernebeln Sie mit einem geeigneten Sprühaufsatz 2 ml Lebendimpfstoff in die Nase.
- Das Tier muss dazu mit einem Halfter oder einer Nasenzange gut fixiert sein und der Kopf hochgehalten werden.
- Beginnen Sie mit dem Versprühen des Impfstoffes gegen Ende der Ausatmungsphase, damit der Impfstoff dann sicher aspiriert wird.

Intratracheale Impfung mit Lebendimpfstoff

- Sind die Nasenöffnungen bei fortgeschrittener Erkrankung stark mit Sekret verkrustet, sollten Sie den Lebendimpfstoff intratracheal injizieren:
  - Dazu fixieren Sie den Kopf wie bei der intranasalen Impfung und fassen in der Mitte des Halses die Trachea zwischen Daumen und Zeigefinger.
  - Stechen Sie dann mit einer Kanüle (1,2 x 40 mm) genau zwischen zwei Trachealringe.
  - Aspirieren Sie kurz Luft zur Kontrolle der richtigen Lage und injizieren Sie dann die 2 ml Impfstoff intratracheal.
- Nach der „Notimpfung“ müssen Sie den ganzen Bestand mit Lebendimpfstoff halbjährlich nachimpfen, allerdings kann dann der Impfstoff intramuskulär verabreicht werden.

Blauzungenkrankheit (BT)

- Erreger: Orbivirus, Familie der Reoviridae, bisher aufgetreten sind BTV-8, BTV-1 und BTV-6.
- Übertragung: durch Mücken der Gattung Culicoides. Weitere Möglichkeiten: Sperma infizierter Bullen und über kontaminierte Spritzen im Rahmen tierärztlicher Tätigkeiten.
- Inkubationszeit: 5–12 Tage.
- Maßnahmen: Der Bestand wird ab dem 3. Lebensmonat geimpft und nach 4 Wochen geboostert. Danach erfolgt jährlich die Nachimpfung.

Es handelt sich um eine anzeigepflichtige Tierseuche. Die Impfung muss in der HIT-Datenbank dokumentiert werden.

Bovine Virusdiarrhö (BVD)/Mucosal Disease (MD)

- Erreger: Bovines Virusdiarrhö-Virus (Pestivirus, Familie der Flaviviren).
- Übertragung: horizontal (von Tier zu Tier) oder vertikal (intrauterin); PI-Tiere (persistent infiziert)!
- Inkubationszeit: 2–3 Wochen.
- Für den Erregernachweis ist seit dem 1.1.2011 die Ohrstanzprobe gesetzlich vorgeschrieben. Dabei werden mittels der Ohrmarken, die für die Kennzeichnung von Kälbern verwendet werden, Stanzproben zur Untersuchung entnommen. Die Ohrmarken haben spezielle Stanzvorrichtungen, sodass beim Einziehen runde Gewebeproben aus dem Ohrgewebe anfallen, die der Landwirt dann in den dafür vorgesehenen Transportbehältern an das zuständige Untersuchungsamt weiterleiten muss. Dadurch entfallen in der Regel die bisher notwendigen Blutprobenuntersuchungen.
- Maßnahmen: Am 1.1.2011 trat die neueste BVD-Verordnung in Kraft. Werden bei den Untersuchungen Virämiker festgestellt, müssen diese unverzüglich getötet bzw. geschlachtet werden. Der Gesetzgeber lässt jedoch ausdrücklich Impfungen zu.

Impfungen sind sinnvoll in Betrieben mit hohem Einschleppungsrisiko, da dadurch das Schadensrisiko im Falle einer Einschleppung minimiert werden kann. Sobald bei den Kälbern positive Befunde mit den Ohrgewebeproben auftauchen, sollte der Bestand regelmäßig geimpft werden.
Es gibt von verschiedenen Herstellern inaktivierte Vakzinen und noch eine Lebendvakzine am Markt. Die Lebendvakzine verhält sich ähnlich wie das Feldvirus und kann die Plazentaschranke überwinden. Daher dürfen keine Rinder bis zum 4.

Trächtigkeitsmonat damit geimpft werden. Es ist ein zweistufiges Impfverfahren zugelassen, bei dem die erste Bestandsimpfung mit einem Totimpfstoff erfolgt und die zweite Impfung mit dem Lebendimpfstoff. Die Jungrinder müssen vor dem ersten Belegen im zweistufigen Verfahren geimpft werden.
Die Grundimmunisierung muss 10 Wochen vor dem ersten Belegen abgeschlossen sein. Nachimpfungen erfolgen jährlich, als Impfung des gesamten Bestandes oder jeweils vor der nächsten Trächtigkeit.

Trichophytie (Rinderflechte)

- Erreger: Trichophyton verrucosum.
- Übertragung: horizontal (von Tier zu Tier) oder über Vektoren (Menschen, Stalleinrichtung, Putzutensilien).
- Inkubationszeit: 1–5 Wochen.
- Prophylaxe: Impfung 2-mal im Abstand von 2 Wochen, sowohl erkrankte als auch gesunde Tiere.

Muttertierimpfung gegen Kälberdurchfälle (Rota- und Coronavirus)

- Erreger: Rotaviren und Coronaviren.
- Übertragung: orale Aufnahme, oft schon im Abkalbestall.
- Symptome: Neugeborenendurchfall in den ersten 2 Lebenswochen.
- Therapie: Ersatz der Flüssigkeits- und Elektrolytverluste, Zufuhr von Energie.
- Prophylaxe: Hygiene; Impfung der Muttertiere etwa 2–4 Wochen vor der Geburt. Es gibt verschiedene Kombinationsimpfstoffe im Handel, Lebend- und Totimpfstoffe. Es gibt einen One-shot-Impfstoff (z.B. Rotavec), die anderen Impfstoffe müssen bei der ersten Impfung 2-mal im Abstand von 4 Wochen eingesetzt werden, also 6 Wochen und 2 Wochen vor der Geburt. Die Nachimpfungen erfolgen nur einmal jährlich. Durch die Impfung der Muttertiere steigt der Gehalt an Antikörpern gegen die Erreger in der Kolostralmilch. Sie wirkt aber nur nachhaltig, wenn die Kälber früh und mindestens 10 Tage lang Kolostrum erhalten.

Impfungen gegen Rindergrippe (BRSV, PI3)

- Erreger: Virusinfektionen (BRSV, Parainfluenza 3, BHV-1, BVD, Coronavirus, Adenoviren, Rheo- und Rhinoviren); bakterielle Infektionen (Pasteurellen, Staphylokokken usw.); Infektionen mit Mykoplasmen.
- Übertragung: Tierkontakt, Tröpfcheninfektion, Atemluft (Aerosole).
- Inkubationszeit: je nach Erreger.

- Therapie: Verbesserung des Stallklimas, Antibiotika, Antiphlogistika (NSAID).
- Impfungen:
  – inaktivierte Kombinationsimpfstoffe (z.B. Bovigrip RSP plus) zur Impfung gesunder Jungrinder im Herbst, vor der erwarteten Rindergrippezeit, zwei Impfungen im Abstand von 4 Wochen,
  – Lebendimpfstoffe (z.B. Rispoval RS + Pi3) zur intranasalen Impfung. Schon wenige Tage nach der Impfung gibt es eine belastbare Immunität, daher eignet sich der Impfstoff auch zu Beginn eines Rindergrippeausbruchs als „Notimpfung".

Impfungen beim Schwein

Impfungen sind besonders in der Bestandsbetreuung von großer Wichtigkeit, da die Prophylaxe von Krankheiten einen besonderen Stellenwert einnimmt. Es gibt derzeit in der EU über 50 zugelassene Impfstoffe für Schweine. Allerdings bestehen für verschiedene Krankheiten Impfverbote (Europäische Schweinepest, Maul- und Klauenseuche, Aujezky-Krankheit). Dies betrifft die anzeigepflichtigen Tierseuchen. Weiterhin können zwei unterschiedliche Impfziele unterschieden werden. Sauen können mit dem Ziel geimpft werden, maternale Antikörper in möglichst hoher Zahl über das Kolostrum an ihre Ferkel abzugeben (sog. Mutterschutzimpfungen). Meistens werden Schweine (Sauen und Ferkel) jedoch geimpft, um eine Immunreaktion zu erzeugen, die durch eine aktive Immunisierung der Tiere einen Schutz vermittelt.
Im Folgenden sollen Krankheiten behandelt werden, die durch kommerzielle gängige Impfstoffe kontrolliert werden. Es besteht jedoch auch die Möglichkeit, einige bestandsspezifische Vakzine herstellen zu lassen.
Die im Folgenden beschriebenen Impfzeitpunkte können nur eine grobe Richtlinie sein. Die richtigen Impfkonzepte müssen auf die jeweilige Bestandssituation abgestimmt werden, um Interferenzen zu vermeiden.

Enzootische Pneumonie

- Erreger: Mycoplasma hyopneumoniae.
- Impfkonzepte: Es können entweder One-shot- oder Two-shot-Impfstoffe eingesetzt werden. Eine One-shot-Impfung ist je nach Impfstoff in der 1.–3. Lebenswoche möglich. Two-shot-Impfstoffe werden meist in der 1. und 4. Lebenswoche geimpft.

Porcines Circovirus Typ 2 (PCV2)

- Erreger: Porcines Circovirus Typ 2.
- Impfkonzepte: Es besteht die Möglichkeit, die Sauen 5 und 2 Wochen vor der Geburt zu impfen, um die Ferkel im Sinne einer maternalen Schutzimpfung zu schützen. Dies kann auch zu einer Verbesserung der Fruchtbarkeitsparameter führen, da eine PCV2-Infektion zu Fertilitätsstörungen führen kann. Allerdings hat sich gezeigt, dass eine Impfung der Ferkel mit den zugelassenen One-shot-Impfstoffen einen längeren Schutz besonders bis zum Ende der Mast hervorruft. Die One-shot-Impfstoffe sollten nicht zu früh eingesetzt werden, um eine Interferenz mit maternalen Antikörpern zu vermeiden. Meist wird die Impfung ab dem 18. Lebenstag angestrebt.

Porcines Reproductive and Respiratory Syndrome (PRRS)

- Erreger: Porcines Reproductive and Respiratory Syndrome Virus.
- Impfkonzepte: Es können die Sauen, aber auch die Ferkel geimpft werden. Die Impfung der Sauen kann sowohl als Blockimpfung (gesamte Sauenherde) alle 4 Monate als auch reproduktionsorientiert durchgeführt werden (gerichtet nach der Abferkelung der Sau). Dabei werden die Sauen am 6. Tag nach der Abferkelung und am 60. Trächtigkeitstag geimpft. Allerdings setzt sich weltweit immer mehr die viermonatige Blockimpfung durch, da sie eine uniforme Immunität in der Sauenherde hinterlässt.

Parvovirus-Infektion

- Erreger: Porcines Parvovirus.
- Impfkonzept: Auch hier gibt es die Möglichkeit, sowohl im Sinne einer Blockimpfung (spätestens alle 5–6 Monate) als auch reproduktionsorientiert in der 2. Säugewoche zu impfen. Meist werden Kombinationsimpfstoffe gegen das Parvovirus und den Rotlauferreger eingesetzt.

Rotlauf

- Erreger: Erysipleotrix rhusiopathiae.
- Impfkonzepte: Hier gibt es ebenfalls die Möglichkeit, sowohl im Sinne einer Blockimpfung (spätestens alle 5–6 Monate) als auch reproduktionsorientiert in der zweiten Säugewoche zu impfen. Meist werden hier Kombinationsimpfstoffe gegen das Parvovirus und den Erreger des Rotlaufes eingesetzt.

Infektionen mit Influenzaviren

- Erreger: Influenzaviren vom Typ A, H1N1, H3N2, H1N2.
- Impfkonzepte: Auch hier wird immer häufiger eine terminorientierte Impfung durchgeführt und die ganze Sauenherde gleichzeitig geimpft, was durch die verbesserte Verträglichkeit der neueren Impfstoffe möglich ist.

E.-coli-Durchfälle bei Saugferkeln

- Erreger: E. coli (müssen sowohl die Fähigkeit zur Bildung von Toxinen als auch zur Ausbildung von Fimbrien besitzen).
- Impfkonzepte: Hier steht der Schutz der Saugferkel durch im Kolostrum übertragene Antikörper im Vordergrund. Meist werden die Sauen 5 und 2 Wochen vor der Geburt der Ferkel geimpft. Es können sowohl kommerzielle als auch bestandsspezifische Impfstoffe eingesetzt werden. Es werden häufig Kombinationsimpfstoffe gegen E. coli und Clostridium perfringens Typ C eingesetzt.

Clostridiendurchfälle bei Saugferkeln

- Erreger: Es können Infektionen mit Clostridium perfringens Typ C als auch mit Clostridium perfringens Typ A unterschieden werden.
- Impfkonzepte: Die Impfzeitpunkte sind dieselben wie bei E. coli: 5 und 2 Wochen vor der Geburt der Ferkel. Im Falle von Infektionen mit Clostridium perfringens Typ C können kommerzielle Impfstoffe eingesetzt werden. Bisher konnten im Falle von Infektionen mit Clostridium perfringens Typ A nur bestandsspezifische Impfstoffe eingesetzt werden, kommerzielle Toxoidimpfstoffe sind aber im Zulassungsverfahren.

Actinobacillose

- Erreger: Actinobacillus pleuropneumoniae.
- Impfkonzepte: Es kommen Two-shot-Impfstoffe zur Anwendung. Durch die lange Persistenz maternal übertragener Antikörper müssen die Ferkel später als üblich geimpft werden. So erfolgt hier meist eine Impfung in der 6. und 10. Lebenswoche.

Glässer-Krankheit

- Erreger: Haemophilus parasuis.
- Impfkonzepte: In Deutschland sind zwei kommerzielle Two-shot-Impfstoffe zugelassen (Kombinationsimpfstoff Mycoplasma hyopneumoniae und Haemophilus parasuis, 1. und 3. Lebenswoche, bzw. Haemophilus-parasuis-Impfstoff, 5. und 7. Lebenswoche). Bei sehr frühen Erkrankungen ist auch eine Mutterschutzimpfung vor der Geburt möglich und es können auch bestandsspezifische Impfstoffe hergestellt werden.

Rhinitis atrophicans

- Erreger: toxinbildende Pasteurella-multocida-Stämme.
- Impfkonzepte: Die Vakzine wird im Sinne einer Mutterschutzvakzine 2-mal im Abstand von 2–3 Wochen, also meist 5 und 2 Wochen vor der Geburt, eingesetzt. Eine Impfung der Ferkel ist nur im Ausnahmefall sinnvoll.

Impfungen beim Schaf

Clostridien

- Erreger: Clostridium perfringens, septicum, chauvoei, novyi, sordellii.
- Symptome: plötzliche Todesfälle, ZNS-Symptome, Durchfälle, Tetanie, Wundemphyseme.
- Therapie: Fütterungsfehler abstellen, hochdosierte Antibiose, Wundtoilette.
- Prophylaxe: Impfung der Mutter, aktive Impfung ab 3. Woche; plötzliche Futterwechsel vermeiden.

Pasteurellen

- Erreger: Pasteurella trehalosi, hämolytica.
- Symptome: plötzliche Todesfälle, Bronchopneumonien, Kümmern.
- Therapie: Antibiotika, Antiphlogistika.
- Prophylaxe: Impfung der Mütter, aktive Impfung ab der 3. Woche; Stallklima verbessern.

Blauzungenkrankheit (BT)

- Erreger: s. Rind.
- Übertragung: s. Rind.
- Inkubationszeit: 2–15 Tage.
- Symptome: 6–8 Tage anhaltendes Fieber und Hyperämie der Kopfschleimhäute. Ödeme an Lippen, Augenlidern und Ohren sowie Zyanose am Maul, v.a. an der Zunge. Später Schleimhauterosionen und -geschwüre mit schaumigem Speichelfluss, Nasenausfluss und Atembeschwerden, Lahmheiten durch Kronsaumentzündungen, evtl. Aborte oder Geburt missgebildeter Lämmer (Differenzialdiagnose Blauzungenkrankheit: Photodermatitis, Lippengrind).
- Prophylaxe: ab dem 3. Lebensmonat einmalige Impfung, danach jährlich wiederholen.

Moderhinke

- Erreger: multifaktorielle Infektion mit Dichelobacter nodosus und Fusobacterium necrophorum.
- Übertragung: direkt über infizierte Tiere oder über lebende Erreger in der Außenwelt bis zu 4 Wochen.
- Inkubation: Tage–Wochen.
- Symptome: Schmerzen, Mazeration und Entzündung der interdigitalen Haut, Lahmheit, Unterminierung der Hornsubstanz, süßlich-faulig riechendes Exsudat; dadurch geringere Gewichtszunahmen/Gewichtsverlust und kleinerer Wollertrag.
- Therapie: Klauenpflege, -bader (z.B. Zinksulphat Golden Hoof), Antibiotika lokal oder systemisch, Verbesserung der Haltungsbedingungen (trocken).
- Impfung: Grundimmunisierung 2-mal im Abstand von 4 Wochen, Wiederholungsimpfungen nach 6 Monaten bis 1 Jahr. Bei geimpften Tieren ist die Moderhinke von kürzerer Dauer und weniger invasiv und befällt weniger Gliedmaßen.

Impfungen bei der Ziege

Tetanus

- Erreger: Clostridium tetani.
- Übertragung: Der Keim kommt ubiquitär vor, d.h. der Erdboden bildet das Erregerreservoir und die Infektionsquelle, weil die Sporen dort über Jahre erhalten bleiben. Sie dringen über Verletzungen der Haut ein und vermehren sich in dem dort herrschenden anaeroben Milieu.
- Inkubation: 10–15 Tage bis mehrere Wochen.
- Symptome: unkontrollierbare Spasmen der Skelettmuskulatur ausgehend von Kopf und Hals, Kau- und Schluckbeschwerden. Die Tiere stürzen und zeigen Opisthotonus. Die Mortalität beträgt rund 80%, bei Heilung mehrwöchige Rekonvaleszenzzeit ohne Ausbildung einer Immunität.
- Therapie: Antibiotika, Tetanusserum, evtl. künstliche Ernährung in Sedation bzw. Narkose.
- Prophylaxe: zweimalige Grundimmunisierung im Abstand von 4 Wochen, danach jährliche Wiederholung.

Q-Fieber

- Erreger: Coxiella burnetii.
- Symptome: Muttertier unauffällig, Aborte und lebensschwache Lämmer. Es handelt sich um eine Zoonose!
- Therapie: keine; Tetrazykline verhindern die oft vergesellschafteten Chlamydienaborte.
- Prophylaxe: Impfung, Grundimmunisierung 2-mal im Abstand von 3 Wochen für nicht trächtige Tiere.

> Weitere Impfungen für Ziegen beruhen auf einer Umwidmung der für Schafe vorgesehenen Impfstoffe. Der Clostridienimpfschutz ist bei Ziegen weniger belastbar als bei den Schafen.

6.2 Ektoparasiten

Sicherlich haben Ektoparasiten bei Großtieren nicht den gleichen Stellenwert wie beim Kleintier. Dennoch kommt ihnen auch hier eine gewisse Bedeutung zu, nämlich dann, wenn die Tiere in ihrem Allgemeinbefinden so stark beeinträchtigt werden, dass sie aufgrund von Juckreiz, Nervosität oder Blutverlust Leistungseinbußen aufweisen. Auch sind manche Ektoparasiten potenzielle Infektionsüberträger, weswegen ein Befall aus Prophylaxegründen verhindert werden sollte.

Ektoparasiten des Rindes

- **Fliegen und Stechinsekten:** Gerade im Sommer fallen oft ganze Heerscharen von Fliegen und Mücken über die Rinder her. Die Folgen sind Unruhe, ununterbrochenes Schwanzschlagen und ständige Fluchtbewegungen. Allein dadurch können Milchleistung und Gewichtszunahme niedriger ausfallen. Doch Ektoparasiten stören nicht nur, sie können auch Krankheiten übertragen, wie Sommermastitis, Weidekeratitis oder Blauzungenkrankheit.
  Zur Behandlung und Abwehr von Fliegen und Stechinsekten auf der Weide sind Ohrclips gebräuchlich, die den Wirkstoff Permethrin enthalten. Die Ohrclips müssen so angebracht sein, dass sie lang am Ohr herunterhängen und nicht in der Ohrmuschel verborgen sind, damit der Wirk-

Ektoparasiten des Schafes

Die Wolle der Schafe stellt heutzutage zwar nicht mehr den wirtschaftlichen Wert von einst dar, dennoch ist der Befall mit Ektoparasiten auch beim Schaf ein Grund für Mindererträge bei Wolle und Fleisch. Im Extremfall kann er sogar zum Verlust der Tiere führen. Besonders häufig sind dabei Haarlinge, Milben, Zecken, Läuse und Schaflausfliegen anzutreffen.

- **Haarlinge:** Sie ernähren sich von Schuppen und verursachen großen Juckreiz. Die Tiere zupfen an der Wolle, die streifenförmig am Körper herunterhängt (verzopft).
- **Milben:** Die häufigste Milbenart beim Schaf sind Chorioptes-Milben, die Erreger der Fußräude. Die Körperräude (Psoroptes ovis) ist seltener geworden, bleibt aber sehr infektiös innerhalb einer Herde und auch für benachbarte Herden. Die Fußräude wird entweder lokal (zweimaliges Baden mit z.B. Sebacil im Abstand von 8–10 Tagen) oder kombiniert lokal plus Ivermectin-Injektion behandelt.
- **Zecken:** Zecken sind nicht nur als Parasiten, sondern auch als Überträger diverser Infektionskrankheiten zu beachten. In Europa findet sich v.a. die Zeckenart Dermacentor marginatus, die bei der Übertragung von Q-Fieber eine wichtige Rolle spielt. Zum massenhaften Auftreten des Parasiten kommt es nur in Gebieten mit dichter Schafhaltung. Da diese Zeckenart bestimmte Ansprüche an Temperatur und Feuchtigkeit stellt, kommt sie in Deutschland nur in den warmen Klimagebieten an Rhein und Main und deren Seitentälern vor.
- **Schaflausfliege:** Besonders betroffen sind die Schafe im Winter in feuchten Ställen. Die Fliege saugt Blut und führt zu starkem Juckreiz, Rückgang der Futteraufnahme und Abmagerung. Bei Lämmern sind bei starkem Befall auch Todesfälle möglich.
- **Fliegenmaden:** Wie in der Rinderhaltung auch, sind Fliegen im Sommer in der Schafhaltung ein Problem. Bei jeder Art von Verletzung setzen sich schnell Maden ins Gewebe und können das Tier ggf. von innen auffressen. Seit ein paar Jahren gibt es jedoch auch Fliegenmaden, die nicht erst eine Verletzung als Eintrittsstelle brauchen. Ein bestimmtes Larvenstadium der „Goldfliege“ (Lucilia sericata) kann sich selbst eine Verletzung ins Gewebe fressen und dann kreisrund weiter nagen. Die Made braucht ein feuchtes Milieu, um sich bis zu diesem Stadium zu entwickeln. Deshalb tritt der Befall meist bei nicht geschorenen Schafen auf, die schwitzen, oder bei wohlgenährten Tieren, bei denen nach einem Regenschauer das Wasser auf dem Rücken steht. Dies muss aber nicht die Regel sein!

Für einige Betriebe kann dies so zu einem großen Herdenproblem werden. Am besten beseitigt man das feuchte Milieu, indem man die Schafe schert. Leider bringt aber auch das nicht immer den einschlägigen Erfolg. Prophylaktisch kann man z.B. Butox pour on anwenden. Bei Madenbefall muss man die betroffenen Stellen mit desinfizierenden Mitteln auswaschen und die Maden herausspülen.

Behandlung

Die Bekämpfung von Ektoparasiten leistet einen entscheidenden Beitrag zur Rentabilitätsverbesserung in der Schafhaltung. In der Praxis wird mindestens einmal jährlich eine Routinebehandlung durchgeführt (mindestens 2-mal im Abstand von 8–10 Tagen; bei Bedarf häufiger). Es haben sich Wasch-, Sprüh- oder Tauchbehandlungen bewährt. Dabei sollte stets die gesamte Herde behandelt werden. Der günstigste Zeitpunkt für die Behandlung ist erfahrungsgemäß 1–2 Wochen nach der Schur, wenn die Schurwunden verheilt sind. Dabei ist auf gründliche Benetzung/Durchfeuchtung der gesamten Körperoberfläche einschließlich des Kopfes zu achten. Die Behandlung der Schafe sollte dabei immer im Zusammenhang mit der Desinfektion der Transportfahrzeuge, Stallgeräte und -einrichtungen einhergehen. Zur Anwendung kommen z.B. Präparate mit Wirkstoffen wie Ivermectin oder Phoxim.

Ektoparasiten der Ziege

Während der Weidesaison können **Mücken** und **Fliegen** ein erhebliches Problem darstellen. Sie verursachen Unruhe und Juckreiz und können im schlimmsten Fall auch Krankheiten übertragen. Die folgenden Ektoparasiten werden hauptsächlich von Herbst bis Frühjahr festgestellt.

- **Haarlinge:** Hierbei handelt es sich um 1–2 mm große Insekten, die meist an Hals und Rücken sitzen. Sie ernähren sich von Hautschuppen und verursachen Juckreiz. Die Übertragung findet direkt von Tier zu Tier statt.
- **Läuse** sind 2–3 mm große Insekten, die am ganzen Körper gefunden werden und durch ihr Blutsaugen Juckreiz und Ekzeme auslösen können. Die Ansteckung erfolgt über direkten Kontakt oder über Geräte.
- **Milben:** Haarbalgmilben sitzen an den Haarwurzeln und verursachen Haarausfall, Schuppen- und Pustelbildung ohne Juckreiz. Betroffen sind v.a. geschwächte Tiere, die sich direkt anstecken. Räudemilben sitzen in und auf der Haut und lösen Juckreiz mit Hautveränderungen und Haarausfall aus. Die Ansteckung erfolgt direkt oder indirekt.

- **Zecken:** Durch den Akt des Blutsaugens entstehen möglicherweise bakteriell infizierte Wunden, aber es besteht darüber hinaus auch hier die Gefahr einer Übertragung von Krankheitskeimen. Zecken lauern ihren Wirten in Grasweiden, Buschgebieten und Waldrandgebieten auf und „springen" sie an, wenn ihre Wärmesensoren die Körperwärme der potenziellen Wirte orten.

Behandlung

Die Bekämpfung wird nach dem gleichen Prinzip durchgeführt wie bei Schafen, mit Bade-, Wasch- und Sprühbehandlung alle 8 Tage bis zum Erreichen der Parasitenfreiheit. Sehr zu empfehlen ist ein gelegentliches Bürsten der Tiere. Dies schränkt den Parasitenbefall ein und hilft, einen Befall frühzeitig zu erkennen. Es ist zudem gut für die Durchblutung und schützt vor Verfilzung des Haarkleides.

6.3 Endoparasiten

Endoparasiten leben im Inneren des Wirtes. Sie besiedeln Hohlräume, Epithelien, das Blut oder auch das Gewebe verschiedener Organe. Aufgrund ihres artspezifischen Entwicklungszyklus können Endoparasiten verschiedene innere Organe schädigen (Blutgefäße, Lunge, Leber, Magen-Darm-Trakt). Hierbei sind leichte Irritationen bis hin zu schweren Organschädigungen möglich, die sogar den Tod des Wirtes nach sich ziehen können. Äußere Anzeichen eines Endoparasitenbefalls sind zumeist nur schwach oder gar nicht zu erkennen. Es kann durchaus bereits zu einem gefährlichen Befall eines Tieres gekommen sein, obwohl es äußerlich gesund erscheint.

Wenn es zu äußeren Erscheinungen kommt, findet man generell folgende Symptome:

- stumpfes Haarkleid,
- Abmagerung,
- Blähbauch,
- Kümmern bzw. Wachstumshemmung,
- Husten und/oder Nasenausfluss,
- Durchfall.

Endoparasiten des Rindes

Die saisonale Weidehaltung von Rindern hat für Landwirte verschiedene Vorteile gegenüber der ganzjährigen Stallhaltung. Unter anderem wirkt sie sich positiv auf die Fortpflanzung und die Klauengesundheit der Tiere sowie auf die Zusammensetzung der Fettsäuren im Fleisch aus. Auch im Hinblick auf eine tiergerechte Haltung ist die Weide- der Stallhaltung vorzuziehen.
Einer der wesentlichen Nachteile der Weidehaltung ist jedoch das hohe Risiko eines Parasitenbefalls der Tiere. Besonders bei Jungrindern kann sich der Befall mit Parasiten, je nachdem, wie massiv dieser ist, auch auf die spätere Lebensleistung des Tieres auswirken. Bei Kälbern in der ersten Weidesaison treten die akuten Erkrankungen verbunden mit Durchfällen und verminderter Gewichtszunahme, Husten und Dyspnoe besonders auffällig in Erscheinung.
Hingegen führt ein Parasitenbefall bei älteren Rindern, sofern es dazu durch die in der Regel nach zwei Weideperioden genügend ausgebildete Immunität der Tiere überhaupt kommt, nur zu einer vorübergehenden Leistungseinbuße.

Magen-Darm-Strongylidose (Trichostrongylidose)

Jungrinder sind für eine Infektion mit Magen-Darm-Strongyliden v.a. während ihrer ersten Weideperiode empfänglich.
Zur **Behandlung** stehen drei Wirkstoffgruppen zur Verfügung: makrozyklische Laktone, Benzimidazole und Imidazothiazole/Tetrahydropyrimidine. Sie stehen als Spot-on-Präparate zur Verfügung. Prophylaktisch wirken zusätzlich auch weidetechnische Maßnahmen:

- starke Kontamination vermeiden, z.B. Spätaustrieb von Kälbern,
- alternierende Weidehaltung, z.B. Rinder mit Pferden,
- wechselseitige oder gemeinsame Weidenutzung von empfindlichen und älteren bereits immunen Tieren,
- extensive Weidehaltung,
- Rotationsweiden.

Lungenwürmer (Dictyocaulus viviparus)

Der Lungenwurm (Männchen 3–4 cm lang, Weibchen 3–6 cm lang) schmarotzt in den Bronchien und in der Luftröhre v.a. bei Jungtieren und wird dort zur Ursache von Atemwegsverstopfungen, Ödemen, Überdehnungen, eines Zusammenfließens der Lungenbläschen (Emphysem) und – durch bakterielle Folgeinfektionen – von Lungenentzündungen. Die auffälligsten

Symptome des Lungenwurmbefalls sind Husten, erhöhte Atemfrequenz (Atemnot) und Fieber, evtl. begleitet von Gewichtsabnahmen und struppigem Fell.
Im Endstadium stehen die Tiere oft sägebockartig mit weit nach vorn-unten gestrecktem Kopf und schaumigem Maul da, wobei die Krankheit unbehandelt oft zum Tod führt.
Die Infektion erfolgt auf der Weide durch Aufnahme der mit dem Kot ausgeschiedenen Drittlarven. Diese durchdringen die Dünndarmschleimhaut, wandern mit dem Lymphstrom zum Herzen und von dort mit dem Blut in die Lungen.
Im Verlauf des Sommers wird das Ansteckungsrisiko auf den Weiden durch Anwachsen der Lungenwurmlarvenpopulation immer größer. Ab Juli nehmen die Krankheitssymptome deutlich zu. Im Herbst aufgenommene Larven gelangen nicht mehr zur Geschlechtsreife, sondern verharren in einer gehemmten Entwicklung (Hypobiose). Im darauf folgenden Frühjahr werden die inzwischen geschlechtsreifen Entwicklungsstadien zur Ursache neuer Weideverseuchung. Jungtiere, die noch keinen Kontakt mit dem Parasit hatten (Erstsömmerige), erkranken zuerst und am schwersten. In den letzten Jahren gibt es auch vermehrt Erkrankungen bei Milchkühen in der Laktation. Durch die regelmäßige Anwendung von Breitbandanthelminthika konnten die älteren Tiere keine ausreichende Prämunität entwickeln.
Der Nachweis erfolgt mittels Auswanderverfahren koproskopisch oder durch Serumdiagnose mittels ELISA oder „Dipstick".
Zur **Behandlung** stehen folgende Anthelminthika zur Verfügung: Fenbendazol, Ivermectin, Moxidectin und Oxfendazol. Auch hier haben sich weidetechnische Hygienemaßnahmen bewährt:

- Wahl eines möglichst späten Austriebtermins (nicht vor Mai/Juni),
- Mahdnutzung der Weide vor dem Austrieb,
- keine zu lange Weidedauer,
- Zufütterung auf der Weide.

Kokzidien (Eimeria spp.)

Die Ansteckung der Rinder, v.a. der Jungtiere unter 1 Jahr, erfolgt im Stall und auf der Weide oral durch Aufnahme der sporulierten Oozysten. Kennzeichnend ist, dass meist alle Rinder befallen sind, aber nur in einigen Betrieben und meist bei relativ wenigen Tieren Erkrankungen auftreten. Infektionsquellen sind kotverschmutzte Vektoren wie Wasser, Futter und

Einstreu sowie verunreinigte Tränkeplätze, Wände, Stalleinrichtungen und das Haarkleid der Tiere.

Symptome sind tiefe Dickdarmläsionen mit teilweise hämorrhagischen Enteritiden, die nicht selten chronisch-nicht-hämorrhagisch werden. Dabei treten schwere Durchfälle, Exsikkose und eine Störung des Allgemeinbefindens auf.

Der Nachweis erfolgt koproskopisch mittels Flotationsverfahren.

Zur **Behandlung** verwendet man Toltrazuril (z.B. Baycox) oder Diclazuril (z.B. Vecoxan).

Wichtig ist jedoch auch die Einhaltung einiger Hygienemaßnahmen, um die Kontamination mit hohen Oozystenzahlen zu verhindern:

- im Stall: Verringerung des Tierbesatzes, Reduktion der Umstallungshäufigkeit, regelmäßiger Einstreuwechsel, intensive Reinigung der Spaltenböden sowie thermische Desinfektion mit dem Hochdruck-Dampfstrahlgerät,
- auf der Weide: bei beginnender Jungtierkokkzidiose die Tiere sofort aufstallen.

Kryptosporidien

Kryptosporidien sind ebenfalls einzellige Darmparasiten, die die häufigsten Durchfallerreger beim Kalb sind. Sie lösen Durchfälle ab dem 2. Lebenstag bis zum Alter von 14 Tagen aus, oft gemeinsam mit anderen Durchfallerregern.

Die infektiösen Sporozyten werden oral aufgenommen, je unhygienischer und feuchter die Stallverhältnisse sind, umso mehr. Sie dringen in die Darmschleimhaut des Dünndarms ein und machen dort ihren Entwicklungszyklus durch (Schizogonie – Gamogonie), bis dann Oozyten mit dem Kot ausgeschieden werden, aus denen sich in einigen Tagen die nächste infektiöse Sporozytengeneration bildet. Es kommt zu einer Störung der Flüssigkeits- und Natriumaufnahme im Darm und es entsteht der typische Durchfall. Wesentlich für das Krankheitsbild sind die Menge der Kryptosporidien und die gleichzeitige Infektion mit anderen Erregern. Der Durchfall ist wässrig, gelbgrün und später mit Blut- und Fibrinbeimengungen.

Im Kot können die Oozyten im gefärbten Ausstrich mikroskopisch nachgewiesen werden oder es kann ein immunochromatographischer Schnelltest (z.B. Fassisi BoDia) durchgeführt werden.

- **Prophylaxe:** Nur durch Hygiene, trockene Einstreu und eine gründliche Desinfektion kann die Zahl der ansteckungsfähigen Oozyten im Stall verringert werden.
- Die **Desinfektion** der Abkalbeställe und der Kälberboxen sollte folgende Schritte umfassen:
  - Reinigung mit Hochdruckreiniger,
  - Abtrocknung,
  - Desinfektion mit gegen Parasiten wirksamem Mittel auf Kresolbasis (z.B. Neoprednisan 135),
  - Einhaltung von Einwirkzeit und Temperatur,
  - zweiter Desinfektionsgang mit einem Mittel, das gegen Bakterien wirksam ist,
  - Stall oder Box einige Tage leer stehen lassen.
- **Metaphylaxe:** orale Eingabe von Halofuginon täglich vom 2. bis 8. Lebenstag (z.B. 8–12 ml Halocur je nach Lebendgewicht); nicht auf leeren Magen verabreichen und nicht überdosieren!

Großer Leberegel (Fasciola hepatica)

Er befällt neben allen Wiederkäuern auch Schweine, Pferde, Esel sowie Hasen und Kaninchen.
Die Diagnose wird koprologisch mittels Sedimentation gestellt. Möglich ist auch die Untersuchung mittels ELISA über die Blut- bzw. Milchuntersuchung.
Zur **Behandlung** werden Triclabendazol und Closantel eingesetzt. Jedoch sind die Mittel nicht für milchliefernde Tiere zugelassen. Besonderes Augenmerk sollte man hier auf die weidetechnischen Hygienemaßnahmen legen:

- Tiere von Teichen, Bächen, Wassergräben usw. fernhalten,
- Anlegen von Kunsttränken mit Betonboden.

Kleiner Leberegel (Dicrocoelium dendriticum)

Der kleine Leberegel kommt auch bei Schaf, Ziege, Wildkaninchen, heimischem Schalenwild sowie vereinzelt bei Pferd, Schwein und Hase vor.
Symptome sind v.a. Leberschwellung mit verdickten Gallengängen, Cholangitis, weißliche Punkte auf der Oberfläche, deutliche Vernarbung und Zirrhose mit Funktionsbeeinträchtigung der Leber.
Die Diagnostik erfolgt wie beim großen Leberegel durch Sedimentation bzw. ELISA.

Die **Behandlung** gestaltet sich etwas schwierig, weil sich viele Antiparasitika als unwirksam erweisen. Wirksam sind: Benzimidazole in 2- bis 3-facher Dosierung und Probenzimidazole, ebenfalls in höheren Dosen.
Weidetechnisch sollte man die Tiere nicht zu früh aus- bzw. zu spät eintreiben, um den Kontakt mit den Zwischenwirten zu vermeiden.

Rinderbandwurm (Moniezia spp.)
Sie sind meterlange, im Dünndarmlumen lebende Parasiten. Die Entwicklung verläuft über Moosmilben als Zwischenwirte, welche zyklisch mit dem Kot ausgeschieden werden. Ein negatives Untersuchungsergebnis ist somit äußerst unsicher.
Zur **Behandlung** eignet sich Praziquantel als reines Bandwurmmittel, daneben wirken auch Benzimidazole als Breitbandanthelminthika.
Eine weidetechnisch sinnvolle Möglichkeit wäre der jährliche Nutzungswechsel durch Pferde und Rinder.

Endoparasiten des Schweins

Äußerlich erkennt man einen Befall mit Endoparasiten an Gewichtsverlust, Kümmerwuchs, Durchfall, Husten, Infektionsanfälligkeit oder auch Unfruchtbarkeit. Bei der Schlachtung fallen die sog. Milk Spots auf der Leber ins Auge, die sie für die Lebensmittelindustrie unbrauchbar machen. Die durch Wurmbefall entstehenden Mastminderungen von z.T. über 50%, die dadurch notwendige Verlängerung der Mastperiode, Aufzuchtschwierigkeiten und Jungtierverluste führen zu erheblichen wirtschaftlichen Einbußen.

Wichtige Parasiten

Der **Spulwurm (Ascaris suum)** ist ein 30 cm langer, runder Wurm, der gelegentlich im Kot der Schweine zu finden ist. Er ist der wichtigste Parasit in der strohlosen Mastschweinehaltung.
Das Weibchen kann über 1,5 Millionen Eier mit dem Kot ausscheiden. Darin entwickeln sich in 5–6 Wochen Larven, die nach oraler Aufnahme im Dünndarm schlüpfen und von dort über die Pfortader in die Leber gelangen. Durch die Wanderung im Gewebe entstehen Milk Spots als bindegewebige Veränderungen. Von der Leber gelangen die Larven über den Blutstrom in die Lunge. Von dort werden sie mit dem Bronchialschleim zum Kehlkopf befördert, abgeschluckt und

siedeln sich dann im Dünndarm an. 8–9 Wochen nach der Infektion scheiden die nun adulten Würmer wieder Eier aus.
In der Gruppe der Magen-Darm-Strongyliden sind mehrere Parasiten zusammengefasst, deren Eier sich mikroskopisch kaum voneinander unterscheiden. Dazu gehören der 4–11 mm lange, fadenförmige **rote Magenwurm (Hyostrongylus rubidus)** und die 10–15 mm langen, weißlichen **Knötchenwürmer (Oesophagostomum spp.)**. Aus den im Kot ausgeschiedenen Eiern entwickeln sich Larven, die zunächst in der Schleimhaut des Verdauungsapparates parasitieren. Bei wiederholten Infektionen kann es zu Ruhestadien in der Schleimhaut kommen, die später, z.B. während der Laktation, aktiviert werden können. Adulte Würmer saugen Blut. Die Zeit von der Ansteckung bis zur Geschlechtsreife beträgt 17–40 Tage. Ein Befall mit Magen-Darm-Strongyliden findet sich v.a. bei Zuchtsauen, die auf der Weide gehalten werden.
Der haarfeine, 3–5 mm lange **Zwergfadenwurm (Strongyloides ransomi)** kommt v.a. im Darm von Saugferkeln vor. Dorthin können sie auf zwei Wegen gelangen: Aus den im Kot ausgeschiedenen Eiern schlüpfen Larven, die durch die Haut in die Ferkel eindringen. Auf dem Blutweg erreichen sie Lunge und Luftröhre, werden hochgehustet und abgeschluckt und siedeln sich im Dünndarm an.
Aber auch mit der Sauenmilch werden die Larven, die im Bauch- und Milchdrüsenfettgewebe infizierter Sauen eine Ruhephase bis zum Beginn der Säugezeit durchlaufen haben, gleich nach der Geburt auf die Ferkel übertragen.
Symptome sind Hautreaktionen, Lungenblutungen und Husten, v.a. jedoch der Durchfall, der in der 2. Lebenswoche beginnt und zu Anämie und Abmagerung der Ferkel führt.
Der **Lungenwurm (Metastrongylus)** spielt nur in der Freilandhaltung eine Rolle, da er den Regenwurm als Zwischenwirt benötigt. Die mit Larven infizierten Regenwürmer werden gefressen. Über den Blutkreislauf gelangen die Larven in die Lunge und Bronchien. Es kann zu Blutungen und Entzündungen mit Symptomen wie Husten und Kurzatmigkeit kommen.
Der Nachweis des Wurmbefalls erfolgt über das Flotationsverfahren.

Behandlung bei Wurmerkrankungen

Zuchtsauen werden entweder 2-mal jährlich in Form einer Bestandsbehandlung entwurmt (8–10 Tage lang mit Benzimidazolen bzw. mit Avermectine) oder es erfolgt eine Entwurmung der Sauen vor dem Einstallen in die Abferkelbox (einmalige Injektionsbehandlung mit Avermectine). Der Vorteil dieser Methode besteht darin, dass eine

Übertragung von Parasiten von der Sau auf die Ferkel verhindert werden kann, wenn der Termin richtig gewählt ist (3–5 Tage vor Einstallung).
Mastschweine sollten generell direkt nach der Einstallung in Form einer Langzeitentwurmung über mindestens 5 Tage behandelt werden. Eventuell sollte eine Nachbehandlung nach 5 Wochen erfolgen und wenn notwendig eine dritte Behandlung 4 Wochen vor der Schlachtung. Dabei kann auch ein Produktwechsel vorgenommen werden.
Ist bei Saugferkeln ein Zwergfadenwurmbefall nachgewiesen, sollte die Behandlung am 3. Lebenstag erfolgen. Geeignet sind Injektionen mit Levamisol (z.B. Citarin) oder Avermectine (z.B. Ivomec, Dectomax), evtl. Nachbehandlung am 6. und 14. Tag.

Kokzidien (Isospora suis)
Sie gelten als Auslöser für Durchfälle beim Saugferkel im Alter von 1–3 Wochen. Der wirtschaftliche Schaden ergibt sich aus dem gestörten Allgemeinbefinden und dem daraus resultierenden verzögerten Wachstum der betroffenen Würfe.
Zu Beginn ist der Kot noch pastös, später wässrig. Die Farbe kann von weiß, gelblich, grau bis braun variieren. Eventuell erbrechen die Ferkel zusätzlich.
Der Nachweis erfolgt über die Kotuntersuchung. Da die Ausscheidung der Oozysten nicht kontinuierlich stattfindet, empfiehlt es sich, mehrere Kotproben zu untersuchen. Dabei sollten mindestens 10 Würfe mit jeweils mindestens drei Proben pro Wurf untersucht werden. Um ganz sicher zu gehen, kann man ein frischtotes Ferkel untersuchen. Dazu muss der Verdauungstrakt innerhalb von Minuten fixiert werden, da sich das Darmepithel mit den Kokzidien sehr schnell zersetzt.
Zur **Behandlung** in Problembeständen hat sich die prophylaktische Gabe von Kokzidiostatika bewährt, etwa Toltrazuril (z.B. Baycox).

Endoparasiten des Schafes

Sie verursachen Verdauungsstörungen, Blutarmut, Durchfälle, führen zu Abmagerung und in schweren Fällen sogar zum Tod der Tiere.
Die Gefährdung hängt weitgehend von der Haltungsform ab, da Schafe auf Standweiden in der Deich- und Koppelschafhaltung ständig einer höheren Belastung ausgesetzt sind als extensiv gehaltene Tiere in der Wanderschaf- und Hüteschafhaltung.

Wichtige Endoparasiten

Häufig treten **Kokzidien** bei Lämmern ab der 2., typischerweise ab der 4. Lebenswoche auf. Die charakteristischen, von starkem Drängen begleiteten, plötzlich einsetzenden Durchfälle mit Todesfällen können ebenso auftreten wie auch nur Entwicklungsstörungen, die sich durch Minderzunahmen, struppige, stumpfe Wolle und häufiges Absetzen kleiner Mengen breiigen Kotes bei waagerecht abgehaltenem Schwanz äußern.

Zur Behandlung wird neben Hygienemaßnahmen einmalig oral der für Lämmer zugelassene Wirkstoff Diclazuril und Toltrazuril eingesetzt (z.B. Baycox oder Vecoxan).

Die Glieder der Bandwürmer können mit bloßem Auge im Kot festgestellt werden. Überwinternde Moosmilben dienen ihnen als Zwischenwirte. Symptome sind Verdauungsstörungen oder zentralnervöse Ausfälle durch sekundären Vitamin-B1-Mangel. Die Behandlung der Lämmer erfolgt grundsätzlich im Frühjahr gezielt vor dem Ausscheiden von Bandwurmgliedern. Meistens genügt eine einmalige orale Behandlung mit Praziquantel.

Der **gedrehte Magenwurm (Hämonchus contortus)**, ein rötlich-brauner Fadenwurm, wurde in jeder zweiten Kotprobe nachgewiesen. Für Betriebe mit Resistenzproblemen gibt es mit dem Monepantel einen neuen Wirkstoff gegen Magen-Darm-Rundwürmer (z.B. Zolvix).

Die **Zwergfadenwürmer (Strongyloides)** werden von den Lämmern in den Ablammboxen über die Haut oder die Muttermilch aufgenommen. Sie führen zu Atemwegsproblemen mit Husten, Durchfällen und mangelnder körperlicher Entwicklung. Bei säugenden Müttern wurden hochgradige Abmagerungen und teilweises Verenden festgestellt.

Allgemeine Symptome sind:

- schlechter Ernährungszustand mit stumpfer, glanzloser Wolle bei älteren Schafen und Entwicklungsstörungen bei Lämmern. Nach längerer Belastung erscheint das Vlies bei den Lämmern stark verschmutzt und dunkel und löst sich oft büschelweise. Die Tiere wirken aufgrund des Blutverlustes und der Stoffwechselprodukte der Parasiten müde. Todesfälle nehmen zu,
- blasse, porzellanfarbene Maulschleimhäute und Lidbindehäute als Ausdruck eines Blutentzuges von bis zu 160 ml pro Tag,
- bei einzelnen Schafen stellen sich Kehlgangsödeme ein: teigige, faustgroße Anschwellungen zwischen den Unterkieferästen, die sich bereits 2–3 Tage nach einer erfolgreichen Entwurmung zurückbilden,
- verminderte Fruchtbarkeit und Geburten von wenigen, häufig lebensschwachen Lämmern.

Der Nachweis gelingt nicht immer zuverlässig über Flotation bzw. Sedimentation von Kotproben, da die Ausscheidung schubweise stattfindet. Es sollen also grundsätzlich mindestens 5 Kotproben aus jeder Gruppe untersucht werden.

Behandlung (allgemein)

Zur Verbesserung der Entwurmungsmaßnahmen sollten Sie eine gewisse Strategie einhalten:

- Ab dem Mittag des Vortages der Behandlung sollte man die Schafe bei ausreichender Wasserversorgung nicht mehr füttern, morgens entwurmen und nachmittags wieder fressen lassen. Die dadurch längere Verweildauer oral verabreichter Präparate im Magen-Darm-Trakt verbessert deren Wirkung, da die Verminderung der wellenartigen Darmbewegungen die Einwirkzeit der Präparate auf die Parasiten verlängert.
- Etwa 10 Tage nach einer Behandlung wird eine Kontrolle des Behandlungserfolges durch erneute Untersuchung mehrerer Kotproben empfohlen.

> Ein großes Problem stellen beim Schaf die vorhandenen Resistenzen der Parasiten gegenüber vielen Medikamenten dar (z.B. gegen Benzimidazole). Gefördert werden sie durch Unterdosierungen oder inkonsequente Behandlungsmaßnahmen. Empfohlen werden jährliche Wechsel zwischen verschiedenen Wirkstoffgruppen – Benzimidazole, makrozyklische Laktone und Levamisol.

- Zukäufe sollten in Quarantäne entwurmt und kontrolliert werden.
- Am besten ist es, individuell und je nach Wurmbefall zu entwurmen. Da dies in der Praxis nur schwer realisierbar ist, sollten Sie Sammelkotproben einschicken, um die Wurmarten bestimmen zu lassen. In vielen Laboren wird nicht zwischen den verschiedenen Wurmeiern unterschieden und der Befall nur mit – oder + bis +++ angegeben. Wer die Möglichkeit hat, sollte jedoch die genauen Eier mit Stückzahl bestimmen lassen. So sind beim wichtigsten Magenwurm, Haemonchus contortus, erst sehr hohe Zahlen aussagekräftig (bei Schafen etwa ab 500, bei Lämmern etwa 1000). Bei Nematodirus hingegen sind schon wenige Eier alarmierend.
- Die Weiden, auf die nach der Entwurmung die Wurmeier ausgeschieden wurden, sollten über den Winter brach liegen und erst etwa im Juni des Folgejahres oder mit einem Schnitt Heu dazwischen wieder beweidet werden. Entgegen der landläufigen Meinung befindet sich die Hauptmenge an Larven nicht im Boden, sondern an der Vegetation. So hilft ein regelmäßiger Schnitt zusätzlich, die Wurmraten einzudämmen.

> Auch im Stall können die Tiere verwurmen. Moosmilben, die als Zwischenwirt der Bandwürmer dienen, halten sich im Heu 5 Monate und in Silage 4 Monate.

Endoparasiten der Ziege

Prinzipiell treten bei Ziegen die gleichen Endoparasiten auf wie bei den Schafen, jedoch ist die wirtschaftliche Tragweite bei ihnen nicht so ausgeprägt, zumindest nicht in der Hobbyhaltung. Die Parasitosen der Ziege sind jedoch therapeutisch schwerer zu bekämpfen. Große Probleme bestehen in der Entwurmung von Milchziegen insbesondere in der Ökohaltung (Wartezeiten!). Dennoch sollten auch hier die o.g. Maßnahmen gelten. Der Prophylaxe durch gezieltes Weidemanagement kommt dabei eine besondere Bedeutung zu.

- Überweidungen sollten vermieden werden. Im Idealfall werden die Weiden nicht mehr als 2-mal von Ziegen abgegrast.
- In der Zwischenzeit kann das Land durch Pferde und Rinder beweidet werden, nicht jedoch durch Schafe.
- Permanent schattige und feuchte Flächen sollten nur als Schnittfutterflächen genutzt werden.
- Es muss auf eine gute Stallhygiene geachtet werden.
- Neue Tiere werden vor ihrer Integration in die Herde entwurmt.
- Generell werden erkrankte Tiere auf der Weide separiert.
- Regelmäßige Kotanalysen verhindern Überraschungen und ermöglichen eine rasche Intervention mittels Entwurmung (Wirkstoffe wie bei Schafen, jedoch zum Teil Dosisverdopplung, aber nie bei Levamisol).

6.4 Euterentzündung (Mastitis)

Mastitis beim Rind

Die folgenden Punkte beziehen sich in erster Linie auf die Euterentzündung des Rindes.

Entzündliche Erkrankungen des Euters sind die häufigste Abgangsursache beim Rind. Daher ist es ein wichtiges Arbeitsgebiet in der Nutztierpraxis. Grundsätzlich besteht die Möglichkeit, dass Sie wegen eines erkrankten Einzeltieres zum Landwirt gerufen werden oder dass der Landwirt allgemein ein Mastitisproblem im Bestand hat bzw. er wegen zu hoher Zellzahlen in der Milch die Qualitätsanforderungen nicht mehr erfüllen kann. Wenn Sie wegen eines Einzeltiers gerufen werden, liegt in der Regel auch eine klinische Mastitis vor, also eine Euterentzündung, bei der Sie bei der klinischen Untersuchung Befunde erheben können. Die subklinische

Mastitis dagegen ist nur aufgrund der erhöhten Zellzahlen in der Milch oder aufgrund von bakteriologischen Untersuchungen im Labor zu diagnostizieren.
Da die klinische Mastitis häufig die Folge anderer Erkrankungen ist (z.B. Endometritis, Durchfall, Pansenacidose), ist es immer erforderlich, eine komplette klinische Untersuchung durchzuführen, auch wenn der Landwirt dies manchmal für nicht erforderlich hält (siehe Kap. 7.10).

Untersuchung (Einzeltier)

- Fragen Sie den Landwirt, ob das Tier schon mal eine Mastitis hatte. Schauen Sie sich auch in den Milchkontrollergebnissen der letzten Monate die Zellzahlverläufe an.
- Erkundigen Sie sich, ob das Tier in den letzten Tagen erkrankt war oder ob es eine Brunst hatte.
- Danach betrachten Sie das Euter von allen Seiten. Achten Sie dabei auf Größenunterschiede der Viertel, auf Verletzungen oder Hautnekrosen. Bewerten Sie die Sauberkeit des Euters.
- Tasten Sie das Euter mit beiden Händen durch und achten Sie besonders auf Knoten und Verhärtungen sowie auf eventuelle Ödeme. Die Euterlymphknoten können Sie oberhalb der Hinterviertel ertasten.
- Sehen Sie sich die Zitzen an und achten Sie auf Nekrosen an den Kuppen, Verletzungen, Bläschen oder Warzen. Bei Fehlern der Melktechnik oder -arbeit (Blindmelken) finden Sie häufig Keratosen an der Strichkanalöffnung. Rollen Sie die Zitze zwischen Daumen und Zeigefinger (Rollgriff), um dadurch Verletzungen oder Fremdkörper zu ertasten (Abb. 6.1 und Abb. 6.2).
- Melken Sie aus jedem Viertel etwas Milch in eine Schalm-Schale. Achten Sie auf Flocken, Farbe und die Konsistenz des Sekrets. Wenn Sie nicht sofort grobe Veränderungen sehen, führen Sie einen Schalm-Test durch (California-Mastitis-Test; Abb. 6.3).
- Zum Schluss entnehmen Sie aus jedem Viertel eine Milchprobe zur bakteriologischen Untersuchung. Wenn in dem Bestand die Mastitiserreger bekannt sind, müssen Sie nicht jede Mastitismilch bakteriologisch untersuchen. Bewahren Sie in diesem Fall aber die Probe im Kühlschrank auf und schicken Sie sie ins Labor, wenn am nächsten Tag keine Besserung durch die Therapie zu erkennen ist.

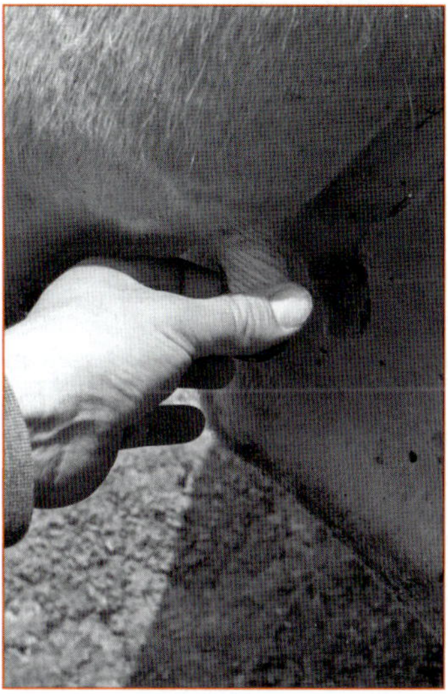

Abb. 6.1 Zitzenrollgriff.

Abb. 6.2 Zisternengriff.

Abb. 6.3 Schalm-Test.

Klinische Mastitis ohne gestörtes Allgemeinbefinden – Therapie ohne Erregernachweis

> Grundsätzlich müssen Sie, wenn Sie zu einer klinischen Mastitis gerufen werden, mit der Therapie beginnen, bevor Sie das bakteriologische Ergebnis haben. Daher ist es jetzt sinnvoll, die Therapie entsprechend der klinischen Einteilung der Mastitiden zu besprechen.

Eine klinische Mastitis kann sich aus einer subklinischen Mastitis entwickeln, z.B. nach Stress, Brunst oder Melkfehler, und sie kann jederzeit in eine chronische Form, d.h. in eine Form mit erhöhten Zellzahlen, übergehen. Die betroffenen Viertel sind meist vergrößert, schmerzhaft und die Haut ist verstärkt ödematisiert. Das Milchsekret enthält Flocken, hat aber farblich noch Milchcharakter.

Häufige Erreger dieser Mastitiden sind Staphylokokken, Streptokokken und seltener gramnegative Keime. Daher sollten zur ersten Therapie Medikamente ausgewählt werden, die bei der parenteralen Applikation gut die Blut-Euter-Schranke überwinden und die gut gegen grampositive Erreger wirken. Zur parenteralen Behandlung eigen sich Makrolidantibiotika, z.B. Tylosin, Erythromycin, Spiramycin oder „Ingel-Mamyzin“ (Penethamathydrojodid). Zur intrazisternalen Behandlung eignen sich Penicilline und Cephalosporine.

- Bevor Sie eine Therapie beginnen, müssen Sie mit dem Landwirt abklären, ob sie auch wirtschaftlich sinnvoll ist. Hat die Kuh in einer Laktation schon mehrmals eine Euterentzündung gehabt? Sind die Zellzahlen schon lange hoch? Ist das Viertel deshalb schon verhärtet mit Knoten und Strängen? Ist die Kuh tragend und wenn ja, wie lange? Kann man sie schon trockenstellen und dann behandeln? Ist sie nicht tragend und die Milchleistung niedrig? Erst nach gründlicher Anamnese und Abwägung erfolgt die Entscheidung:
  - Behandlung in der Laktation,
  - Behandlung in der (vorgezogenen) Trockenstehzeit,
  - Ausmerzen/Schlachtung.
- Behandeln Sie die erkrankten Viertel fünf Tage lang zu jeder Melkzeit antibiotisch (intrazisternal). Lassen Sie dazu die Kuh gut fixieren.
- Benutzen Sie Handschuhe. Reinigen und desinfizieren Sie die Zitzenkuppen sorgfältig mit den jedem Eutermedikament beigelegten Alkoholtüchern.

Die intrazisternale Nachbehandlung wird in der Regel vom Landwirt oder vom Melkpersonal durchgeführt. Dabei wird leider häufig nicht die notwendige hygienische Sorgfalt aufgebracht. Gehen Sie deshalb mit gutem Beispiel voran, wenn Sie Medikamente intrazisternal applizieren.

- Führen Sie den Euterinjektor auch nur mit der Spitze in den Strichkanal ein und massieren Sie das Medikament in das Drüsengewebe hoch.

Der Einsatz von Antiphlogistika ist bei Mastitiden ohne gestörtes Allgemeinbefinden nur dann sinnvoll, wenn die erkrankten Viertel akut verhärtet sind.

- Dokumentieren Sie die Behandlung ausführlich, besonders im Hinblick auf die Wartezeiten für die Milchablieferung (Ohrmarke, Datum, Medikament, Wartezeit).

Nutzen Sie als Anfänger jede Möglichkeit, den Therapieerfolg bzw. -misserfolg zu überprüfen. Nur so werden Sie Erfahrungen sammeln. Ändern Sie Ihre Therapien und probieren Sie neue Varianten aus.

Übersicht zum Vorgehen bei klinischer Mastitis
- gründliche Anamnese, Überprüfen der Wirtschaftlichkeit der Behandlung,
- Allgemeinuntersuchung der Kuh,
- Euteruntersuchung,
- Einzelgemelksproben,
- parenterale Antibiose/Antiphlogistika,
- intrazisternale Antibiose,
- Anweisung zur Nachbehandlung,
- Dokumentation,
- Nachkontrolle.

Subklinische Mastitiden – Therapie und Vorbeugung nach Erregernachweis
Der Anteil subklinischer Mastitiden liegt bei über 90%, die Euterentzündungen sind nur über die erhöhten Zellzahlen zu diagnostizieren. Es besteht kein sofortiger Handlungsbedarf, sodass Sie mit der Therapie warten können, bis das bakteriologische Untersuchungsergebnis da ist.
Ab welcher Zellzahl in der Milch eine Mastitis vorliegt, ist nicht in einem Satz zu beantworten. In den Zellzahlberichten der Landeskontrollverbände

werden Zellzahlen von über 100.000 bei Tieren in der 1. Laktation und Zellzahlen über 200.000 bei Kühen ab der 2. Laktation als verdächtig und auffällig gekennzeichnet.

Ein Einzeltier ist eutergesund, wenn der Zellgehalt unter 100.000 Zellen/ml liegt, das Sekret nicht sichtbar verändert ist, im Eutergewebe keine Veränderungen fühlbar sind und bakteriologisch kein Mastitiserreger nachgewiesen wird.

Wenn Sie einen Erregernachweis aus der bakteriologischen Milchsekretuntersuchung haben, können Sie die Therapie gezielt den entsprechenden Erregern anpassen. Es gibt kontagiöse Mastitiserreger, die überwiegend während der Melkzeiten übertragen werden, z.B. Staphylococcus aureus oder Streptococcus agalactiae, und sog. umweltassoziierte Keime, wie Streptococcus uberis, und koliforme Keime, die in den Melkzeiten übertragen werden.

Staphylococcus aureus ist bei der bakteriologischen Untersuchung nicht immer sicher nachweisbar, sodass bei Kühen trotz hohen Zellgehalts an manchen Tagen kein Mastitiserreger nachgewiesen wird. Die Therapie dieses Erregers ist wegen seiner Fähigkeit, sich im Narbengewebe und in Abwehrzellen abzukapseln, schwierig und der Behandlungserfolg in der Laktation liegt unter 30%. Nur bei frischen Infektionen und bei erstlaktierenden jungen Tieren sind die Ergebnisse besser. Zudem gibt es Stämme, die gegen Penicillin resistent sind.
Als Erreger bei chronischen subklinischen Mastitiden ergeben sich für Streptococcus uberis ähnliche Therapieprobleme wie für Staphylococcus aureus. Die Unterschiede zwischen den beiden Erregergruppen werden somit zunehmend fließend.

Bei Staphylococcus aureus als Problemkeim im Bestand hat sich folgendes Sanierungskonzept bewährt:

- Ermittlung der auf Staphylococcus aureus positiv getesteten Kühe, z.B. durch mehrmalige Beprobung und Beobachtung der Zellzahlentwicklung.
- Mögliche Hinweise auf eine Staphylococcus-aureus-Infektion sind eine sehr hohe Zellzahl in der MLP-Messung sowie sog. „JoJo"-Kühe (Kühe mit stark schwankender Zellzahl).

Infizierte Kühe sollten möglichst zum Schluss gemolken werden, um die Ansteckung der anderen Kühe zu verhindern. Eine dauerhafte Kennzeichnung, z.B. mit einem farbigen Fesselband, hat sich sehr bewährt.

- Nach dem Melken sollten Sie die Zitzen grundsätzlich mit einem jodhaltigen Präparat dippen.
- Stellen Sie Problemkühe antibiotisch trocken.

Knoten und sonstige Verhärtungen im Eutergewebe sowie eine bestehende Infektion mit Staphylococcus aureus auf allen 4 Eutervierteln vermindern die Heilungschancen deutlich, sodass solche Tiere gemerzt werden sollten. Auch Infektionen bei älteren Kühen, die schon über mehrere Laktationen bestehen, haben kaum noch Heilungschancen.

Faktoren, die die Widerstandskraft gegenüber umwelt-assoziierten Keimen schwächen

- Zitzenschädigungen durch Fehler bei der Melkarbeit und Melkhygiene,
- hoher Keimdruck durch schlechtes Stallklima und feuchte, unsaubere Liegeboxen,
- Fütterungsfehler,
- Stress (Überbelegung, Klauenleiden),
- Ausmerzung chronisch kranker Tiere, weil sie den Infektionsdruck auf gesunde erhöhen,
- Abstellen der Mängel, die die Widerstandskraft der Kühe beeinträchtigen, ist entscheidend, nicht die antibiotische Behandlung!

Therapie in der Laktation (nur bei Flocken in der Milch, Färsen und akut fiebernden Tiere)

- Beachten Sie, welche Antibiotika laut Resistenztest wirksam sind.
- Behandeln Sie 2–3 Tage lang parenteral mit eutergängigen Antibiotika (Tylan, Gyrasehemmer) und 5–7 Tage lang die infizierten Viertel intrazisternal.

Eine längere Therapie ist zwar teurer, hat aber gerade bei Staphylococcus aureus einen höheren Erfolg. Gut bewährt hat sich die Behandlung mit Tylosin (i.m.) und mit Cephalosporinen oder Amoxicillin intrazisternal.

Therapie in der Trockenstehzeit

In der Trockenstehzeit ist die Therapie Erfolg versprechender.

- Geben Sie am letzten Melktag in jedes Viertel ein laut Resistenztest wirksames Antibiotikum.

- Kontrollieren Sie das Euter eine Woche später erneut. Wenn Flocken im Sekret sind, wird die Behandlung zweimal wiederholt. Andernfalls geben Sie einen Trockensteller ins Euter.
- Kurz vor der Kalbung sollten Sie erneut parenteral und intrazisternal kombiniert behandeln, denn zu diesem Zeitpunkt kommt es häufig zu einer erneuten Vermehrung der Staphylokokken. Das Euter sollte bei dieser Behandlung nur ausgemolken werden, wenn schon Flocken sichtbar sind.

Trockenstellen

Die Bedeutung der Trockenstehphase im Verlauf der Laktation wird häufig unterschätzt. Weithin verbreitet ist nach wie vor die Einstellung, dass trockengestellte Kühe weniger Aufmerksamkeit verdienen, da sie nicht produktiv sind und keine Milch geben. Tatsächlich jedoch ist die Trockenstehphase eine der wichtigsten Laktationsphasen. Hier können die meisten Fehler gemacht werden.

Gründe für die Behandlung subklinischer Mastitiden während des Trockenstehens

- kein Produktionsstress,
- lange Einwirkzeit (6–10 Wochen),
- kein Ausspüleffekt,
- behandelte Oberfläche ist kleiner,
- kein Milchgeldverlust durch Wartezeit,
- höhere Heilungsraten als während der Laktation.

- Überprüfen Sie mithilfe der Daten des Landeskontrollverbandes (LKV) oder mit einem Schalm-Test, ob die Kuh in der letzten Laktation erhöhte Zellzahlen aufwies (über 200.000). Ist das der Fall, müssen Sie zuerst eine Mastitisbehandlung durchführen. Dies kann in Form einer einmaligen oder mehrmaligen Verabreichung eines Kurzzeitantibiotikums am letzten Melktag geschehen.
- Ist das Euter gesund bzw. behandelt, kann die Kuh trockengestellt werden. Das Melken wird vollständig eingestellt (nicht nur jede 2. Melkzeit!), da sich sonst kein Innendruck im Euter aufbaut und damit die Milchproduktion zur Ruhe kommt. Das zuletzt verabreichte Kurzzeitantibiotikum bleibt im Euterviertel.

Die neue Laktation beginnt beim Trockenstellen.

- Werden Kühe trockengestellt, die täglich noch über 10 l Milch geben und keinen guten Zitzenverschluss haben, kann es sein, dass in den ersten Tagen Milch aus dem Euter austritt und damit auch ein Teil des antibiotischen Trockenstellers ausgeschieden wird. Bei diesen Tieren kann es günstiger sein, erst eine Woche nach der letzten Melkzeit den Trockensteller in die Viertel zu geben.
- Zusätzlich zum antibiotischen Trockensteller, bei eutergesunden Tieren auch als alleinigen Trockensteller, können Sie noch einen Zitzenversiegler (Orbesal) in den Strichkanal einbringen. Er ersetzt oder unterstützt den natürlicherweise in der Zitze vorkommenden Keratinpfropf. Damit wird das Eindringen von Bakterien und Neuinfektionen erschwert. Es hat sich gezeigt, dass die Ursache vieler Mastitiden, die nach der Geburt auftreten, eine Infektion in der Trockenstehzeit ist. Mit dem Zitzenversiegler kann dem vorgebeugt werden.

Nur eutergesunde Kühe dürfen in die laktierende Herde zurückkehren!

- In den letzten 2 Wochen vor dem Kalben müssen Sie das Euter erneut untersuchen, auch bei Färsen, weil in dieser Zeit Euterinfektionen häufig sind. Der Trockensteller verliert seine Wirksamkeit, die Keratinschicht (natürlicher Zitzenverschluss) löst sich auf und durch das Ödem verschlechtert sich die Durchblutung der Zitze. Nur bei regelmäßiger Kontrolle kann eine frühe und damit erfolgreiche Behandlung erfolgen. Auffällige Tiere müssen mit Kurzzeitpräparaten noch in der Trockenphase oder während der Kolostralzeit nachbehandelt werden.

Trockenstellen

- nicht trocken hungern,
- schlagartig trockenstellen,
- weiche und saubere Liegeflächen,
- Kühe mit erhöhten Zellzahlen vorbehandeln,
- Trockensteller erst 7 Tage nach dem letzten Melken ins Euter (vorher Mastitiskontrolle),
- ab der 2. Woche vor der Geburt regelmäßige Euterkontrolle (auch Färsen),
- Mastitisbehandlung in der Trockenstehzeit,
- bakteriologische Untersuchung,
- Behandlung mit Kurzzeitantibiotika,
- 7 Tage Melkruhe,
- Euterkontrolle,

- Langzeit-Trockensteller verwenden,
- Dokumentation der Maßnahmen,
- regelmäßige Euterkontrolle vor der Geburt.

Herdendiagnostik

Wenn Mastitiden zum Bestandsproblem in einem Milchviehbetrieb werden, so ist das immer ein großer wirtschaftlicher Schaden und manchmal sogar für den Betrieb existenzgefährdend.

Mastitis und insbesondere subklinische Mastitiden sind eine Faktorenerkrankung:

- exogene Faktoren (Umwelt): Fütterung, Melktechnik, Melkarbeit, Stallklima, Hygiene,
- Erreger: Pathogenität, Menge, Infektiösität,
- endogene Faktoren (Kuh): Euterform, Melkbarkeit, Zitzenform, Genetik, Konstitution.

Will man das Bestandsproblem erhöhter Zellzahlen in der Tankmilch lösen, muss man all diese Faktoren untersuchen und abstellen. Das erfordert manchmal kriminalistischen Spürsinn und viel Erfahrung. Machen Sie es sich aber auch als Anfänger in der Nutztierpraxis zur Gewohnheit, die monatlichen LKV-Ergebnisse und besonders die Zellzahlberichte einzusehen, wenn Sie auf dem Betrieb sind.

Kriterien für eine eutergesunde Herde

- Tankmilch-Zellzahl dauerhaft unter 200.000 Zellen,
- Einzeltierzellzahl: maximal 20% der Tiere über 400.000 Zellen und weniger als 5% über 1 Million Zellen,
- klinische Mastitiden unter 2% der Herde,
- Staphylococcus aureus nur sporadisch vorkommend, Streptococcus agalactiae nicht nachweisbar (galtfrei).

- Verfolgen Sie besonders aufmerksam monatliche Trendveränderungen im Herdenstatus. Steigt bei vielen Tieren der Herde der Zellgehalt plötzlich über 100.000/ml an, müssen Sie nach einwirkenden Reiz- und Stressfaktoren suchen. Steigt monatlich die Zahl der kranken Euter mit über 300.000 Zellen/ml, müssen Sie dringend Maßnahmen zur Diagnostik und zur Verbesserung der Herdengesundheit einleiten.
- Sie müssen rasch die Ursachen für den schnellen Zellanstieg aufklären und beseitigen, um dem Entstehen von dauerhaften Erkrankungen vor-

zubeugen. Gelingt die Ursachenbeseitigung, gehen bald die Zellzahlen meist ohne therapeutische Maßnahmen wieder zurück.

- Bedenken Sie, dass nicht jedes erkrankte bzw. infizierte Viertel eine Selbstheilung schafft. Je früher man den Zellanstieg oder das vermehrte Auftreten von Mastitiden bemerkt, umso eher hat man die Chance, nach dem Abstellen der Ursachen ohne Antibiotikaeinsatz auszukommen. Klären Sie folgende Punkte:
  - Melktechnik, Reinigungsanlage, Überprüfung während der Melkzeit,
  - Melkarbeit, Kontrolle der Zitzenspitzen, Ausmelkgrad, Hygiene,
  - bakteriologische Untersuchung (Viertelgemelksproben) von Kühen, die einen akuten Anstieg des Zellgehalts aufweisen,
  - Suche nach möglichen Stressfaktoren! Was hat sich in der Herde in der letzten Zeit verändert? Stress löst Zellzahlerhöhungen aus, besonders deutlich bei vorgeschädigten Eutern. Der erhebliche Zellzahlanstieg in heißen Sommern durch den Hitzestress betrifft eigentlich nur Kühe bzw. Herden, die nicht eutergesund waren,
  - Fütterung und Stoffwechsel (LKV-Kontrolle, Harnstoff und Milchinhaltsstoffe),
  - infektiöse Bestandserkrankungen (BVD, BHV-1, Lungenwurmbefall),
  - Klauenerkrankungen (Mortellaro, Verletzungen, Klauenpflege),
  - Unruhe (enge Ställe, nervöse Jungtiere, Rangordnungskämpfe),
  - Tierzukauf (Einschleppung von Mastitiserregern, fremde Bakterienstämme).

Gesäugeentzündung beim Schwein

Nur eine Sau mit gesundem Gesäuge kann Ferkel optimal ernähren. Eine Mastitis bringt also durch Leistungsabfall der Sau und durch höhere Sterblichkeitsraten der Ferkel erhebliche wirtschaftliche Verluste mit sich. Früher wurde das Krankheitsbild als **MMA-Komplex** (Mastitis, Metritis und Agalaktie) bezeichnet. Da aber nicht immer alle Krankheitsbilder gleichzeitig auftreten, wird neuerdings der Begriff „Postpuerperaler Septikämie-Komplex" verwendet. Die Landwirte kennen das Krankheitsbild aber unter dem Namen MMA. Der PPS-Komplex tritt bei Sauen innerhalb der ersten Stunden nach der Geburt auf und ist gekennzeichnet durch teilweises oder völliges Versiegen der Milchproduktion aufgrund einer Gesäugeentzündung. Schon eine erkrankte Zitze kann das Überleben des einzelnen Ferkels gefährden. Je schneller die Krankheit erkannt und behandelt wird, desto besser können Schäden verhindert werden.

An MMA erkrankte Sauen haben oft Fieber über 40 °C und lassen die Ferkel wegen der großen Schmerzhaftigkeit des Gesäuges nicht saugen. Typisch ist dabei die Bauch-Brust-Lage. Weitere Symptome können Fressunlust und Verstopfung sein.
Auch die Ferkel zeigen ein verändertes Verhalten. Durch die fehlende Kolostrum- bzw. Milchversorgung sind sie nervöser und versuchen, andere Flüssigkeiten wie Harn aufzunehmen, was zu Durchfall führen kann. Stündlich werden die Ferkel schwächer, fallen in den Flanken ein und sterben schließlich.
Meistens entsteht die Mastitis durch eine aufsteigende Infektion (Keime wandern über die Zitze in das Milchdrüsengewebe ein). Mögliche Erreger sind gramnegative, koliforme Keime, die üblicherweise auch im Darm gesunder Schweine vorkommen. Giftige Bakterienbestandteile (Endotoxine) führen zu einer Verschlechterung des Allgemeinzustandes der Sau.
Bei der Prophylaxe der Gesäugeentzündung kommt den Hygienemaßnahmen eine besondere Bedeutung zu:

- Die Abferkelabteile werden im Rein-Raus-Verfahren belegt.
- Achten Sie auf die gründliche Reinigung und Desinfektion der Abferkelboxen und überprüfen Sie ggf. die Wirkung des Desinfektionsmittels.
- Bringen Sie die Sauen möglichst um den 110. Trächtigkeitstag in den Abferkelstall.
- Waschen der Sauen vor dem Einstallen und eventuell vor der Geburt.
- Hormonelle Geburtseinleitung (Prostaglandin) bei Trächtigkeiten > 115 Tage.
- Gute Geburtshygiene (Entfernen von Nachgeburten und toten Ferkeln).
- Zugekaufte Jungsauen sollten Kontakt zu Altsauen des Bestandes bekommen, um eine belastbare Immunität gegen die stallspezifischen Keime aufzubauen (gute Jungsaueneingliederung!).

Die Sauen sollten in guter körperlicher Verfassung sein, um einen ungestörten Geburtsverlauf zu ermöglichen. Eine Futterumstellung soll vermieden werden und es müssen ausreichend Rohfasern und unbegrenzt Frischwasser zur Verfügung stehen (ausreichende Durchflussmenge der Nippeltränken von mindestens 4 l/min). Der Wasserbedarf pro Tag errechnet sich aus der Anzahl der Ferkel multipliziert mit 1,5 + 15 l (z.B. 12 Ferkel an der Sau: Sau benötigt 33 l pro Tag).

Untersuchung und Behandlung

- Zur Therapie geben Sie möglichst rasch Antibiotika, eventuell ergänzt durch Entzündungshemmer, die den schädlichen Effekten der Endotoxine entgegenwirken und eine schmerzstillende Wirkung haben.
- Oxytocin (am besten mit Depotwirkung) stimuliert zusätzlich den Milchfluss.
- Um den Abgang von Lochialsekret zu stimulieren und die Uterusmotilität anzuregen, können zusätzlich natürliche PGF2-Präparate verabreicht werden.

Mastitis bei Schaf und Ziege

Bei kleinen Wiederkäuern ist der Alveolaranteil an der Milchmenge gering, die meiste Milch befindet sich in der Zisterne. Daher ist ein Anrüsten vor dem Melken nicht erforderlich. Das berührt jedoch nicht die gesetzliche Verpflichtung zur Vormelkprobe.
Ziegen haben physiologischerweise wesentlich höhere Zellzahlen in der Milch (bis 500.000), daher ist der Schalm-Test nur im Vergleich der Hälften aussagekräftig.
Bei den kleinen Wiederkäuern verlaufen Mastitiden oft akut (Staphylococcus aureus und Pasteurellen) und sollten deshalb umgehend und intensiv behandelt werden, denn die Mortalitätsraten sind recht hoch.

6.5 Klauenerkrankungen

Klauenerkrankungen beim Rind

Lahmheiten gehören in der Rinderpraxis zu den häufigsten Gründen für die Konsultation des Tierarztes zu einer Einzeltierbehandlung. Die Mehrzahl der Lahmheiten bei Rindern hat ihre Ursache in Erkrankungen der Klauen. Dabei ist es eher die Regel, dass die Erstbehandlung der Landwirt selbst durchgeführt hat oder ein Klauenpfleger die Kuh „vorbehandelt" hat.
Für den Berufsanfänger in der Nutztierpraxis ist es daher enorm wichtig, die Grundlagen der Klauenpflege, die Klauenerkrankungen, die Ursachen für diese Klauenleiden und die Behandlung genau zu kennen, um als nachgeordneter Behandler besser und professioneller zu sein.

Klauenleiden verursachen erhebliche Schmerzen. Dennoch treffen Sie bei vielen Landwirten auf eine gewisse Gleichgültigkeit und oft wird erst behandelt, wenn schon tiefere Schichten betroffen sind und aus einer leichten Lahmheit eine schwere geworden ist. Innen- und Außenklauen werden nicht gleich stark belastet. An den Hinterbeinen trägt die Außenklaue ein wesentlich höheres Gewicht, an den Vorderbeinen ist es umgekehrt. Die stärker belastete Klaue wächst schneller, wodurch sich die Belastung weiter verstärkt.

Untersuchung bei Lahmheit

Wenn Sie zu einer lahmen Kuh oder zu einer Kuh mit Klauenerkrankung kommen, beginnen Sie erst mit einer kurzen allgemeinen Untersuchung, denn Klauenerkrankungen können die Folge von Primärerkrankungen sein (z.B. Blauzungenerkrankung) oder sie verursachen ihrerseits andere Erkrankungen (z.B. sekundäre Acetonämie oder Mastitis).

> Auch wenn Sie Veränderungen an den Gelenken oder Schleimbeuteln sehen, Schwellungen und Druckempfindlichkeit nachweisen, muss das nicht bedeuten, dass dies die Ursache einer Lahmheit ist, denn es ist häufig die Folge einer Klauenerkrankung. Die Kuh kann infolge der Schmerzen an den Klauen nicht mehr physiologisch aufstehen und verletzt sich dadurch z.B. an den Boxenbügeln oder an der Trogkante im Anbindestall die Schleimbeutel und Gelenke.

- Danach betrachten Sie den Patienten in der Bewegung und achten auf:
  - den Grad der Lahmheit,
  - an welcher Gliedmaße die Lahmheit am stärksten ist (oft lahmt die Kuh nicht nur auf einem Bein!),
  - ob es sich mehr um eine Stützbein-Lahmheit (Klaue!) oder um eine Hangbein-Lahmheit (obere Gelenke) handelt,
  - die Klaue, welche die Kuh schont (Innenklaue: die Gliedmaße wird nach innen gestellt; Außenklaue: die Gliedmaße wird nach außen gestellt. In beiden Fällen wird dadurch das Gewicht stärker auf die gesunde Klaue verlagert).

Lahmheitsgrade

1 keine Lahmheit: Rücken im Stehen und Laufen gerade, tritt auf allen Beinen normal auf,

2 leichte Lahmheit: im Stehen ist der Rücken gerade, im Gehen leicht gekrümmt, belastet nicht alle Gliedmaßen gleich,

3 mittelmäßige Lahmheit: Rücken im Stehen und Laufen leicht gekrümmt, schont eine oder mehrere Gliedmaßen, der Schritt ist verkürzt,

4 Lahmheit: Rücken im Stehen und Laufen gekrümmt, tritt mit einem oder mehreren Beinen nur kurz oder teilweise auf, entlastet auch im Stand,

5 hochgradige Lahmheit: belastet eine Gliedmaße gar nicht mehr, lässt das Bein schweben, steht nur noch mit Mühe auf.

- Nach der allgemeinen Untersuchung folgt die funktionelle Klauenpflege, d.h. die Wiederherstellung der Form einer Normalklaue.

Klauenpflege ist ein zu erlernendes Handwerk. Man benötigt zuerst die theoretischen Grundlagen, wie Anatomie und Biomechanik der Klaue, und danach die praktische Erfahrung in der Klauenpflege. Am einfachsten ist es, an einem der vielen Klauenpflegelehrgänge teilzunehmen oder einem Klauenpfleger einen Tag lang über die Schulter zu schauen.

- In gut geführten Milchviehherden sollte die Klauenpflege 2-mal jährlich am gesamten Bestand durchgeführt werden. Zudem muss jede lahme Kuh sofort (!) behandelt werden. Alternativ kann die Klauenpflege mit dem Trockenstellen erfolgen und die zweite Klauenpflege ein bis zwei Monate p.p.

Jede lahme Kuh muss sofort behandelt werden.

Klauenpflege und -untersuchung

Größere Milchviehbetriebe verfügen meistens über einen eigenen Klauenstand. Es gibt aber viele verschiedene Konstruktionen und Ausführungen. Oft sind es auch Eigenkonstruktionen oder umgebaute und modifizierte Behandlungsstände, die leider überhaupt nicht den Unfallverhütungsvorschriften entsprechen.

Finger weg von fragwürdigen Klauenständen. Die Verletzungsgefahr ist sehr hoch!

Grundsätzlich sollten Sie bei einer Klauenerkrankung am Hinterbein auch die Klauen der gegenüberliegenden Gliedmaße schneiden. Manchmal ist es sogar günstiger, zuerst die gesunde Klaue zu schneiden. Finden Sie dort auch Erkrankungen, können Sie annehmen, dass die Lahmheit an der erkrankten Gliedmaße noch stärker ist. Außerdem können die Tiere nach tieferen Eingriffen an der erkrankten Klaue diese kaum noch belasten, sodass man keine Chance mehr hat, danach noch die gesunde Klaue anzuheben und zu schneiden.
Die Klauenmesser müssen vor allem scharf sein. Zum Behandeln von kranken Klauen eignen sich am besten schmale kurze Rinnmesser, jeweils mit rechter und linker Schneide. Zum Schärfen eignet sich ein schmaler Wetzstein. Es wird nur die konkave Seite geschärft. Die Rinne am Ende des Messers können Sie mit einer Rundfeile schärfen.
Elektrische Winkelschleifer sind nur zum Schneiden von gesunden Klauen geeignet und werden nur eingesetzt, wenn die Gliedmaße absolut sicher fixiert ist. Messerbestückte Stahlscheiben gehören nur in die Hand von geübten Anwendern.

Vorbereitung

- Materialien (Abb. 6.4):
  - Klauenstand,
  - 2 Klauenmesser (rechts und links schneidend),
  - Klauenzange,
  - Klauenuntersuchungszange,
  - Klauenmesslehre,
  - Winkelschleifer mit spezieller Schleifscheibe (nur bei sicherer Fixierung!),
  - Verbandmaterial (Polsterwatte, Mullbinden, Isolierband),
  - Handtuch,
  - Klötze inkl. Befestigungsmaterial, z.B. Technovit oder Demotec.

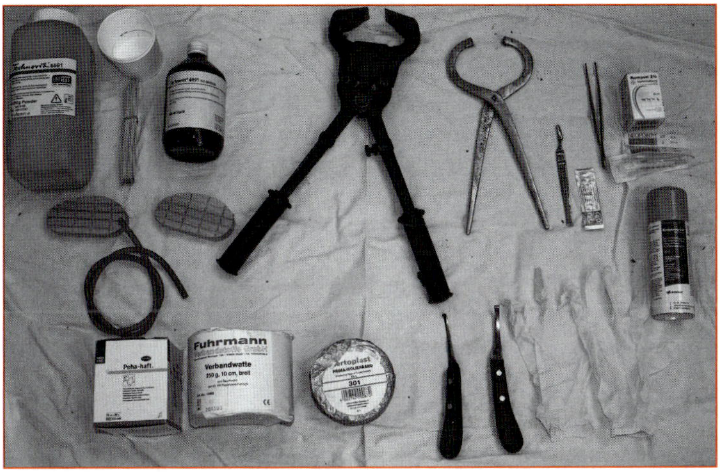

Abb. 6.4 Materialien für die Klauenbehandlung.

- Überlassen Sie dem Landwirt oder Herdenmanager die Fixierung der Kuh und der zu behandelnden Gliedmaße. Er kennt seinen Klauenstand und weiß genau, wo die Verletzungsgefahren lauern, z.B. bei einer Handwinde, an der die Fixierung nicht mehr funktioniert.
- Sie haben in der Zeit die Gelegenheit, die Kuh in der Bewegung zu beobachten.

Durchführung

- Vor dem Klauenschnitt reinigen Sie die Klauen gründlich bis in Höhe der Afterklauen.

> Sie können das auch mit einem Hochdruckreiniger machen, sollten aber der Kuh bei erkrankten Klauen keine unnötigen Schmerzen bereiten.

- Ein einfaches Hilfsmittel zur Bestimmung der Maße einer gesunden Klaue ist eine „Klauenmesslehre".

> Mit zunehmender Erfahrung benötigen Sie diese Hilfsmittel nicht mehr. Sie bekommen schnell einen Blick dafür, wie weit Sie eine Klaue kürzen müssen und können, ohne die Lederhaut freizulegen.

- Beginnen Sie mit der Kürzung der Innenklaue (Hinterbein). Eine Länge von 7–8 cm auf der Dorsalseite ist normal.
- Danach schneiden Sie mit dem Rinnmesser die Sohlenfläche plan. Lassen Sie vor allem am Ballen so viel Horn wie möglich stehen. An der Zehenspitze sollte mindestens eine Dicke von 0,5 cm bestehen bleiben. Die Sohle muss so dick bleiben, dass man Sie mit dem Finger nicht eindrücken kann. Die Sohlenfläche soll immer parallel zum Klauenbein verlaufen. Sohlenfläche und Wand sollten einen Winkel von 50° bilden (Klauenmesslehre).
- Danach schneiden Sie die Außenklaue. Versuchen Sie sie auf die gleiche Höhe und Länge wie die Innenklaue zu bringen.

> An den Vorderbeinen gehen Sie umgekehrt vor und schneiden zuerst die Außenklaue.

- Zuletzt schneiden Sie mit dem Rinnmesser eine Hohlkehlung an beiden Klauen (Abb. 6.5). Kontrollieren Sie dann gleichzeitig den Zwischenklauenspalt auf Fremdkörper, Tylome und Verletzungen.
- Nach der funktionellen Klauenpflege beginnen Sie die Suche nach Schäden und Defekten an der Sohle oder nach Rissen an der Dorsalwand.

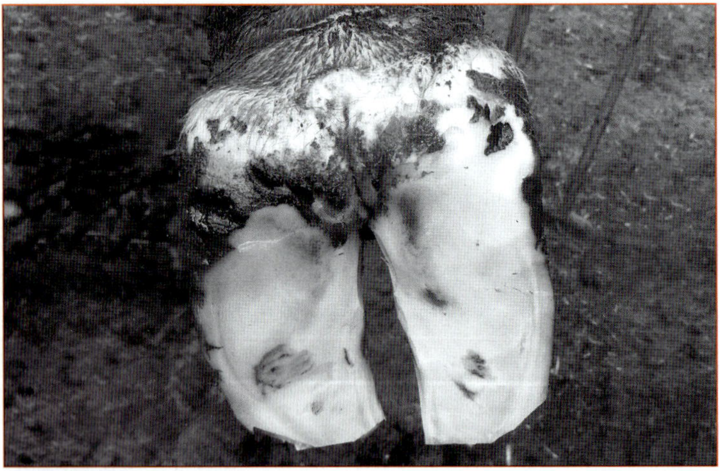

Abb. 6.5 Funktionell geschnittene Klaue mit Hohlkehlung.

- Versuchen Sie, von der erkrankten Klaue so viel Horn abzutragen, dass die gesunde Klaue höher steht und mehr Gewicht tragen kann.

> Schneiden Sie keine „Gucklöcher“ ins Horn bei der Suche nach Blutungen, Abszessen oder Rissen, sondern schrägen Sie die Ränder immer flach ab, damit sich Schmutz oder Steinchen nicht in diese Löcher setzen können.

Klauenerkrankungen als Bestandsproblem

Wenn in einem Betrieb Klauenprobleme sehr häufig sind (mehr als 10% der Herde lahm), also ein Bestandsproblem vorliegt, müssen Sie nach den Ursachen fahnden und diese abstellen. Grundsätzlich sollte in solchen Betrieben die funktionelle Klauenpflege 3- bis 4-mal jährlich erfolgen. Ursachen für gehäuft auftretende Klauenleiden sind:

- Hygienemängel, vor allem auf den Laufgängen zum Melkstand,
- Fütterungsfehler, Missverhältnis von Grund- und Kraftfutteraufnahme,
- Verletzungsgefahr in Laufwegen und Triebwegen, z.B. durch Löcher oder Mistschieber,
- Genetik,
- Überbelegung und fehlerhafte Liegebox.

Behandlung von Klauenerkrankungen

Verbandstechnik – Klauenschuh/Holzklotz

- Reinigen Sie die Klauen gründlich, wenn nötig auch mit einem Hochdruckreiniger.
- Führen Sie die funktionelle Klauenpflege zuerst an der gesunden Klaue durch.
- Legen Sie die erkrankten Lederhautbezirke mit dem Klauenmesser frei.
- Sondieren Sie Risse und Hohlräume.
- Eröffnen Sie Sohlenabszesse.
- Tragen Sie unterminiertes Horn mit dem Klauenmesser ab, um Lage und Ausmaß der Lahmheitsursache zu erkennen. Umschneiden Sie die erkrankte Region trichterförmig und schaffen Sie dabei einen weichen Übergang von der kranken Lederhaut zum gesunden Horn, ohne zusätzliche Verletzungen zu verursachen (das Sohlenhorn soll in unmittelbarer Nachbarschaft der erkrankten Lederhaut papierdünn sein).
- Schonen Sie zunächst die Geschwüre und das Granulationsgewebe, denn Blutungen stören die Übersicht und machen ein exaktes Arbeiten unmöglich! Resezieren Sie nekrotisches Gewebe erst, wenn eine deutliche Demarkation zum gesunden Gewebe erkennbar wird.

- Korrigieren Sie die erkrankte Klaue so, dass der schmerzhafte Bezirk entlastet wird. Dies geschieht am einfachsten dadurch, dass Sie weniger oder gar kein Horn von der Sohle der gesunden Klaue entfernen und bei der kranken Klaue so viel wie möglich abtragen (wichtigster Unterschied zur vorbeugenden Klauenpflege, bei der eine gleichmäßige Gewichtsverteilung angestrebt wird).
- Führen Sie keine Klauenbehandlung durch, ohne einen Klotz auf der gesunden Nachbarklaue anzubringen! Die meisten Kühe sind in Laufställen untergebracht, d.h. also, dass sie in der Lage sein müssen, zum Futter und zum Wasser zu gehen. Das geht aber nur, wenn die lahme Kuh schmerzfrei ist und die erkrankte Klaue nicht den Boden berührt und entlastet ist. Es gibt zahlreiche Firmen, die verschiedene Systeme anbieten, die ältesten und erprobtesten auf dem Markt sind das Technovit-System und das ähnliche Demotec-System.

Anbringen eines Holzklotzes mit dem Technovit-System

- Setzen Sie einen funktionellen Klauenschnitt.
- Schneiden Sie die Sohlenfläche an der gesunden Klaue plan. Einen Holzklotz können Sie nur an einer unverletzten und gesunden Klaue anbringen.
- Schneiden Sie mit dem Rinnmesser in Abstand von 5 mm Kerben in den Hornschuh der gesunden Klaue. Achten Sie unbedingt darauf, diese Furchen nicht so tief zu schneiden, dass Sie die Lederhaut verletzen, was bei einer dünnen Sohle (weniger als 5 mm) sehr leicht passiert.
- Reinigen Sie die Klaue sehr gründlich. Schaben Sie mit dem Klauenmesser alle Kotreste gründlich ab. Dann waschen Sie die Klaue und trocknen Sie anschließend mit einem Handtuch sorgfältig ab.
- Füllen Sie die Flüssigkeit des Technovit-Systems bis zur ersten Markierung in den Becher.
- Bei Außentemperaturen unter 15 °C geben Sie noch etwa 3–5 ml des Schnellhärters hinzu (je kälter desto mehr).
- Danach geben Sie das Technovit-Pulver unter ständigem Umrühren in den Becher. Füllen Sie solange Pulver nach, bis Sie eine teigartige Konsistenz der Mischung haben.
- Jetzt tragen Sie diese Mischung auf die Sohlenfläche der gesunden Klaue auf.
- Dann drücken Sie den Holzklotz auf die Kunststoffmasse auf und umformen den Holzklotz und den Hornschuh mit der überschüssigen hervorquellenden Masse.

Abb. 6.6 Angelegter Holzklotz bei Sohlengeschwür.

- Achten Sie unbedingt darauf, dass der Ballen an der Zwischenklaue nicht von Technovit eingefasst wird. Bringen Sie zudem den Klotz immer so an, dass die Klauenspitze über den Klotz hinausragt (also den Klotz soweit wie möglich in Richtung Ballen verschieben). Das hat den großen Vorteil, dass die Beugesehne der gesunden Klaue, die ja jetzt das ganze Gewicht der Gliedmaße trägt, nicht überlastet wird (Abb. 6.6).

Druckverband zur Ruhigstellung des Klauendefekts

Die Ruhigstellung des Klauendefektes durch einen fest sitzenden, gepolsterten Druckverband soll den defekten Hornschuh ersetzen und einen Vorfall der Lederhaut bei Druckbelastung der Klaue verhindern. Ein zu strammer oder zu lockerer Klauenverband stört die Wundheilung und kann die Klauenerkrankungen verschlimmern. Wenn keine zu großen Sohlendefekte vorliegen und wenn es möglich ist, die kranke Klaue durch Klauenschnitt oder durch einen Klotz unter der gesunden Klaue zu entlasten, kann auch völlig auf einen Verband verzichtet werden.

- Nachdem Sie ein Antiseptikum (Blauspray) auf die Wunde oder die freigelegte Lederhaut aufgetragen haben, decken Sie die Stellen mit einer Mullgaze ab.

Antibakterielle Salben (z.B. Jod-PVP-Salbe) oder antibiotische Puder verhindern eine übermäßige Keimvermehrung im Klauenverband, ohne die Wundheilung zu stören. Tragen Sie jedoch keine ätzenden Medikamente auf die Wunde auf!

- Polstern Sie den Zwischenklauenspalt und den Ballen, den Kronsaum und die Fesselbeuge bis zu den Afterklauen mit Polsterwatte ab (Abb. 6.7a).
- Mit ein oder zwei 12 cm breiten Mullbinden oder mit selbstklebenden Binden (Peha) verbinden Sie nun die gesamte Klaue. Führen Sie den Anfang der Mullbinde durch die Zwischenklauen (Abb. 6.7b). Danach drücken Sie das Polstermaterial unter der Afterklaue und über dem Ballen an, indem Sie die Mullbinden immer in Achtertouren durch den Zwischenklauenspalt und über die Ballen führen.
- Jetzt wird die erkrankte Klaue eingewickelt, indem man die Binde dorsal über den Ballen führt und dann mit viel Druck über die erkrankte Lederhaut und danach zirkulär um die Klaue wickelt (Abb. 6.7c). Zum Schluss wickeln Sie die Binde noch einmal zirkulär um die Fesselbeuge und verknoten dann das Ende mit dem Anfang der Mullbinde.
- Wenn die Klauenspitze verletzt ist, kann man leichter mit selbstklebenden Binden Druck auf die Lederhaut ausüben, da die Mullbinden zu leicht hochrutschen. Verwenden Sie keine elastischen Binden, da die Gefahr besteht, dass an Ballen und Kronsaum nach einigen Tagen Drucknekrosen entstehen.
- Wenn die Klaue durch die Fixierung im Klauenstand sehr abgewinkelt ist, achten Sie besonders darauf, dass der Verband bis dicht unter die Afterklauen führt. Ansonsten besteht die Möglichkeit, dass der Verband, wenn die Kuh die ersten Schritte läuft, ganz aus der Fesselbeuge rutscht und sich dann über die Klauenspitzen hinweg abstreift.
- Nach Klauenamputationen und nach schweren Verletzungen am Ballen legen Sie einen hohen Klauenverband an, der über die Afterklauen bis eine Handbreite über das Fesselgelenk reicht. Achten Sie dabei unbedingt darauf, dass die Afterklauen sehr gut mit Watte abgepolstert werden, um Drucknekrosen zu vermeiden.
- Zum Schluss wird der ganze Verband mit Teerband oder einem anderen Kunststoffklebeband umwickelt (Abb. 6.7d–e).

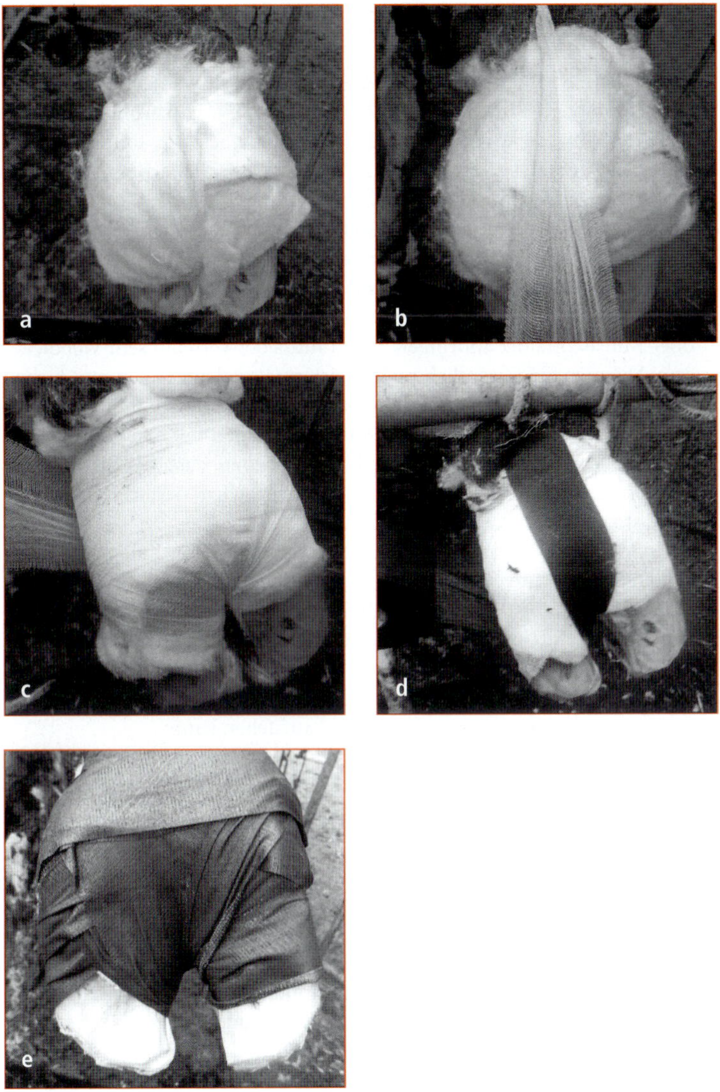

Abb. 6.7a–e Klauenverband.

> Schwarzes Teerband klebt von beiden Seiten und ist auch noch etwas atmungsaktiv.

- Die Verbände sollten nach einer Woche gewechselt werden. Bei sehr viel Eiter, Blutkoageln und Wundexsudat sollten Sie schon früher wechseln. Heilt die Wunde gut (der Verband bleibt dann trocken!), können Sie den Verbandswechsel später machen. Entfernen Sie bei jedem Verbandswechsel neues nekrotisches Gewebe und achten Sie darauf, ob sich nicht irgendwo unter dem nachgewachsenen Horn neuer Eiter angesammelt hat. Der Grad der Lahmheit ist der wichtigste Hinweis dafür, ob die Klaue sich in Abheilung befindet und eine gute Prognose hat.
- Wenn Innen- und Außenklaue erkrankt sind, können Sie keinen Holz- oder Kunststoffklotz anbringen. Dann muss der Verband sehr viel dicker sein. Nehmen Sie wesentlich mehr Polstermaterial am Ballen und kleben Sie den Verband sehr dick mit Isolierband ab. Bei beidseitigen Klauenspitzenverletzungen können Sie den ganzen Ballen mit einer kompletten Rolle Isolierband umwickeln und damit erreichen, dass die Kuh auf dem so höhergestellten Ballen fußt. Außerdem wird dadurch auch die Belastung der Beugesehnen vermindert.
- Bei schweren Lahmheiten oder Defekten an mehreren Klauen (häufig!) sollten Sie die Unterbringung des Patienten in einer geräumigen gut eingestreuten Laufbox veranlassen. Es macht keinen Sinn, eine Klauenbehandlung durchzuführen, ohne die Ursachen für die Erkrankung zu beseitigen. Wenn die Ursache eine nicht tiergerechte Anbindung oder ein rutschiger Stallboden ist, müssen Sie die Kuh so unterbringen, dass sie bequem und verletzungsfrei liegen und aufstehen kann.
- Der Verbandwechsel erfolgt in höchstens einwöchigem Abstand unter Beurteilung der Heilungstendenz. Dies geschieht solange, bis der Defekt wieder belastbar ist.

Dermatitis digitalis (Mortellaro-Krankheit)

Sie ist vor allem in größeren Milchviehbeständen die häufigste Klauenerkrankung. Meist sind die Hintergliedmaßen betroffen. Sie tritt meist als runde bis ovale, stark gerötete Hautentzündung zwischen den Ballen auf. Typisch sind die abstehenden sekretverschmierten Haare an diesen Stellen. Es handelt sich um eine multifaktorielle Erkrankung mit infektiöser Genese (Spirochäten u.a. Erreger), die durch unsaubere und feuchte Haltungsbedingungen gefördert wird. Offensichtlich muss aber eine Vorschädigung der Haut am Ballen vorhergehen, da häufig nur ein Bein betroffen ist.

Zudem sind vermehrt junge bzw. frischabgekalbte Tiere betroffen, bei denen eine verminderte Immunabwehr anzunehmen ist.

Einzeltierbehandlung

- Führen Sie die funktionelle Klauenpflege durch.
- Entfernen Sie die schmierigen Belege und Haare von der entzündeten Hautstelle, bis der typische, rote Bereich zu sehen ist (Erdbeerkrankheit).
- Behandeln Sie lokal mit Antibiotikaspray (Tetrazyklin).
- Bei einer tiefen Unterminierung der Ballen bis zu Sohlengeschwüren ist ein Verband erforderlich.
- Bei Unterhautphlegmonen teilweise bis hoch zu den Afterklauen geben Sie zusätzlich parenteral Antibiotika, z.B. Tetrazyklin oder Ceftiofur (keine Wartezeit auf Milch!).

Herdenbehandlung

Sind mehr als 10% der Herde betroffen, werden vorbeugende Maßnahmen erforderlich:

- Führen Sie 4-mal jährlich die funktionelle Klauenpflege durch.
- Im Anschluss daran und nur nach vorhergehender Reinigung der Klauen werden 2-mal wöchentlich Klauenbäder angesetzt.

> In hohem Gras, bei Weidegang oder im tiefen Schnee im Winter reinigen sich die Klauen auch sehr gut.

Die wichtigste Prophylaxe ist die Verbesserung der Sauberkeit im Stall, besonders der Laufgänge und Liegeboxen.

Phlegmone – Panaritium

Die früher durch den häufig irreführenden Begriff Panaritium bezeichnete Schwellung des Unterfußes geht mit Rot-/Blaufärbung der Haut und plötzlicher, hochgradiger Lahmheit einher. Die betroffenen Tiere haben häufig Fieber, zeigen Fressunlust und Milchrückgang. Verursacht werden die Zwischenzehenphlegmonen durch das Eindringen von Bakterien über oft kleinste Verletzungen im Zwischenklauenspalt, woraus eine Infektion der Unterhaut resultiert. Dies kann zu manchen Zeiten durchaus gehäuft im Bestand vorkommen, weil sich die Keimbelastung erhöht und dann weitere Tiere mit kleinen Klauenverletzungen infiziert werden. Wird nicht rechtzeitig behandelt, kann die Infektion schnell in die Tiefe gehen, bis zur

Beteiligung von Sehnen und Klauengelenk, was dann letztlich eine Klauenamputation erforderlich macht.

Ein festsitzender Stein oder ein Drahtstück im Zwischenklauenspalt verursacht auch ein Panaritium, geht aber durch die Antibiotika-Injektion nicht von alleine heraus.

- Zur **Behandlung** führen Sie die funktionelle Klauenpflege durch und verabreichen Sie parenteral Antibiotika, z.B. Penicilline, Tetrazyklin oder Ceftiofur (keine Wartezeit auf Milch!).

Seien Sie dem Landwirt gegenüber ein Vorbild und führen Sie immer eine funktionelle Klauenpflege durch, auch wenn es verlockend schnell und einfach ist, nur Antibiotika zu spritzen.

Klauenrehe

Die Klauenrehe ist eine aseptische Entzündung der gesamten Klauenlederhaut. In vielen Ländern wird auch der Begriff „Laminitis" verwendet. Eine akute Klauenrehe, ähnlich der akuten Hufrehe des Pferdes, gibt es nur selten nach massiven Fütterungshavarien mit akuter Pansenacidose oder nach toxischen Mastitiden. Normalerweise kommt die Klauenrehe in der subklinischen Form vor.

In der Anfangsphase zeigen die Tiere nur leichte Lahmheit, einen etwas steifen Gang und vermehrtes Liegen. Erst nach einigen Wochen erkennt man bei der Klauenpflege die roten Stellen im Klauenhorn, besonders entlang der weißen Linie. Durch die schlechte Hornqualität treten auch vermehrt Sohlengeschwüre auf. Die Verbindung zwischen Hornkapsel und Klauenbein ist gelockert. Es kommt zur Absenkung des Klauenbeins und zu Blutungen und Geschwüren an der Sohle. In dieser Phase treten dann auch deutliche Lahmheitszeichen auf. Da an den Vorderbeinen mehr die Innenklauen betroffen sind, versuchen die Kühe durch das Überkreuzstellen der Vorderbeine mehr Gewicht auf die Außenklauen zu verlagern, was eine typische Rehestellung ist. Die Klauenrehe ist meist ein Bestandsproblem.

- Zur **Prophylaxe** ist es wichtig, die auslösenden Faktoren abzustellen und zu minimieren:
  - Verhinderung der Pansenacidosen durch wiederkäuergerechte strukturreiche Ernährung,
  - Vermeidung bzw. rechtzeitige Behandlung von infektiös-toxischen Belastungen nach dem Kalben (z.B. Nachgeburtsverhaltung, Endometritis, Mastitis).

- Zur **Behandlung** führen Sie alle 4–6 Wochen die funktionelle Klauenpflege durch. Blutergüsse werden nicht eröffnet!
- Behandeln Sie dann die Sohlengeschwüre mit dick gepolsterten Verbänden und Antiphlogistika (Flunixin, Ketoprofen).
- Sorgen Sie für eine Unterbringung auf weichem Boden (Tiefstreu, Weide).

Klauenspitzenabszess

Geschwüre und Eiterabszesse an der Zehenspitze sind sehr schmerzhaft und verursachen eine schwere und typische Lahmheit. Die Kuh stellt das betroffene Bein weit nach vorne und verkürzt stark den Schritt nach hinten und fußt überwiegend auf dem Ballen.

- Mithilfe der Untersuchungszange können Sie eine heftige Schmerzreaktion auslösen und damit auch unterscheiden, ob sich der Abszess an der Innen- oder Außenklaue befindet.
- Auch wenn die Verletzung harmlos aussieht, heilt sie nur ab, wenn auf der gesunden Klaue ein Klotz angebracht wird und die kranke Klaue den Boden nicht mehr berührt.

Sohlengeschwüre

Das Sohlengeschwür ist eine häufige Klauenläsion mit z.T. hochgradigen Lahmheiten. Der Grad der Lahmheit ist ein wichtiger Hinweis darauf, wieweit schon tiefere Gewebeschichten betroffen sind. Ist das Klauengelenk eitrig infiziert, treten die Kühe überhaupt nicht mehr auf und lassen das Bein schweben. Auch Farbe und Geruch des Eiters liefern wichtige Hinweise: Ist der Eiter gelblich und dickflüssig, kommt er meist aus tieferen Schichten.

Man unterscheidet das Klauenspitzengeschwür, das Ballengeschwür (oder Ballenabszess) und das Sohlenwandgeschwür.

- Zur **Behandlung** führen Sie zunächst die funktionelle Klauenpflege durch.
- Bei schmerzhaften Eingriffen, wie z.B. dem Ausschneiden eines tiefen Sohlengeschwürs, anästhesieren Sie mit einem Lokalanästhetikum. Dazu legen Sie einen Stauschlauch an und injizieren nach der Punktion einer Zehenvene etwa 20 ml 2%ige Procainhydrochlorid-Lösung. Nach etwa 5 Minuten tritt die Wirkung ein und klingt erst wieder ab, wenn der Stauschlauch gelöst ist.
- Tragen Sie das lose und nekrotische Horn über dem Geschwür ab. Bei oberflächlichen Geschwüren (Orientierung über den Grad der Lahmheit) vermeiden Sie es, die Lederhaut zu verletzen. Bei tiefen Geschwüren tragen Sie das gesamte nekrotische Gewebe ab.

- Eröffnen Sie eventuelle Eiterabszesse.
- Schneiden Sie glatte Übergänge vom gesunden Horn zum Geschwür, aber keine „Gucklöcher". In solche setzen sich später nur wieder Steine und Schmutz hinein und es kann kein gesundes Horn überwachsen.
- Entlasten Sie immer die kranke Klaue, indem Sie einen Klotz auf der gesunden Klaue befestigen (s.u.).
- Legen Sie einen Verband an (s.u.).
- Sorgen Sie immer dann für eine parenterale Antibiose, wenn eine Sepsis oder eine Phlegmone an der Klaue vorliegt. Gut bewährt haben sich Penicillin-Streptomycin und Ceftiofur, das keine Wartezeit auf Milch hat.

Es gibt zahlreiche Operationsverfahren zur Behandlung schwerer Klauenerkrankungen, wenn tiefe Gewebsschichten betroffen sind, z.B. die Resektion der tiefen Beugesehne, des Klauensesambeins oder des Klauengelenks. Zu diesen Operationen gehört viel Erfahrung, die Sie sich im Laufe Ihres Berufslebens selbst aneignen müssen. Viele dieser Behandlungen sind aber nicht mehr wirtschaftlich. Das liegt nicht etwa daran, dass es nicht gelingen würde, dass die Kuh wieder gut läuft, sondern daran, dass auf größeren Betrieben keine Zeit und damit keine Bereitschaft mehr vorhanden ist, um solche Tiere wochenlang separat unterzubringen und zu versorgen. In der Regel wird gewünscht, dass die Klauenbehandlung mit einem Besuch erledigt ist.

Klauenerkrankungen beim Schwein

Die Schweineklaue ist an einen abwechslungsreichen und eher weichen Boden angepasst.
Bei erwachsenen Schweinen sind infektiöse Klauenerkrankungen fast immer die Folge von Verletzungen, besonders der Hinterbeine. Entstehungsfaktoren sind Betonroste mit zu breiter Spaltenbreite oder ausgebrochenen Kanten, Unebenheiten sowie Nässe und Glätte. Zudem begünstigen wachsende Klauen mit abnormer Stellung durch ungenügende Abrasion des Klauenhorns die Entstehung von Klauenerkrankungen.
Es entstehen Ballenentzündungen, Risse im Wandhorn und Stallklauen.
Zur Vorbeugung sind intensive Beobachtung, eine ausgewogene Fütterung (Zink/Biotin usw.), gute Stallhygiene und angepasste Bodengestaltung und Klauenpflege erforderlich. Zu lange Afterklauen können mit einer normalen Klauenzange in der Abferkelbucht vorsichtig gekürzt werden, wenn die Sau liegt.

- Zur **Behandlung** trennen Sie erkrankte Tiere hygienisch ab und versorgen sie antibiotisch (Penicillin o.Ä. per Injektion). Alternativ können Sie auch oral medikamentieren (z.B. Amoxicillin), was längere Behandlungszeiten möglich macht. Dabei richtet sich die Auswahl des Antibiotikums nach vorhandenen Resistenztests oder der Erfahrung des Tierarztes im einzelnen Betrieb.
- Unterstützend können Sie Entzündungshemmer/Schmerzmittel geben (Finadyne, Metacam, Metamizol usw.).
- Die lokale Behandlung mittels Sprays (AB-Spray, Blauspray, Jodspray usw.) ist ebenfalls möglich.
- Im ungünstigsten Fall müssen die Tiere gemerzt werden.

Klauenerkrankungen bei Schaf und Ziege

Ablösung des Wandhorns (lose Wand)

Es handelt sich dabei um eine Tasche, die durch Ablösung des Wandhorns in der weißen Linie entsteht und zwar besonders auf weichem, sandigem Boden.

- Schneiden Sie diese Tasche mithilfe eines Klauenmessers bis zur weißen Linie aus bzw. bis wieder eine feste Verbindung von Wandhorn zu Lederhaut besteht.
- Zur Vorbeugung kann man Lämmer, deren Wandhorn zur abaxialen Seite umklappt, aus der Zucht lassen.

Nekrosen und Abszesse in der weißen Linie

Sie sind die Folge eingetretener Fremdkörper, einer losen Wand oder von Quetschungen in der weißen Linie.

- Legen Sie für 1–2 Tage einen Angussverband an.
- Dazu wird der betroffene Fuß mit einem saugfähigen Material wie Watte eingepackt. Wichtig ist, dass der Bereich zwischen den Klauen gut abgepolstert wird, um Druckstellen zu vermeiden.
- Danach wird die Watte mit Mullbinden oder kohäsiven Binden fixiert. Eventuell kann alles mit einer Plastikfolie umgeben werden.
- Der gesamte Verband wird anschließend mit einer desinfizierenden Lösung (z.B. Jodlösung) befeuchtet. Dadurch wird das Klauenhorn elastischer und leichter zu bearbeiten.
- Tragen Sie dann die veränderte Wand soweit ab, dass Sie den Abszess eröffnen und das nekrotische Gewebe vollständig abtragen können.
- Spülen Sie danach die Wunde z.B. mit Jodlösung und desinfizieren Sie sie z.B. mit alkoholischer Lösung, um das Schaf dann trocken aufzustallen.

Panaritium
Diese akute oder auch chronische Entzündung der Klauenweichteile tritt meist nach langen Regenperioden im Sommer als Herdenerkrankung auf. Symptome sind Eiterungen, Phlegmone, Nekrosen und Fistelbildungen. Die Klauen sind vermehrt warm und schmerzhaft. Die Erreger dringen begünstigt durch Nässe, Lippengrind oder Zecken über kleine Verletzungen ein. Zur **Behandlung** werden die Tiere trocken aufgestallt, lokal antibiotisch versorgt (z.B. Tetrazyklinspray) und eventuell verbunden (siehe Kap. 6.5).

Stoppellähme (interdigitale Dermatitis)
Diese Entzündung der Haut im Zwischenklauenspalt wird durch Fusobacterium necrophorum und eventuell durch Spirochäten verursacht. Die Infektion entsteht oft nach langanhaltender Nässe und nach Hüten auf Weiden, die mit Rindergülle gedüngt wurden. Behandelt wird mit Wundspray, Klauenbad und trockenem Aufstallen.

Lippengrind (Fußform)
Eine Erkrankung im Kronsaum durch das Ort-Virus. Unkomplizierte Formen heilen oft nach 1–2 Wochen spontan ab, Sekundärinfektionen durch Eitererreger und Fußräude sind meist schwer zu bekämpfen. Zinkmangel kompliziert den Heilungsprozess.

Moderhinke (Dermatitis contagiosa interdigitalis)
Erreger: Dichelobacter nodosus und Fusobacterium necrophorum, die durch infizierte Tiere, kontaminierte Triebwege, Weiden und Transportfahrzeuge übertragen werden.

Klinisch zeigen sich eine Stützbein-Lahmheit, Loslösung des Sohlen- und Wandhorns beginnend im Ballenbereich des Zwischenklauenspaltes, dazwischen süßlich-modrige, grau-weißlich, schmierige Massen, in schweren Fällen Ausschuhen, Übergreifen auf die Klauengelenke sowie Festliegen.

- Zur **Behandlung** einer Moderhinke schneiden Sie das gesamte losgelöste Klauenhorn mit einem Klauenmesser restlos aus.
- Trennen Sie erkrankte von klinisch gesunden Tieren, die durch ein Klauenbad getrieben werden und zurück auf die Weide gehen.
- Die kranken Tiere müssen nach dem gründlichen Ausschneiden lokal und in schweren Fällen auch systemisch antibiotisch versorgt werden. Hierfür eignen sich CTC-Spray und langwirkende Antibiotika (Oxytetrazyklin LA, Penicillin/Streptomycin, Tilmicosin).
- In schweren Fällen und zur gründlichen Sanierung bei einem Herdenproblem wenden Sie Zinksulfat (10–15%, Golden Hoof) als Standbad an (30–45 min). Es wirkt tief ein und dringt durch alle Hornschichten.
- Nach dem Bad stehen die Tiere für 20–60 min auf einem trockenen, befestigten Betonplatz oder Weg, damit die Klauen trocknen.
- Kontrollieren und behandeln Sie wöchentlich. Die Prophylaxe erfolgt mit regelmäßiger Klauenpflege, Klauenbädern, Footvax-Impfung oder stallspezifischer Vakzine.

Klauenpflege bei Schaf und Ziege

Oft werden Sie von Hobbyschafhaltern zur Klauenpflege gerufen, die 2- bis 3-mal jährlich gründlich durchgeführt werden sollte. Dazu benutzen Sie ein spezielles Klauenmesser mit abgebogener Klingenspitze.
Die Klauenmesser, die zur Pflege bei Rindern oder Pferden eingesetzt werden, sind hier unpraktisch. Mit ihrer zur Seite gebogenen Klinge schneidet man sich in dem kleinen Arbeitsfeld schnell in den Finger oder in die andere Klaue.

> Für Ungeübte ist bei Arbeiten mit dem Messer ein Daumenschutz aus Leder sinnvoll. In Sanitätshaus oder Apotheke gibt es Fingerschutzhüllen mit Bändern zur Befestigung am Handgelenk. Sie sollen zwar eigentlich Fingerverbände vor Schmutz und Nässe schützen, können aber auch vor tiefen Schnitten bewahren.

- Ab zwei Tieren lohnt sich eine Klauenschere (z.B. Firma Felco, etwa 40 €).
- Schneiden Sie immer parallel zur Sohle und nehmen Sie nicht zuviel weg (Abb. 6.8). Insbesondere an der Klauenspitze wird bei unsachgemäßem Schneiden leicht die A. digitalis dorsalis verletzt, was zu größeren pulsierenden Blutungen und im schlimmsten Fall zu Granulomen führt, die letztlich nur chirurgisch in den Griff zu bekommen sind.

Abb. 6.8 Klauenpflege beim Schaf.

6.6 Euthanasie

Kranke und verletzte Tiere sind nach geltendem Recht transportunfähig. Eine Notschlachtung außerhalb eines Schlachtbetriebes ist nur aufgrund eines Unfalles möglich. Eine kranke festliegende Kuh muss z.B. der Tierkörperverwertung zugeführt werden, weil kein Unfall vorliegt. Vor der Notschlachtung muss bei den Tieren eine Schlachttieruntersuchung (Lebendbeschau) durchgeführt werden und es dürfen bis zur Weiterverarbeitung in einer Schlachtstätte nur maximal 2 Stunden vergehen. Zudem sind noch Zusatzuntersuchungen und weitere Regeln zu beachten.
Aus diesen Gründen ist die Euthanasie von Nutztieren, die unheilbar krank sind oder festliegen und nicht transportfähig sind, häufig geworden.
Das Einschläfern soll für das Tier möglichst stress- und angstfrei erfolgen, im Sinne eines bewusst praktizierten Tierschutzes.
In der Nutztierpraxis ist das Medikament T61 am gebräuchlichsten, weil es nicht unter das Betäubungsmittelgesetz fällt und daher keine zusätzlichen Aufzeichnungen notwendig sind.
Um jede Möglichkeit von unerwünschten Arzneimittelwirkungen vorsorglich auszuschließen, wurden die Zulassungsbedingungen des Tierarzneimittels T61 zum Einschläfern von Tieren geändert. Die wichtigste Änderung ist, dass das Arzneimittel nur noch zur Verabreichung an bewusstlose Tiere zugelassen ist. Das bedeutet, dass in jedem Fall eine Narkose wie bei einer Operation erfolgt, bevor das Mittel zum Einschläfern verabreicht wird. Zudem ist eine Anwendung von T61 bei tragenden Tieren nicht mehr zugelassen. T61 darf nur von Tierärzten angewendet werden.

Vorbereitung

- Achten Sie stets darauf, ausreichend Euthanasiemittel mitzuführen (z.B. T61, Eutha 77). Es kann Ihnen schließlich passieren, dass Sie an einem Tag mehrere Tiere einschläfern müssen. Zusätzlich benötigen Sie die Narkosemittel, z.B. Rompun und Ketamin.
- Bedenken Sie, dass der Tötungsplatz nach Möglichkeit an einem befestigten Weg liegt, damit der LKW der Tierkörperbeseitigungsanstalt auch dorthin gelangen kann. Gleichzeitig sollte der Tötungs- und Ablageplatz nach Möglichkeit nicht ohne Weiteres einsehbar sein und sich nicht in der Nähe von Straßen oder Wohngebieten befinden, da das tote Tier dort oft 1–2 Tage liegen bleiben muss.

- Wenn der Tierbesitzer nicht anwesend sein kann oder will, muss in jedem Fall eine von ihm beauftragte Person an seiner statt an Ort und Stelle sein, um das Tier zweifelsfrei zu identifizieren.
- Sie benötigen eine Hilfsperson, die den Kopf des Tieres hält, während Sie die Injektionen verabreichen.

Durchführung

- Legen Sie zunächst einen großlumigen venösen Zugang, der die schnelle Applikation einer großen Menge des Euthanasiemittels ermöglicht. Am festliegenden Tier ist die Eutervene der beste Ort für den großlumigen Zugang. Ansonsten wählen Sie die Jugularisvene. Am besten verwenden Sie einen Venenkatheter, weil die Injektion unbedingt intravenös erfolgen muss. Prüfen Sie die einwandfreie Lage des Zugangs.
- Falls Sie T61 verwenden, ist jetzt der Zeitpunkt für die Narkoseeinleitung gekommen.
- Verabreichen Sie möglichst zügig das Euthanasiemittel.

> Wir empfehlen, die Dosierungsangaben der Hersteller deutlich zu überschreiten, z.B. 75 ml T61 oder 100 ml Eutha77 für ein Tier von etwa 500–600 kg.

- Stellen Sie sich darauf ein, dass das Tier jetzt innerhalb einer Minute das Atmen einstellen wird und ggf. umfällt (!). Sorgen Sie also dafür, dass sich mit Ausnahme der Person, die das Tier am Kopf hält, zum Zeitpunkt der Injektion niemand mehr in seiner unmittelbaren Nähe befindet.
- Prüfen Sie den Lid- und den Kornealreflex. Reagiert das Tier jetzt noch, ist dies ein sicheres Zeichen dafür, dass Sie noch Euthanasiemittel nachapplizieren müssen.
- Nach der Euthanasie sollten Sie jedes Tier abhören und sicherstellen, dass keine Vitalzeichen mehr vorhanden sind. Es kann bis zu 15 min nach dem Einschläfern noch zu Muskelzuckungen kommen, obwohl das Tier bereits hirntot ist. Auch das Herz kann noch 5–10 min weiterschlagen. Nehmen Sie sich auf jeden Fall die Zeit, bis zum Aussetzen der Herztätigkeit beim Tier zu bleiben.

7 Notfälle

7.1 Umgang mit Notfällen in der Nutztierpraxis

Solange das einzelne Tier, z.B. die Kuh oder auch ein Hobbyschaf, noch so einen hohen Wert hat, dass sich ein einzelner Besuch zur Rettung des Tieres rechnet, wird es auch Notfälle in der Nutztierpraxis geben.
In der kommerziellen Schweine- und Geflügelpraxis gibt es keine Notfallpraxis mehr, im Sinne von Sofortbesuchen in den Abend- und Nachtstunden oder an Sonn- und Feiertagen.
Die Nutztierpraxis muss also immer noch mit einem 24-h-Dienst an 365 Tagen im Jahr organisiert werden. Dies hat zur Bildung größerer Praxiseinheiten geführt, damit die Freizeit sinnvoll geregelt werden kann. Die gegenseitige Vertretung von Nachbarkollegen an Sonn- und Feiertagen ist nicht immer unproblematisch, da es infolge unterschiedlicher Arbeitsweisen, Leistungs- und Preisdifferenzen bei größeren Kunden zum Tierarztwechsel kommen kann.
Aber auch bei geregelten Nachtdiensten sind späte Aufträge bei sog. „Notfällen" nie erfreulich und leider wegen langer Anfahrtswege zumeist auch unrentabel. Für Mitarbeiter, welche die Telefonanrufe annehmen, ist es häufig schwierig herauszufinden, ob es tatsächlich ein eiliger Notfall ist. Dies gilt für Notfälle während der normalen Arbeitszeit noch mehr als in der Nacht, weil dann sofort entschieden werden muss, ob eine Unterbrechung der geplanten Tour und eine Verschiebung der Termine erforderlich ist. Wie können Mitarbeiter auch ohne Fachkenntnis herausbekommen, ob es wirklich ein eiliger Notfall ist oder ob der Kunde aus seiner Sorge heraus übertreibt?

- Die wichtigste Frage lautet „Seit wann?". Dazu einige Beispiele: Ruft ein Landwirt wegen einer geblähten Kuh an, wird er auf die Frage „seit wann?", z.B. bei einer Schlundverstopfung, antworten, dass sie es seit wenigen Minuten hat und es also eilig ist. Bei einer Fremdkörpererkrankung wird er vielleicht angeben, dass sie schon einige Tage aufgebläht ist. Auch bei Verletzungen mit Blutungen zeigt uns die Frage „seit wann?", ob die Verletzung vor einigen Stunden oder gar Tagen passiert ist und vielleicht auch seitdem schon leicht blutet oder ob es erst vor wenigen Minuten passiert ist, mit frischen Blutungen, die schnell chirurgisch versorgt werden müssen. Landwirte können oft einen Scheidenvorfall (weniger eilig) nicht von einem Gebärmuttervorfall unterscheiden. Auch hier bekommt man auf die Frage „seit wann?" z.B. die Antwort „schon seit einigen Tagen" (Scheidenvorfall) oder „nach dem Kalben" (Gebärmuttervorfall). Auch bei einer Euterentzündung hilft die Frage „seit wann?" bei der Entscheidung, ob es sich um eine hochakute Mastitis handelt, die sofort behandelt werden muss, oder ob die Kuh schon seit einigen Tagen Flocken in der Milch hat, denn dann hat die Behandlung bis zum nächsten Tag Zeit. Diese eine Frage können Mitarbeiter stellen und dadurch oft verhindern, dass man zu einem erkrankten Tier eine Notfallanfahrt macht, nur weil der Landwirt die Sache dramatisiert. Wenn man abends oder in den Nachtstunden selbst mit dem Landwirt telefoniert, kann man durchaus höflich fragen, ob er selbst einen Nachtbesuch wünscht, der ja auch höhere Kosten verursacht. Letztlich hat der Landwirt als Kunde diese Entscheidung selbst zu treffen und man sollte dann diesen Wünschen ohne Wut im Bauch nachkommen. Es ist immer noch besser 5-mal unnötigerweise in der Nacht zu einem kranken Tier zu fahren, als einmal für einen Todesfall verantwortlich gemacht zu werden, weil man dem Kunden die Dringlichkeit ausgeredet hat.

- Bei Hobbytierhaltern, wie z.B. Schafhaltern, aber auch bei Haltern zunehmend kleinerer Rinderbestände mit seltenen Rassen muss man noch eher bereit sein, den Kunden zu ungewöhnlichen Zeiten zu besuchen. Diese Tierhalter sind oft keine ausgebildeten Landwirte und haben mit bestimmten Krankheiten auch weniger Erfahrung als Landwirte mit mehreren hundert Kühen. Daher können sie nicht richtig einschätzen, ob eine Behandlung dringend ist oder noch ein oder zwei Tage Zeit hat.
- Auch wenn neue oder noch unbekannte Kunden in der Nacht anrufen, sollte man bereitwillig hinfahren. Dadurch verschafft man sich Dankbarkeit und einen guten Ruf.
- Man weiß vor einem ersten Besuch nie, über welche Verbindungen und Kontakte dieser neue Kunde verfügt. Arbeitet er vielleicht bei der Presse, steht eventuell einige Tage später ein bitterböser Artikel über eine Tierarztpraxis in der Zeitung, die es „nicht mehr nötig hat…". Oder der neue Kunde ist ein Landwirt mit einem großen Betrieb, der meist noch andere Landwirte mit großen Betrieben kennt und für eine schlechte Mundpropaganda sorgt.

7.2 Festliegen – Gebärparese (Hypokalzämie)

Der häufigste Grund für einen Notfallbesuch in der Rinderpraxis ist eine festliegende Kuh. Dabei handelt es sich zunächst um eine rein symptomatische Diagnose. Jede schwere Erkrankung im Endstadium kann zu einem „Festliegen" führen. Darüber hinaus gibt es viele primäre Ursachen für ein „Festliegen".

Man unterscheidet zwischen einem Festliegen im Zusammenhang mit der Geburt und einem Festliegen außerhalb des Geburtszeitraums (siehe Kap. 7.3).

Die Erkrankung wird von vielen Landwirten auch als Milchfieber bezeichnet und ist die häufigste Ursache für ein Festliegen in der Nähe des Geburtstermins (meist 1 Tag vor bis 3 Tage nach dem Kalben). Es erkranken meist Kühe ab der 3. Laktation, vorwiegend Kühe mit hohen Milchleistungen. Bei Mutterkühen ist es recht selten.

Die Hypokalzämie um den Geburtstermin herum entsteht durch ein Missverhältnis zwischen erhöhtem Kalziumbedarf (beginnende Milchproduktion) und ungenügender Kalziumaufnahme über den Darm und zusätzlicher Bereitstellung aus dem Knochen (ältere Tiere). Der Blutkalziumspiegel sinkt unter 2 mmol/l ab. Dieses Absinken des Kalziumspiegels führt zu Funktionsstörungen der Muskulatur. Auffällig ist eine gewisse Abstufung bei sinkendem Kalziumspiegel. Zuerst kommt es zu Störungen der Uterusmuskulatur und die Geburt kommt zum Stillstand oder die Nachgeburt geht nicht ab, obwohl sie locker in der Gebärmutter liegt. Es findet keine Uteruskontraktion mehr statt. Mit weiter sinkendem Kalziumspiegel kommt es dann zu Störungen der glatten Muskulatur. Die Pansenmotorik setzt aus, wodurch auch die Phosphatresorption vermindert wird. Der Phosphatgehalt im Blut sinkt bei vielen Kühen ab.

Im weiteren Verlauf kommt es schließlich zum völligen Erliegen der Darmmotorik, das Rektum ist voll Kot, oft sehr trocken, die Kuh kaut nicht mehr wieder, die Haut fühlt sich kalt an und der Blutdruck sinkt ab. Sinkt der Kalziumspiegel weiter ab, ist schließlich die quergestreifte Muskulatur gelähmt (Festliegen) und zum Schluss auch die Herzmuskulatur.

Anamnese

- Seit wann liegt die Kuh fest? Wenn Sie sich der Kuh nähern, reißt sie oft in Panik das Maul auf. In dieser Phase kann die Kuh noch stehen. Ab welchem Kalziumspiegel die Gliedmaßenmuskulatur nicht mehr funktioniert und die Kuh zum Festliegen kommt, ist individuell sehr verschieden. Oft werden Kalziumspiegel unter 1 mmol/l gemessen. Wenn diese Phase schnell eintritt und die Kuh auf einem weichen und rutschfesten Untergrund liegt, ist es günstiger, als wenn eine nervöse Kuh immer wieder Aufstehversuche macht, wobei es durch die erschlaffte Muskulatur leicht zu Muskel- und Sehnenrissen oder Frakturen kommen kann. In dieser Phase muss die Kuh notfallmäßig schnell behandelt werden, denn sie kann im weiteren Verlauf in einen komatösen Zustand verfallen, der Herzmuskel droht zu versagen.

- Hat der Landwirt schon vorbehandelt und eine Infusion angehängt? Da in den meisten Fällen bei festliegenden Kühen ursächlich eine Hypokalzämie vorliegt, die Erkrankung häufig ist und dem Landwirt der Ablauf bekannt ist, erfolgt die Erstbehandlung häufig schon durch den Landwirt oder Herdenmanager. In vielen Betrieben wird auch jeder Kuh ab der 3. Kalbung vorbeugend eine Kalziuminfusion gegeben. Häufig wird dann der Tierarzt hinzugezogen, wenn die Kuh nach dieser ersten Infusion nicht aufsteht.
- Wann hat die Kuh gekalbt und wie war der Geburtsverlauf? Wenn Sie zu einer festliegenden Kuh nach der Geburt gerufen werden, ist die gründliche klinische Untersuchung die Basis der Diagnose. Gehen Sie dabei stets nach einem festgelegten Schema vor.

Vorbereitung

- Häufig sind die Kühe in einer so ungünstigen Lage, dass es auch für eine gesunde Kuh nicht möglich ist aufzustehen. Oder aber sie liegt so beengt, dass eine geburtshilfliche Untersuchung nicht möglich ist. Manchmal ist es schwierig, den Landwirt davon zu überzeugen, dass die Bedingungen für die Kuh verbesserungswürdig sind. Versuchen Sie die Kuh in Brustlage zu bringen, auf einen weichen und rutschfesten Untergrund (Grassiloreste) mit ausreichend Kopffreiheit (70–100 cm), sodass sie bei einem Aufstehversuch Schwung nach vorne nehmen kann.
- Wenn die Kuh ein ungestörtes Sensorium hat und rutschfest gelagert ist, können Sie im Rahmen der Untersuchung durchaus mal versuchen, die Kuh leicht anzutreiben, um zu sehen, wozu sie noch in der Lage ist. Auf keinen Fall sollten Sie dazu einen elektrischen Viehtreiber benutzen!
- Wenn Kühe längere Zeit flach auf der Seite gelegen haben, entsteht häufig eine hochgradige Tympanie. Das liegt einfach daran, dass sich der

Panseninhalt im Pansen langsam dreht, sodass die dorsale Gasblase wieder oben liegt. Jetzt mündet aber bei einer Kuh in Seitenlage der Panseneingang nicht mehr in der dorsalen Gasblase, sondern im festen oder flüssigen Anteil des Pansens, also kann die Kuh das Gas nicht ausrülpsen. Manchmal sieht diese Tympanie sehr bedrohlich aus, trotzdem sind weder ein Trokar noch eine Pansenschlundsonde nötig.

Es hat oft Fälle gegeben, bei denen Landwirte mit dem Messer in den Pansen gestochen haben, um die Kuh zu entgasen, natürlich mit der Folge einer unheilbaren Peritonitis, auch wenn die Kuh die Tympanie kurzfristig überlebt hat. Legt man die Kuh in Brustlage, ist das Gas in wenigen Minuten heraus und die Tympanie verschwunden.

- Wenn Sie die Kuh mit vereinten Kräften nicht aufzurichten vermögen, können Sie einen kleinen Strohballen vor die Schwinge eines Hofschleppers legen und dann die Kuh damit hochdrücken, ohne ihre Brust dabei zu verletzen. Diese Maßnahmen sollten vor der eigentlichen Infusionstherapie durchgeführt werden, denn bei einer geblähten Kuh in Seitenlage ist die Gefahr einer Aspiration in die Lunge beim Regurgitieren von Pansensaft sehr groß. In der Folge kann sich daraus eine schwere Aspirationspneumonie entwickeln, die kaum zu beherrschen ist.

Untersuchung

- Prüfen Sie die Körpertemperatur. Die typische „Milchfieberkuh“ mit Untertemperatur findet man in der Praxis kaum noch. Die meisten Gebärparesen verlaufen langsamer und die Kühe zeigen noch Bewegungsaktivität. Durch die Anstrengung nach mehreren Aufstehversuchen finden sich daher oft leicht erhöhte Körpertemperaturen (39,5 °C).
- Kontrollieren Sie die Herz- und Kreislaufsituation. Bei Kühen mit Muskelrissen findet man häufig Herzarrhythmien. Dann ist besondere Vorsicht bei der Kalziuminfusion geboten.
- Führen Sie immer eine rektale Untersuchung durch, um die Kotkonsistenz zu bestimmen. Kühe mit Durchfall liegen oft nicht wegen einer Hypokalzämie fest, sondern wegen einer Intoxikation (Futter, Koliinfektionen). Auch diese Tiere vertragen eine Kalziuminfusion sehr schlecht.
- Vaginale Untersuchung (siehe Kap. 10.6).
- Bei der Euteruntersuchung ist es manchmal schwierig, zwischen dem physiologischen Biestmilchsekret und einem pathologisch veränderten

Sekret zu unterscheiden. Die rötliche Farbe ist in beiden Fällen möglich. Gesunde Biestmilch ist etwas cremig. Bei einer Mastitis p.p. finden sich entweder Flocken im Sekret oder es erscheint blutig wässrig, oft in Verbindung mit Fieber und stark gestörtem Allgemeinbefinden. Machen Sie sich auch bei einer festliegenden Kuh die Mühe, alle 4 Viertel anzumelken. Dazu muss man die Kuh manchmal umlegen. Das ist zwar mühsam und zeitaufwendig, bewahrt Sie aber vor unnötigen Fehlern.

- Zur Untersuchung des Bewegungsapparates bewegen Sie alle Gliedmaßen passiv durch. Achten Sie auf Krepitationsgeräusche oder abnorme Beweglichkeit. Nehmen Sie sich dazu reichlich Zeit. Auch hier gilt: Legen Sie die Kuh einmal auf die andere Seite um, vor allem wenn die Kuh schon vom Landwirt vorbehandelt wurde oder nach der ersten Infusion nicht aufgestanden ist. Manchmal können Sie eine Ursache für das Therapieversagen nach Kalziuminfusion erst finden, wenn Sie die Kuh mit einer Beckenklammer aufheben (Fraktur, Bänder- oder Muskelriss). Dies darf erst erfolgen, wenn die Kuh von alleine Aufstehversuche macht, das Sensorium ungetrübt ist, Futter- und Wasseraufnahme vorhanden und die Kalzium- und Phosphatwerte normal sind.
- Es gehört zur guten Grundversorgung einer Gebärparese, wenn Sie der Kuh Fesselbänder anlegen, damit sie nicht möglicherweise beim ersten Aufstehversuch ausrutscht und sich einen Muskelriss zuzieht.

Behandlung

Meist vergehen bei einem Berufsanfänger 3–4 Monate, bis – nach anfänglicher Vorsicht – die Milchfieberbehandlung zur Routine wird und dann passiert es irgendwann, dass eine Kuh während der Kalziuminfusion verendet – ein immer wieder vorkommendes, sehr unangenehmes Schlüsselerlebnis im Berufsstart. Das lässt sich nur verhindern, wenn man sein ganzes Berufsleben lang die gründliche klinische Untersuchung und notwendige Sorgfalt bei der Infusion nie zur Routine werden lässt. Eine festliegende „Milchfieberkuh" ist und bleibt vital bedroht.
Die Grundlage der Therapie ist die Infusion von Kalziumlösungen. Die besser verträglichen Kalziumglukonatlösungen haben die sehr gewebeunverträglichen Kalziumchloridlösungen verdrängt.

> Die erfolgreiche Behandlung einer festliegenden Milchfieberkuh ist für den Anfänger in der Rinderpraxis immer gut für erste Erfolgserlebnisse und wirkt motivierend. Leider ist sie aber auch oft der erste Todesfall bei einer „Routinebehandlung".

- Gerade wenn Sie als Anfänger noch wenig Übung beim Anlegen der Infusionskanüle haben, sollten Sie gewebeverträgliche warme Infusionslösungen verwenden. Ist die Kuh bereits vom Landwirt vorbehandelt oder besteht der Verdacht auf einen Muskel- oder Sehnenriss, nehmen Sie vor Beginn der Infusion eine Blutprobe, um später im Labor die Werte für Kalzium, Phosphat und Magnesium sowie den CK-Wert (Nachweis von Muskelverletzungen) bestimmen zu lassen. Einige Labors bieten für einen günstigen Preis ein sog. „Festliegerprofil" an.
- Faustregel zur Kalziumdosierung: 1 ml/kg Kalziumglukonat 24% über mindestens 15 min. Wenn keine Infektion vorliegt und die Nachgeburt abgegangen ist, kann man zusätzlich 15 ml eines handelsüblichen Dexamethasonpräparates verabreichen. Das verbessert das Allgemeinbefinden, steigert die Fresslust, vermindert das Euterödem und fördert die Kalziumresorption (Abb. 7.1).
- Nach dem ersten Drittel der Infusion ist es zwingend notwendig, auskultatorisch das Herz zu überwachen (auch aus haftpflichtrechtlichen Gründen). Treten Herzrhythmusstörungen auf, müssen Sie die Infusionsgeschwindigkeit verlangsamen oder die Infusion ganz unterbrechen, ggf. auch für einige Stunden.

Abb. 7.1 Notfallmäßige Kalziuminfusion bei Gebärparese.

- Kühe mit Euterentzündungen, Durchfall, Blutverlust, Muskelrissen oder Fettleber vertragen Kalzium sehr schlecht. Wenn Sie einen solchen Befund erhoben haben, muss die Infusion sehr langsam (30 min) und unter ständiger Kontrolle des Herzens ablaufen.
- Als Depot kann man noch zusätzlich etwa 150 ml Kalziumboroglukonat unter die Haut spritzen.
- Falls die Kuh nicht aufsteht, sollte frühestens nach 6–8 Stunden eine Nachbehandlung erfolgen. Dann führen Sie die gleichen Routinen und die gründliche Untersuchung erneut durch, weil sich in dieser Zeit viel geändert haben kann, z.B. kann die Kuh nach einem Aufstehversuch eine Fraktur haben, es kann eine akute Mastitis entstanden sein oder die Kuh hat Durchfall, nachdem die Darmmotorik wieder in Gang gekommen ist.
- Wenn der Verdacht besteht, dass der Phosphatgehalt im Serum stark erniedrigt ist, sollten Sie zusätzlich handelsübliche Phosphatpräparate oral gegeben (50 g Phosphat als Na-Salz). Kühe mit erniedrigtem Phosphatgehalt werden auch als sog. „Kriecher" bezeichnet („atypisches Milchfieber"), weil sie bei relativ ungestörtem Allgemeinbefinden festliegen und bei ihren Aufstehversuchen ständig weiter nach vorne kriechen. Die Lähmung ist eher von hinten beginnend und nach vorne fortschreitend. Bei fast der Hälfte aller Gebärparesefälle ist auch der Phosphatgehalt abgesunken. In der Regel steigen die Serumwerte nach einer reinen Kalziuminfusion wieder an, da die Pansenmotorik und damit auch die Phosphatresorption im Verdauungstrakt wieder einsetzen. Ein reiner Phosphatmangel als Ursache für ein Festliegen ist sehr umstritten.
- Leider wird auch oft von erfahrenen Tierbesitzern vergessen, die Kuh mit Wasser zu versorgen, da sie ja die Tränke nicht erreichen kann. Weisen Sie den Tierbesitzer darauf hin, wenn die Kuh länger als eine Stunde festgelegen hat.

Notfall Gebärparese

1. Kuh in Brustlage bringen,
2. allgemeine Untersuchung – Temperatur, Herz-Kreislauf, Kotkonsistenz,
3. Bewegungsapparat – alle vier Beine passiv bewegen,
4. geburtshilfliche Untersuchung – vaginal, Euter,
5. Therapie – Kalziuminfusion (Auskultation Herz!), Glucose, Dexamethason.

7.3 Festliegen – allgemein

Wenn Sie zu einer festliegenden Kuh außerhalb des peripartalen Zeitraums gerufen werden, gilt das gleiche wie bei der Gebärparese: Die gründliche klinische Untersuchung ist die Basis, um zu einer kausalen Diagnose zu kommen. Die Laboruntersuchung ist nur ein zusätzliches Hilfsmittel. Die flankierenden Maßnahmen wie weiche rutschfeste Lagerung, genügende Kopffreiheit zum Aufstehen und das Verbringen in Brustlage gehören genauso wie bei der Gebärparese zu den Grundvoraussetzungen.

Bei der Anamnese ist es wichtig, dass Sie den Landwirt richtig einschätzen. Auch hier ist wieder die Antwort auf die Frage „seit wann?“ wichtig. Es gibt Besitzer, die wochenlang beobachten können, dass eine Kuh lahmt, ohne darauf zu reagieren. Erst wenn das Tier wegen einer septischen Klaueninfektion nicht mehr aufstehen kann, wird es ein Notfallpatient, eben eine festliegende Kuh. Oder eine Färse quält sich seit Wochen mit einer chronischen Pneumonie, aber erst wenn das vielleicht abgemagerte Tier wegen Atemnot oder aus reiner Schwäche nicht mehr aufstehen kann, ist der „Notfall“ festliegendes Rind eingetreten. Auf der anderen Seite gibt es Landwirte, die jede kleine Veränderung am Tier entdecken und sich sehr früh melden. Nehmen Sie diese Kunden ernst. Meist haben sie eine gute Tierbeobachtung und können gut einschätzen, ob ein „Notfallbesuch“ nötig ist. Bemerkt etwa ein Landwirt nur eine leichte Unruhe einer Kuh beim Melken, so kann das durchaus ein Frühsymptom einer schweren Kolimastitis sein, die sich in wenigen Stunden zu einer schweren Intoxikation auswächst.

Da unmöglich alle Ursachen für ein Festliegen an dieser Stelle beschrieben werden können, seien hier nur die häufigsten genannt.

Stoffwechselerkrankungen spielen in der Rinderpraxis eine wesentlich größere Rolle als bei anderen Haustieren. Mit Beginn der Laktation werden an den Stoffwechsel hohe Anforderungen gestellt. Die Milchinhaltsstoffe sind in engen Grenzen genetisch festgelegt. Der Organismus versucht die Gehalte der Mineralstoffe im Blut immer konstant zu halten, also ist auch ein Mangel im Blut erst in einer sehr späten Phase der Erkrankung messbar, d.h. also im Notfall.

- Versuchen Sie durch geschicktes Fragen herauszubekommen, „seit wann“ die Kuh einen Mangel hat, seit wann sie abnimmt, seit wann sie kein Kraftfutter mehr frisst und seit wann die Milchleistung zurückgegangen ist. Wenn die Milchleistung einer Kuh merklich zurückgeht, was oft erst

bei der automatischen Milchmengenmessung im Melkstand festgestellt wird, ist die Kuh bereits seit mindestens zwei Tagen krank!

> Stoffwechselerkrankungen sind beim Rind meist fütterungsbedingt. Um erfolgreich in der Rinderpraxis tätig zu sein, ist es unbedingt erforderlich, sich zusätzliches Wissen zur Fütterung anzueignen. Ein Rinderpraktiker muss heute in der Lage sein, die Fütterung zu überprüfen, Fehler zu entdecken und Fütterungen auch selbst zu berechnen.

7.4 Festliegen – Hypokalzämie

Eine Hypokalzämie kann bei der laktierenden Kuh zu jeder Zeit vorkommen, wenn auch nicht in der Häufigkeit wie im peripartalen Zeitraum, in den letzten Jahren aber mit stark zunehmender Tendenz. Die Ursache ist auch hier ein Missverhältnis zwischen dem Kalziumbedarf (Milchproduktion) und dem Kalziumangebot bzw. der Kalziumverwertung aus dem Futter. Gründe für ein solches Missverhältnis sind z.B. Pansenacidose (schlechte Kalziumresorption), einseitige Futterauswahl bei Selbstfütterung (einige Kühe fressen nur Mais), in manchen Regionen hoher Kaliumgehalt des Grases, nach Durchfallerkrankungen, verminderte Darmmotorik und bei oder nach einer Ketose.

- Die Grundlage der Diagnose ist die sorgfältige klinische Untersuchung. Folgende Symptome können Sie finden:
  - verminderte Pansen- und Darmmotorik,
  - trockener Kot,
  - kühle Haut,
  - niedrige Körpertemperatur.
- Wenn sich keine anderen Ursachen für ein Festliegen finden, kann man den Verdacht auf Hypokalzämie haben. Dieser Verdacht lässt sich durch einen Kalziumschnelltest erhärten.
- Wenn ein Kalziumschnelltest nicht zur Verfügung steht, können Sie eine „diagnostische Infusion“ mit Kalziumglukonat durchführen. Dabei muss die Verträglichkeit sehr sorgfältig durch Herzauskultation kontrolliert werden. Bei guter Verträglichkeit ist eine Dosierung von 1 ml/kg anzustreben. Zusätzlich sollten Sie weitere 500 ml einer 20%igen Glukoselösung verabreichen, da meistens zugleich auch eine Ketose vorliegt. Sie können beide Lösungen mischen oder im Wechsel verabreichen.

- Nehmen Sie vor der Infusion in jedem Fall eine Blutprobe. Steht die Kuh nach der ersten Infusion nicht auf, haben Sie immer noch die Möglichkeit eine Laboruntersuchung einzuleiten (Festliegerprofil).
- Nach den Ergebnissen können Sie dann weiter behandeln. Häufig ist bei diesen Kühen gleichzeitig der Phosphatgehalt im Blut abgesenkt, sodass auch eine orale Phosphatgabe sinnvoll ist.

7.5 Festliegen – Ketose, Acetonämie, Lipomobilisationssyndrom, negative Energiebilanz

Mit der Steigerung der Milchleistung haben Ketosen in den letzten Jahren zugenommen. Natürlich führt nicht jede Ketose oder Acetonämie zum Festliegen und somit zum Notfall, aber die Übergänge sind recht fließend. Eine deutliche Abgrenzung zur Hypokalzämie und zur Hypophosphatämie ist auch nicht immer gegeben, oft ist alles gleichzeitig vorhanden.

Es erkranken vor allem Hochleistungskühe zu Beginn der Laktation (noch häufiger Färsen). Zur Milchproduktion wird viel Glucose benötigt, welche die körpereigene Glukoneogenese bereitstellen muss. Werden mit dem Futter zu wenige Kohlenhydrate zugeführt, muss die fehlende Energie durch Körperfettabbau bereitgestellt werden, was eine negative Energiebilanz bedeutet. Beim Fettabbau entstehen viele Ketonkörper: Acetoacetat, Aceton und ß-Hydroxybutyrat, von denen Letztere relativ ungiftig ist, während die beiden Erstgenannten bei Erhöhung im Blut toxisch wirken. Die Leber kann diese Ketonkörper bei Energiemangel und Hypoglykämie nicht verstoffwechseln. Die Kuh wird krank und die Fresslust nimmt ab, wodurch der Energiemangel weiter verstärkt wird, was wiederum zu vermehrtem Körperfettabbau führt.

Die biochemischen Vorgänge sind komplex, die klinischen Folgen aber einfach zu erkennen. Es entsteht eine Teufelskreis.

Eine **leichte, subklinische Ketose** nach dem Kalben kann bei hochleistenden Kühen normal sein. Wenn in dieser Phase beobachtet und ggf. behandelt wird, kommt es nicht zum Festliegen und nicht zum Notfall.

- Im Harn lassen sich Ketonkörper mit einfachen Teststreifen nachweisen, allerdings werden Ketonkörper durch Muskelaktivität und Bewegung

abgebaut. Daher ist bei Laufstall- oder Weidekühen oft kein Keton in der Milch oder im Harn nachweisbar.

- Die Fresslust dieser Tiere ist vermindert, sie nehmen langsam an Körpergewicht ab. Insgesamt ist der Stoffwechsel dieser Kühe immer noch in der Lage die Gegenregulation (vermehrte Glukoneogenese, Abbau der Ketonkörper oder Rückgang der Milchleistung) aufrecht zu erhalten. Inwieweit die Milchleistung als Gegenregulation in der Phase der negativen Energiebilanz zurückgeht, ist auch eine Frage der Genetik. Holsteins halten die hohe Milchleistung viel länger als z.B. Fleckviehtiere und kommen so viel eher dazu, eine klinische Ketose zu entwickeln.
- Auch wenn die Kuh nicht deutlich sichtbar erkrankt, so führt die über längere Zeit bestehende negative Energiebilanz zu einer Leberschädigung (Fettleber). Dies hat in den weiteren Lakationsmonaten erheblichen negativen Einfluss auf die Fruchtbarkeit, Eutergesundheit und Immunabwehr.

> Die subklinische Ketose bleibt häufig unerkannt, unbehandelt und verursacht dann letztlich mehr chronische Schäden als die klinische Ketose.

Wenn der Fettabbau weiter fortschreitet, entwickelt sich die **klinische Form der Ketose**. Bleibt diese unbehandelt und hält die Lipolyse an, kommt es zur völligen Stoffwechselentgleisung. Durch ihre Veranlagung produzieren besonders Holsteins und Tiere mit viel Bauchhöhlenfett auch im Energiemangel weiter Milch. Dadurch magern sie sehr schnell ab. In schweren Fällen kommt es zu einer Bewusstseinsstörung (Leberkoma), die ein Festliegen des Rindes zur Folge hat. Infolge des Energiemangels können die aus dem Fettgewebe in die Leber anflutenden Fetttröpfchen und Fettsäuren nur unvollständig abgebaut werden. Sie werden in den Leberzellen abgelagert und es entsteht eine massive Leberverfettung. Die Leber kann keine Endotoxine (Zellwandgifte von Bakterien) mehr auszuscheiden. So kommt es zur Abwehrschwäche des Organismus, Infektionen werden begünstigt. Die Geschwindigkeit, mit der das Körperfett nach dem Kalben abgebaut wird, ist entscheidend für die Schwere der Erkrankung. Etwa 10% Körpergewichtsverlust im ersten Monat nach dem Kalben können viele Tiere kompensieren, 10% in einer Woche sind jedoch lebensbedrohlich.

Bei der **sekundären Ketose** führt eine andere Grundkrankheit – kein Fütterungsfehler – zu verminderter Futteraufnahme und damit zur negativen Energiebilanz. Am häufigsten sind hier Klauenerkrankungen zu nennen. Eine lahme Kuh geht weniger zum Fressen, Schmerzen und Wundinfektionen beschleunigen den Gewichtsverlust zusätzlich. Alle Puerpe-

ralinfektionen mit Fieber und gestörtem Allgemeinbefinden verursachen eine Ketose. Erstkalbende haben oft Probleme mit der Einordung in die Altherde, werden beim Fressen abgedrängt und bauen massiv Körperfett ab. Dies tun sie vor allem dann, wenn sie aufgrund ihrer Genetik mit hohen Milchleistungen in die Laktation starten. Auf der anderen Seite lösen Ketosen auch andere Erkrankungen aus. Dazu gehören die Labmagenverlagerung und die oben schon genannten Leberschäden, die dann wiederum eine Immunsuppression bewirken.

Untersuchung

- Die Bewegungsaktivität der Kuh nimmt stark ab, bis zum Festliegen, die Futteraufnahme sistiert. Seltsamerweise wird oft noch Heu gefressen. Kohlenhydratreiches Kraftfutter oder Rüben bleiben zuerst liegen.
- Die Pansen- und Darmmotorik ist stark vermindert, der Kot trocknet ein, wird dunkel und scheibenförmig.
- Im Harn und in der Milch lassen sich mit Teststreifen Ketonkörper nachweisen. Manche Personen können den speziellen Geruch, den diese Tiere ausscheiden, gut wahrnehmen. Der Harn ist sehr dünn und klar, weil die Kuh sehr viel Wasser aufnimmt.

Die Ketose-Kuh wird endgültig zum Notfall, wenn sich die „nervöse Acetonämie“ entwickelt. Die Ketonkörper im Blut überwinden die Blut-Liqour-Schranke und entfalten ihre toxische Wirkung im Rückenmark und Gehirn.

- Die Tiere können somnolent wirken, mit starken motorischen Problemen vor allem in der Nachhand und auch mit Sehstörungen. Andere dagegen werden aufgeregt, nervös, speicheln stark und brüllen. Manche Tiere werden auch aggressiv, dann kann die Behandlung sehr gefährlich werden. Es ist vorgekommen, dass sich Kühe den Unterkiefer gebrochen haben, weil sie im Wahn in den Trog gebissen haben, oder dass sie mit voller Wucht gegen einen Baum gelaufen sind und sich Halswirbel gebrochen haben.

Behandlung

Die Behandlungsziele sind zunächst, den Glukosemangel kurzfristig zu beheben, mittelfristig die Glukoneogenese zu fördern, die Ketonkörper schneller abzubauen, die Futteraufnahme zu fördern und den Gewichtsverlust bzw. die Lipolyse zu stoppen.

- Zuerst erfolgt als Standardtherapie eine Glukoseinfusion mit 500 ml einer 40%igen handelsüblichen Glukose- oder Invertzuckerlösung als Sturzinfusion. Da bei nervöser Acetonämie häufig auch eine Hypokalzämie vorliegt, geben Sie zusätzlich 250 ml Kalziumglukonat.
- Wenn keine Infektion, Verletzungen, Wunden usw. vorhanden sind, ist die Gabe von Prednisolon oder Dexamethason sehr sinnvoll.
- Wiederholen Sie die Infusionsbehandlung am Folgetag.
- Sinnvoller ist die Dauerinfusionsbehandlung mit einer Glukoselösung (etwa 1 kg Glucose in 24 Stunden), die aber wegen des größeren Aufwandes in der Praxis meist nicht durchgeführt wird.
- Die Therapie kann mit der oralen Gabe von Propylenglykol (250 ml) oder Natriumpropionat (200 g) über 3–5 Tage verbessert werden.

Verschaffen Sie Kühen in Anbindehaltung Bewegung, weil dies den Abbau der toxischen Ketonkörper fördert. Als altes Hausmittel hat sich die Verfütterung von Kartoffelschalen und Kleie bewährt.

- Bei festliegenden Tieren, die in wenigen Tagen extrem abgemagert sind und ein „Leberkoma“ aufweisen, ist die Prognose sehr schlecht. Durch die Leberverfettung sind die Leberzellen nicht mehr in der Lage, Ammoniak in Harnstoff umzuwandeln und auch andere Toxine zu entgiften. Dadurch wird das ZNS geschädigt. Es kommt zu zentralnervösen Störungen, anfänglicher Nervosität, später dann auch zur Somnolenz mit eingeschränkter Motorik. Häufig sieht man bei solchen Kühen ein Einknicken in der Hinterhand, ein Überköten bis zur endgültigen Nachhandparese und zum Festliegen. Wenn man die Tiere schon festliegend in Seitenlage antrifft (finales Koma), ist die Diagnose schwierig und die Therapie meist aussichtslos.
- Bei einer sekundären Acetonämie muss die Behandlung der ursächlichen Krankheit vorrangig sein, weil die alleinige Ketosetherapie sonst kaum Erfolg hat.

Notfall Ketose/Acetonämie

1. Kuh in Brustlage bringen oder fixieren,
2. allgemeine Untersuchung – Temperatur, Herz-Kreislauf, Kotkonsistenz, Labmagenkontrolle (!),
3. gynäkologische Untersuchung – Puerperalinfektionen, Mastitis,
4. Harnprobe (Teststreifen),
5. Therapie – Glukoseinfusion, Glukokortikoide, Propylenglykol,
6. Anweisungen zur Nachversorgung – Fütterung, Bewegung, Propylenglykol.

7.6 Festliegen – Tetanie/Weidetetanie

Die Weidetetanie ist ein meist perakut verlaufender Magnesiummangel bei Weiderindern.
In früheren Jahren war sie ein häufiger Grund für einen Notfallbesuch, vor allem in den Frühjahrswochen. Mittlerweile ist die Erkrankung in ihrer klassischen Form sehr selten geworden, weil die Landwirte die Ursachen kennengelernt haben und jetzt eine plötzliche Futterumstellung im Frühjahr vermeiden. Viele große Herden haben gar keinen Weidegang mehr, sondern eine ganzjährige TMR-Fütterung. Bei den Herden mit Weidegang macht das frische Gras nur noch einen kleinen Anteil aus. Häufiger findet man Tetanie noch bei Mutterkuhherden und dann auch häufiger im Herbst, wenn nichts mehr zu dem jungen Gras beigefüttert wird.
Es erkranken überwiegend frisch laktierende Tiere, da sie zur Milchproduktion einen hohen Magnesiumbedarf haben und zugleich die Möglichkeit, zusätzlich Magnesium aus dem Körper zu mobilisieren, sehr begrenzt ist.
Im Frühjahr hat das erste schnell gewachsene Gras einen hohen Rohproteingehalt, wenig Struktur und einen sehr niedrigen Magnesiumgehalt. Die Tiere haben daher oft einen sehr dünnbreiigen Kot, was die Resorption des Magnesiums zusätzlich erschwert. Wenn in den ersten Maiwochen durch kalte Nächte ein zusätzlich erhöhter Energiebedarf vorliegt oder bei bulligen Tieren die Futteraufnahme vermindert ist, sind die wesentlichen auslösenden Faktoren für eine Weidetetanie vorhanden.
Die gleichen Faktoren kommen auch in den frühen Herbstmonaten vor, wenn nach trockenen Sommermonaten die Stickstoffreserven durch die ersten Niederschläge mobilisiert werden und das Gras wieder sehr schnell wächst.
Je nachdem, wie schnell und wie tief der Magnesiumgehalt im Blut abfällt, sieht man eine perakutes Krankheitsbild mit plötzlichen Todesfällen oder einen latenten Verlauf.

Untersuchung

- Die Tiere nehmen weniger Futter auf, wirken ängstlich und nervös.
- Der Gang ist steif, der Rücken aufgekrümmt und die Muskulatur vor allem an den Hinterbeinen sehr verspannt.
- Wenn Sie die Tiere antreiben, machen diese oft nur kurze Schritte. Es kann auch vorkommen, dass sie dann einen Krampfanfall bekommen

Abb. 7.2 Tetanie.

und umfallen. Diese latente Tetaniephase kann tagelang andauern, geht aber dann durch einen äußeren Anlass, wie etwa eine kalte Nacht, in das akute Stadium über. Es gibt aber auch Spontanheilungen, wenn z.B. im Frühjahr die Temperaturen ansteigen oder die Tiere auf eine Weidefläche kommen, auf der weniger junges eiweißreiches Gras steht.

- In der akuten Tetaniephase liegen die Tiere in Seitenlage und rudern unkoordiniert mit den gestreckten steifen Beinen. Oft ist der Kopf nach hinten gestreckt oder die Kuh versucht immer wieder aufzustehen und schlägt mit dem Kopf wieder und wieder auf den Boden (Abb. 7.2).

Jede Aufregung oder auch die Fixierung lösen neue Krampfanfälle aus.

- Wenn die Kuh sich länger als 30 Minuten in Seitenlage befindet, bläht sie häufig auf. Diese Tympanie wird nicht nur durch verminderte Pansenmotorik verursacht, sondern auch durch die Drehung des Panseninhaltes (vgl. Gebärparese). Ohne Behandlung führt diese Tetanie zum Tod durch Herz-Kreislauf-Versagen.
- Die Diagnose ergibt sich aus dem Vorbericht (Weideverhältnisse) und dem klinischen Bild. Zur Abgrenzung einer nervösen Ketose sollte man noch eine Harnuntersuchung mit einem Teststreifen durchführen. Aller-

dings kommen Hypomagnesämie, Acetonämie und auch Hypokalzämie oft gemeinsam vor.

- Den Magnesiumgehalt des Blutes kann man zur Absicherung später untersuchen lassen, wenn man vor der Infusion eine Blutprobe nimmt. Bei Tetanie sinkt der Magnesiumgehalt im Serum unter 0,8 mmol/l, bei festliegenden Tieren unter 0,4 mmol/l. Während des Tetanieanfalls oder auch bei verendeten Tieren ist der Magnesiumgehalt möglicherweise durch die körpereigene Gegenregulation wieder normal.
- Bei schon vor einigen Stunden verendeten Tieren kann man zur Diagnostik den Magnesiumgehalt im Augenkammerwasser bestimmen lassen.

Behandlung

- Die sofortige Infusion von Magnesiumlösungen steht im Vordergrund. Reine Magnesiumlösungen sind aber nicht mehr im Handel, sondern nur kombinierte Kalzium- und Magnesiumglukonatlösungen mit einem Magnesiumgehalt von zumeist 6%. Kalzium- und Magnesiumchloridlösungen wirken einige Minuten schneller, reizen aber bei einer paravenösen Infusion das Gewebe stärker.
- Bei Tieren ist während eines Krampfanfalls der sichere Sitz der Kanüle nicht immer gewährleistet.
- Geben Sie zusätzlich auch Glucose, um den meist vorhandenen Energiemangel zu beseitigen.
- Wenn die Tiere aufgestanden sind, sollten sie aufgestallt werden und einige Tage lang kein junges Gras mehr, sondern energiereiches Winterfutter erhalten.

Notfall Weidetetanie

1. Kuh am Kopf fixieren – Vorsicht vor krampfenden und ausschlagenden Beinen,
2. allgemeine Untersuchung – Temperatur, Kotkonsistenz, Herz-Kreislauf, Harnprobe,
3. Infusion von Kalzium-Magnesiumglukonatlösungen,
4. Nachversorgung – Futterumstellung, mehr Energie, Winterfutter.

7.7 Festliegen – Fütterungshavarie

Dramatische Fütterungsfehler oder Fehler bei der Fütterungstechnik sind in den letzten Jahren als Ursache für das Festliegen von Kühen und als Notfall in der Rinderpraxis häufiger geworden (sog. Fütterungshavarie).

Akute Pansenacidose

Ursache der akuten Pansenacidose ist die plötzliche Aufnahme großer Mengen leicht verdaulicher Kohlenhydrate. Kühe entweichen aus dem Stall, weil ein Tor nicht richtig geschlossen wurde, die alte Anbindung ist durchgerostet und reißt, das Kraftfuttersilo im Stall ist defekt und Futter läuft heraus oder die computergesteuerte Fütterung ist falsch eingestellt – all das führt dazu, dass Kühe ungewollt große Mengen Getreide oder Kraftfutter aufnehmen können.

Im Herbst, wenn die Kühe auf Wiesen mit Obstbäumen sehr viele Äpfel oder Pflaumen fressen, kommt es ebenfalls häufiger zu einer akuten Pansenacidose, oft auch nach einer stürmischen Nacht mit reichlich Fallobst.

Die Kohlenhydrate werden im Pansen zu flüchtigen Fettsäuren und diese wiederum zu Propion-, Essig-, Butter- und Milchsäure verwandelt. Das führt zu einem schnellen Abfall des pH-Wertes im Pansen und die Pansenbakterien sterben ab. Dadurch kommt die gesamte Pansenverdauung zum Erliegen und es entsteht eine akute Indigestion mit stark gestörtem Allgemeinbefinden. Die Pansenschleimhaut löst sich ab und ein wässriger Durchfall ist die Folge. Die Tiere können durch die Acidose oder auch wegen einer akuten sekundären toxischen Klauenrehe festliegen.

Behandlung

> Je früher man behandelt, desto günstiger ist die Prognose.

- Wenn Sie nach einer gründlichen Anamnese wissen, was und wie viel die Kuh gefressen hat, z.B. mehr als 20 kg Getreideschrot, die Kuh noch keinen Durchfall hat und noch stehen kann, schlagen Sie dem Landwirt als sicherste Therapie vor, den Pansen operativ leer zu räumen.
- Leider werden Sie meist erst gerufen werden, wenn die Kuh bereits Durchfall hat, eventuell festliegt und der Pansen bzw. die Pansenflora schon stark geschädigt ist. Dann müssen Sie konservativ behandeln. Die Kuh wird dabei zuerst mit viel Flüssigkeit (40 l) gedrencht, um den

Panseninhalt zu verdünnen und den Flüssigkeitsverlust auszugleichen. Zusätzlich geben Sie 200–300 g Natriumbicarbonat in einigen Litern Wasser aufgelöst in die Drenchflüssigkeit.

- Gut wirksam sind auch Präparate, die Natriumbicarbonat enthalten (z.B. Bykodigest antacid) oder Sie nehmen Leinsamen.
- Zusätzlich geben Sie 1000 ml Natriumbicarbonat 8,5% plus 200 ml Kalziumglukonat plus 500 ml 20%iger Glukoselösung intravenös als Infusion.
- Zur Behandlung der Klauenrehe geben Sie nicht-steroidale Antiphlogistika (z.B. Romefen).
- Danach bieten Sie gutes Heu oder gut strukturierte Grassilage an.

Da die Milchleistung völlig versiegt, sind Kraftfuttergaben in den Folgetagen überflüssig.

Wassermangel

Eine ganz banale, aber doch häufiger vorkommende Fütterungshavarie ist das Versagen der Tränkesysteme.

- Machen Sie es sich zur festen Angewohnheit jedes Untersuchungsgangs, auch die Tränkesysteme zu kontrollieren. Achten Sie dabei auch auf die Durchflussmenge. Rinder trinken schnell und mit tiefen Zügen, weil sie genetisch noch Fluchttiere sind. Die Tränken sollten daher mindestens 8 l Wasser pro Minute erreichen.

Notfall Fütterungshavarie

1. genaue Anamnese der Art und Menge des zuviel gefressenen Futtermittels,
2. Panseninhalt verdünnen, 40 l Flüssigkeit drenchen,
3. Infusion – Glucose, Natriumbicarbonat (bei Acidose), 3 l Obstessig (Alkalose),
4. Fütterung umstellen – Strukturfutter.

7.8 Festliegen – Erkrankungen des Bewegungsapparates

Wenn die Ursache des Festliegens im Bewegungsapparat liegt, ist die Diagnose oft sehr schwierig.

Um den Kalbetermin sind Muskel- und Sehnenrisse nach erfolglosen Aufstehversuchen in der Hypokalzämiephase sehr häufig. Durch Bestimmung des CK-Wertes (Kreatinkinase > 1000 U/l) lässt sich ein Muskelschaden beweisen.

Auch Beckenfrakturen und Femurfrakturen sind häufig.

Verletzungen großer Sehnen, z.B. eine Ruptur des M. gastrocnemicus und ein Riss des Fersensehnenstrangs, kommen nach dem Festliegen durch Phosphatmangel vor, aber auch beim Ausrutschen während der Brunst.

Frakturen des Röhrbeins und des Fesselbeins entstehen meist durch Hängenbleiben in Abtrenngittern, Spaltenboden oder durch Tritte anderer Tiere. Offene Frakturen sind nur in Ausnahmefällen heilbar. Bei Jungtieren (bis etwa 300 kg) können Sie einen Kunststoff-Stützverband anlegen, bei schwereren Tieren ist eine sichere Fixierung nur noch bis zum Fesselgelenk möglich. Es müssen immer die sowohl proximal als auch distal der Fraktur gelegenen Gelenke mitfixiert werden (siehe Kap. 7.15).

Nervenlähmungen kommen nach Schwergeburten oder nach Sturzverletzungen auf glattem Boden vor.

Wirbelsäulenschäden gibt es häufig durch Aufspringen von anderen Tieren während der Brunst. Sie können Frakturen, Lähmungen oder Nachhandparesen verursachen.

Untersuchung

- Verbessern Sie zuerst die Position der Kuh so, dass sie bequem aufstehen könnte. Bringen Sie sie in Brustlage (seitlich mit Strohballen abstützen), wobei Sie auf ausreichende Kopffreiheit und einen rutschfesten Untergrund achten müssen.
- Dann untersuchen Sie jede Gliedmaße einzeln. Palpieren Sie alle Gelenke und achten Sie auf Schwellungen.
- Beugen Sie jedes Gelenk passiv, wobei Sie auch auf Krepitation achten.
- Wenn jetzt keine eindeutigen Befunde erhoben werden können und auch keine Verdachtsdiagnose gestellt werden kann, unternehmen Sie einen sachgerechten Versuch, das Tier mit einem kurzen Stoß in die Rippen aufzutreiben.

- Wenn der Verdacht auf eine Beckenfraktur oder einen Adduktorenriss besteht (die Tiere liegen mit nach vorn und außen gegrätschten Hinterbeinen fest), legen Sie Fesselbänder an.

> Bitte verwenden Sie keinen elektrischen Viehtreiber! Dieses Gerät gehört nicht zur Ausrüstung des Rinderpraktikers. Es ist nicht tierschutzgerecht und wird oft von Landwirten eingesetzt, um die Kuh dazu zu zwingen, sich mit letzter Kraft aus einer ungünstigen Lage zu befreien. Dabei wird das Tier in Panik versetzt, damit es gegen den eigenen Schmerz arbeitet. Hierbei kann jedoch schnell aus einer angerissenen Sehne ein kompletter Abriss werden oder ein vorgeschädigter Knochen ganz brechen.

- Wenn Sie bei der klinischen Untersuchung einer festliegenden Kuh keine eindeutige Diagnose stellen können, ist es immer sinnvoll, das Blut untersuchen zu lassen. Viele Labore bieten ein „Festliegerprofil" an, das folgende Parameter umfasst: Ca, P, Mg, AST, GLDH, CK.
- Wenn das Tier auf den Auftreibeversuch nicht reagiert, können Sie es mit einer Beckenklammer anheben. Allerdings nur dann, wenn das Tier überhaupt aufmerksam reagiert und man das Gefühl hat, es macht bei dieser Hilfe mit. Eine Kuh, die völlig somnolent in Seitenlage liegt, eignet sich nicht für den Einsatz der Beckenklammer.

Umgang mit der Beckenklammer

- Bringen Sie die Kuh in Brustlage.
- Befestigen Sie einen Kopfstrick.
- Am Kopf steht eine Hilfsperson und fixiert die Kuh.
- Klemmen Sie die Beckenklammer über die Hüfthöcker und schrauben Sie diese so fest, wie Sie es mit einer Hand schaffen, da sie auf keinen Fall abrutschen darf.
- Heben Sie die Kuh mit einem Frontladerschlepper, einem Radlader oder einem schnellem Flaschenzug zügig so weit an, dass die Klauen etwa 5 cm über den Boden schweben (Abb. 7.3a und b).
- Jetzt haben Sie die Möglichkeit, die frei hängenden Gliedmaßen noch einmal gründlich auf Muskelrisse und Frakturen zu untersuchen. Außerdem können Sie jetzt auch das Euter gut kontrollieren.
- Ermuntern Sie die Kuh, sich selbstständig auf die Vorderbeine zu stellen, indem Sie die Vorderbeine nach vorne ziehen und Sie auf die Klauen stellen. Senken Sie die Kuh wieder langsam auf die Hinterbeine ab, bis sie selbst die Hintergliedmaße belasten muss.

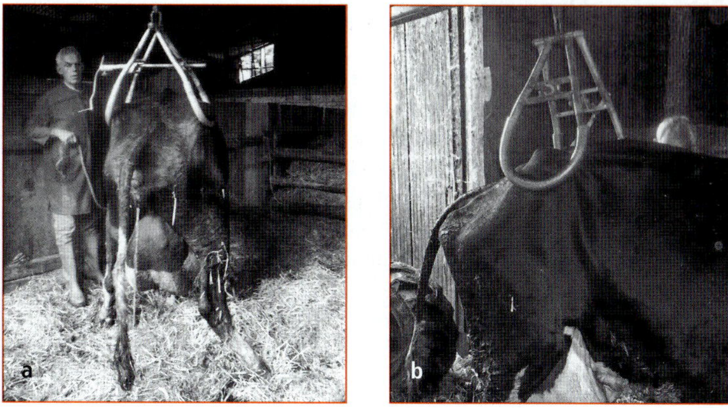

Abb. 7.3a und b Einsatz der Beckenklammer.

- Entfernen Sie dann vorsichtig die Klammer.
- Wenn die Kuh die Hinterbeine nach etwa 2 Minuten nicht belastet, brechen Sie den Aufhebeversuch ab und legen die Kuh wieder in ein weiches Lager.
- Zeigt die Kuh bei einem Aufhebeversuch mit Beckenklammer keinerlei Regung aufzustehen, ist die Prognose ungünstig. Sie können nach 24 h einen zweiten Versuch unternehmen, sollten aber bedenken, dass diese Art des Aufhebens sehr schmerzhaft für die Kuh ist. Es gibt Geschirre zum Aufheben einer festliegenden Kuh, die sehr viel schonender für das Tier sind, aber viel aufwendiger angebracht werden müssen. Außerdem lassen sich die Tiere darin leider oft nur hängen, empfinden es nicht als so unangenehm und versuchen nicht mit aller Kraft aufzustehen. Das Optimum zum Anheben festliegender Kühe ist die Wasserwanne, die jedoch wegen des großen Aufwandes leider nicht praxistauglich ist.

Notfall Verletzung des Bewegungsapparates

1. Lage der Kuh optimieren – Brustlage, rutschfest, Kopffreiheit,
2. Untersuchung aller Gliedmaßen,
3. Fesselbänder anlegen, Auftreibeversuch,
4. mit Beckenklammer anheben,
5. Blutpobe zur CK-Wert-Bestimmung, „Festliegerprofil“.

7.9 Festliegendes Kalb

Die Behandlung festliegender Kälber ist für Berufsanfänger tägliches Brot in der Notfallpraxis. Leider werden die therapeutischen Möglichkeiten sehr durch die wirtschaftlichen Verhältnisse eingegrenzt.
Bei einem festliegenden Kalb als Notfallpatient geht es zuerst um die lebensrettende Versorgung. Die Suche nach den Ursachen oder eine weitergehende Diagnostik ist dann notwendig, wenn es sich nicht um Einzelfälle handelt, sondern sich diese Notfälle häufen und es sich demnach um ein „Bestandsproblem“ handelt.
Der häufigste Grund für das Festliegen von Kälbern ist Durchfall mit starker Exsikkose. Weitere Ursachen sind schwere Infektionen, wie Nabelentzündung, eitrige Gelenkentzündung oder Pneumonie.
Wenn Sie zu einem festliegenden Kalb gerufen werden, sollten Sie eine kurze allgemeine Untersuchung durchführen. Hat das Kalb Durchfall mit Exsikkose? Ist eine akute Sepsis die Ursache? Oder eine Gehirnhautentzündung mit zentralnervösen Störungen?

Exsikkose/Durchfall

Die wichtigste Sofortmaßnahme ist die Wiederherstellung eines physiologischen Flüssigkeitshaushaltes.

- Exsikkotische Kälber haben völlig eingefallene Augen.
- Versorgen Sie das Kalb durch eine Infusion kurzfristig und schnell mit soviel Elektrolytlösung und isotonischer Kochsalzlösung, bis die Augen wieder normal in der Augenhöhle liegen.
- Danach sollte das Kalb wieder in Brustlage liegen können und den Kopf heben.

Behandlung

- Zur raschen Flüssigkeitszufuhr verwenden Sie 500 ml Elektrolytlösung mit 5% Glucose und 1–3 l isotonische Kochsalzlösung.
- Bei Kälbern mit Verdacht auf Acidose, die sehr somnolent sind und kühle Klauen haben (vorsichtig), geben Sie 250 ml Natriumbicarbonat 8,5%.
- Kälber im lebensbedrohlichen Schockzustand erhalten zusätzlich 1 ml Dexamethason.
- Bei ausgetrockneten Kälbern noch eine Vene zu finden, ist gerade für den Ungeübten nicht leicht. Die V. jugularis ist noch am leichtesten zugänglich. Folgendes Vorgehen ist zu empfehlen:

  - Rasieren Sie die Injektionsstelle.
  - Benutzen Sie eine dünne Braunüle (2,2 x 50 mm).
  - Bitten Sie eine Hilfsperson, das Kalb kurz an den Hinterbeinen hochzuheben, bis sich die Vene füllt.
  - Stauen Sie die Vene mit dem Daumen.
  - Stechen Sie jetzt die Braunüle senkrecht und ruckartig in die Vene. Wenn Blut aus dem Konus austritt, ziehen Sie die Nadel zurück und schieben die Braunüle über die ganze Länge in die Vene vor.
- Für die intravenöse Dauertropfinfusion über die Ohrvene:
  - Hier verwenden Sie andere Braunülen (0,9 x 25 mm).
  - Rasieren Sie die Injektionsstelle am Ohr, damit Sie eine taugliche Vene gut erkennen können.
  - Schieben Sie die Braunüle flach in Richtung der Vene ein und fixieren Sie sie dann mit Klebeband.
- Als Grundlage der Infusionslösung haben sich 5-Liter-Beutel 0,9% NaCl bewährt. In diesen Beutel geben Sie zusätzlich 250 ml Natriumbicarbonat 8,5% und etwa 200 ml einer 40%igen Glukoselösung.
- Da die Kälber oft Untertemperatur haben (bei Temperaturen unter 35 °C ist die Therapie meist aussichtslos), sollten Sie sie danach in eine warme und trockene Box führen.
- Wenn Sie wieder selbstständig trinken, müssen Sie zusätzlich zur gewohnten Milchtränke oral Elektrolytlösungen zugeführt bekommen. Die Menge, die sie über den Darm an Flüssigkeit verlieren (bis zu einem Liter pro Stunde), muss oral oder per Infusion wieder zugeführt werden.

Infektionen

Jede schnell verlaufende Infektion kann beim Kalb auch zum Festliegen führen, entweder durch Erschöpfung, z.B. bei akuter Pneumonie mit hohem Fieber, oder durch starke Schmerzen (z.B. bei Gelenk- oder Nabelentzündungen).

Behandlung

- Verabreichen Sie dem Kalb eine Infusion, etwa 500 ml einer 5%igen Glukoselösung. Festliegende Kälber sind fast immer in einer negativen Energiebilanz, die wiederum immunsuppressiv wirkt.
- Die Antibiotikagabe richtet sich nach der Grundkrankheit:
  - Bei Pneumonien haben sich Florfenicol-Präparate sehr gut bewährt (1 ml pro 10 kg).

  - Bei Nabelentzündungen sind immer noch Penicilline Mittel der Wahl.
  - Gelenkentzündungen sollte man mit Makrolidantibiotika bekämpfen.
- Ein Erregernachweis ist bei einer notfallmäßigen Einzeltierbehandlung zunächst nicht erforderlich.
- Das Allgemeinbefinden lässt sich wesentlich durch die Gabe von nichtsteroidalen Antiphlogistika verbessern.

Mangelernährung

Eine besondere Ursache für ein festliegendes Kalb ist die Kachexie, die chronische Abmagerung und Entkräftung. Sie kann die Folge einer langanhaltenden Erkrankung sein (z.B. Enteritis oder Mangelernährung oder eine Kombination aus beiden). Es ist leider gar nicht mehr so selten, dass man Ihnen festliegende unterernährte Kälber als Patienten vorstellt.
Sehr viele Kälber werden in den ersten Lebenswochen mit Nährstoffen unterversorgt. Der häufigste Fehler ist eine zu niedrige Konzentration des Milchaustauschers (MAT), besonders in der kalten Jahreszeit. So geraten die Kälber in eine negative Energiebilanz, verlieren in den ersten Lebenswochen sogar an Körpergewicht, mit vielen negativen Auswirkungen vor allem für das Immunsystem. Wenn solche Kälber zusätzlich erkranken und noch weniger Tränke oder Futter aufnehmen, steigert sich der Gewichtsverlust dramatisch. Nachdem das Fettgewebe abgebaut ist, kommt es zum Abbau der Gliedmaßenmuskulatur.
Bei Durchfallkälbern kommt noch hinzu, dass die einzige Ernährung, nämlich die Vollmilch, fälschlicherweise durch Diättränken ersetzt wird.

Behandlung

- Wenn Kälber oder Jungtiere wegen Kachexie schon mehrere Tage festgelegen haben, ist die Prognose meist infaust. Liegen die Tiere jedoch erst wenige Stunden fest, sollten Sie eine Therapie versuchen.
- Zuerst muss, wie auch bei Durchfallkälbern, der Flüssigkeitshaushalt wieder in Ordnung gebracht werden. Danach wird eine mögliche Grundkrankheit behandelt (z.B. Enteritis, Parasitenbefall usw.).
- Dann wird die Ernährung entscheidend verbessert. MAT mit höherer Konzentration (120–150 g/l Wasser), hochwertiges Grundfutter, Kraftfutter und zusätzliche Versorgung mit Mineralfutter und ein eigener Fressplatz.
- Zusätzliche parenterale Vitamingaben sind sinnvoll, die Versorgung muss aber langfristig über das Futter erfolgen.

- Da die Kälber in der Regel auch sehr viel Muskulatur abgebaut haben, dürfen Sie sie nicht über Tage liegen lassen. Sobald das Allgemeinbefinden es zulässt, sollten die Tierer stehen, um den Wiederaufbau der Muskulatur zu fördern.

Fraktur

Frakturen beim Kalb sind am häufigsten in den ersten Lebensmonaten und in dieser Zeit auch noch am besten zu behandeln. Je älter und schwerer das Tier wird, desto schwieriger wird es, eine stabile Fixierung zu erreichen.

- Für eine sichere Fixierung ist es immer erforderlich, dass Sie die proximal und distal der Fraktur gelegenen Nachbargelenke mit fixieren. Bei Frakturen oberhalb des Sprunggelenks bzw. oberhalb des Karpalgelenks ist das leider nicht möglich.
- Zur Anlage eines Scotch-Cast-Fixationsverbandes siehe Kap. 7.15.

Beckenfrakturen können von selbst abheilen. Dies gilt auch für erwachsene Tiere, wenn es gelingt, die Patienten für mehr als 6 Wochen in einer weichen und dick eingestreuten Box unterzubringen. Frakturen des Humerus können bei Kälbern im ersten Lebensmonat ebenfalls von selbst heilen, wenn die Frakturstelle halbwegs fest durch die Oberschenkelmuskulatur fixiert ist.

- Offene Frakturen sind immer infiziert und haben eine ungünstige Prognose. Möchten Sie trotzdem einen Behandlungsversuch unternehmen, sollten Sie den Fixationsverband so anbringen, dass Sie einen regelmäßigen Verbandswechsel durchführen können. Dazu halbieren Sie ein Kunststoffrohr in passender Größe und Länge, sodass Sie zwei Halbschalen haben. Nachdem Sie die Gliedmaße und die offene Frakturstelle mit Verbandwatte abgepolstert haben, legen Sie die beiden Halbschalen um das Bein und umwickeln diese dann mit Isolierband oder einem ähnlichen festen Klebeband, sodass sie fest zusammengedrückt sind. Während der ganzen Behandlung müssen die Kälber antibiotisch versorgt werden.

Notfall festliegendes Kalb

1. Infusion (Glucose, NaCl, Natriumbicarbonat), Sturzinfusion oder Dauertropfinfusion,
2. Antibiotika bei Infektionen,
3. Antiphlogistika,
4. trocken und warm unterbringen,
5. Ernährung verbessern.
6. regelmäßig aufheben.

7.10 Akute Mastitis

Die akute Euterentzündung ist als Notfall in der Rinderpraxis häufig geworden (meist in den Abendstunden nach dem Melken). Sie bedeutet für das Tier Lebensgefahr und muss so schnell wie möglich behandelt werden. Die Mastitis (siehe Kap. 6.4) als Ursache des stark gestörten Allgemeinbefindens oder gar des Festliegens ist zu diesem Zeitpunkt häufig noch gar nicht erkannt und der Notfallbesuch ist nicht als akute Mastitis angemeldet.
Besonders häufig kommt sie im Zeitraum um die Geburt vor, also in einer Phase, in der die körpereigene Abwehrkraft der Kuh geschwächt ist (negative Energiebilanz).
Es handelt sich dabei um eine plötzliche Entzündung des gesamten Eutergewebes an einem oder mehreren Vierteln mit erheblich gestörtem Allgemeinbefinden (Schmerzen, Fieber, Fressunlust, Durchfall, Milchleistungsrückgang). Die Viertel schwellen an, sind derb und schmerzhaft. Von einer Melkzeit zur anderen verliert das Sekret den Milchcharakter, wird wässrig und enthält Eiterflocken.

Untersuchung und Behandlung

- Führen Sie eine gründliche klinische Untersuchung der Kuh und speziell des Euters durch. Oft sind andere Erkrankungen der Auslöser (z.B. Indigestion mit Durchfall, Puerperalinfektionen, Brunst oder Hitzestress wegen der negativen Energiebilanz).
- Entnehmen Sie eine Viertelgemelksprobe zur bakteriologischen Untersuchung (siehe Kap. 3.2). Wenn akute Mastitiden in einem Betrieb häufig sind, können Sie die Ergebnisse früherer bakteriologischer Untersuchungen berücksichtigen. Oder Sie lassen die Proben nur dann untersuchen, wenn die eingeleitete Therapie keine Besserung gebracht hat.
- Nach der gründlichen Untersuchung sollten Sie eine klinische Verdachtsdiagnose und auch eine Prognose stellen. Häufig beteiligte Erreger sind E. coli, Klebsiella, S. uberis.

> Die Prognose ist bei festliegenden Tieren grundsätzlich schlechter.

- Als Besonderheit mit ganz schlechter Prognose muss die gangränöse Mastitis angesehen werden. Beteiligte Erreger sind Clostridien, E. coli und S. aureus. Es kommt zu Durchblutungsstörungen und Nekrosen im Eutergewebe. Die Viertel verfärben sich bläulich bis schwarz, und die

Haut fühlt sich kalt an. Das Sekret ist rotbraun, und es kann Gas ermolken werden. Die Tiere haben oft kein Fieber, aber einen rasenden und pochenden Herzschlag, sind apathisch und liegen oft fest. Wenn Sie diese Kühe in einer sehr frühen Phase der Infektion untersuchen, lassen sich am Euter noch gar keine Befunde erheben, sondern es sind nur der rasende Puls und das apathische Verhalten auffällig.

- Melken Sie das Viertel alle 2–3 Stunden gründlich aus. Unterstützend können Sie 1 ml Oxyrocin i.v. verabreichen.
- Zusätzlich sorgen Sie für eine antitoxische Behandlung mit NSAID, eine Glukoseinfusion (500 ml 40%), die Infusion isotonischer Kochsalzlösung oder das Drenchen von 20–40 l Flüssigkeit sowie für die intravenöse Gabe von NSAID (z.B. 25 ml Flunixin 5%).
- Bei der parenteralen Antibiose hängt die Wahl des Medikaments von der Verdachtsdiagnose ab, die sich auf die Erfahrungen früherer Untersuchungen und Behandlungen im gleichen Betrieb stützt. Gut wirksam gegen Kolikeime bei gleichzeitigem hohem Gewebespiegel im Euter sind Gyrasehemmer (Enrofloxacin, Danofloxacin, Marbofloxacin). Gut wirksam gegen Streptokokken und Staphylokokken sind Makrolidantibiotika (Tylosin).

> Dosieren Sie in diesem Fall die Antibiotika so hoch wie möglich. Ausnahmsweise gilt hier: „viel hilft viel“.

- Da bei der intramammären antibiotischen Behandlung die Erreger während des ersten Behandlungsversuches nicht bekannt sind, wählen Sie ein Breitspektrumantibiotikum (z.B. Cephalosporine).
- Sie sollten die Behandlung ausführlich dokumentieren und die Tiere wegen der Wartezeiten deutlich kennzeichnen.
- Als Berufsanfänger mit wenig Erfahrung sollten Sie auf jeden Fall nach 24 Stunden den Behandlungserfolg überprüfen. Wenn akute Euterentzündungen in einem Bestand häufig werden, also zum Bestandsproblem werden, müssen Sie unbedingt eine intensivere Diagnostik und Ursachenforschung betreiben.

Notfall akute Mastitis

1. gründliche klinische Untersuchung (inkl. geburtshilflicher Untersuchung),
2. Euteruntersuchung,
3. mehrmaliges Ausmelken nach Oxytozingabe,
4. Glukoseinfusion, Drenchen oder Infusion isotonischer Kochsalzlösung,
5. intravenöse Gabe von NSAID und Antibiotika, z.B. 5 ml Flunixin plus 5 ml Baytril 10% pro 100 kg,
6. intramammäre Antibiotikatherapie,
7. Dokumentation und Tierkennzeichnung,
8. Nachkontrolle bzw. Nachbehandlung am nächsten Tag.

7.11 Tympanie und Kolik – Kälber/Jungrinder

Zahlreiche Fütterungsfehler kommen als Ursache einer Tympanie oder von Koliken infrage, die natürlich beseitigt werden müssen. Bei älteren Kälbern tritt das Aufblähen auch häufig rezidivierend auf.

Untersuchung und Behandlung

- Werden Sie zu einem geblähten Kalb oder einem Kalb mit Kolik gerufen, müssen Sie immer von einem lebensbedrohlichen Ileus ausgehen, solange nicht das Gegenteil durch eine gründliche klinische Untersuchung bewiesen wurde.
- Wenn sich die Bauchdecken des Kalbes auf beiden Seiten gleich stark vorwölben, ist es zunächst unklar, ob die Umfangsvermehrung vom Pansen (Tympanie), vom Labmagen oder vom Darm kommt.
- Betrachten Sie das Kalb von hinten und tasten Sie dann die Bauchdecken am stehenden Kalb ab. Damit können Sie oft schon differenzieren, ob die linke Seite (Pansen) oder die rechte Seite (Labmagen) härter gespannt ist.
- Danach führen Sie eine Maulsonde in den Pansen ein (Größe wie Nasenschlundsonde von Fohlen):
  - Klemmen Sie sich dazu den Kopf des Kalbes unter den Arm.
  - Spreizen Sie mit einer Hand das Maul auf und schieben Sie dann mit der anderen Hand die Maulsonde über die Zunge. Benutzen Sie einen Maulkeil, damit das Kalb nicht die Sonde beschädigt.

- Warten Sie kurz, bis das Kalb schluckt, und schieben Sie dann die Sonde weiter durch die Speiseröhre bis in den Pansen vor.
- Die richtige Position der Sonde in der Speiseröhre lässt sich gut an der linken Halsseite palpieren.
- Kommt jetzt spontan Gas aus dem Pansen und ist die Blähung beseitigt, handelte es sich offenbar um eine Tympanie mit Vergrößerung der dorsalen Gasblase.

Einsetzen eines Buff-Trokars

Wenn ein solches Kalb bereits ein- oder zweimal wegen Tympanie mit der Maulsonde behandelt worden war, lassen Sie das Gas nicht ab, sondern setzen einen „Buff-Trokar" ein (Abb. 7.4). Dieser wird etwa eine Handbreit rechts neben dem Rippenbogen und eine Handbreit unterhalb der Lendenwirbel in der linken Hungergrube eingesetzt.

- Rasieren und desinfizieren Sie diese Stelle.
- Injizieren Sie etwa 20 ml Lokalanästhetikum in die Unterhaut und etwa 20 ml in die tieferen Schichten des Stichkanals.
- Dann setzen Sie mit dem Skalpell an dieser Stelle einen etwa 2–3 cm langen Hautschnitt.
- Nun drücken Sie den Buff-Trokar mit der eingesetzten Metalllanzette mit einer ruckartigen, festen Bewegung durch den Hautschnitt in den Pansen hinein. Dazu muss der Pansen richtig straff gebläht sein, damit Sie nicht in der Bauchhöhle landen.
- Jetzt schrauben Sie den Trokar unter festem Druck in den Pansen ein. Wenn sich das Gewinde vollständig im Pansen befindet, können Sie den Trokar ohne Widerstand rechts und links herum drehen.
- Dann entfernen Sie den Metallstab. Jetzt muss Gas aus dem Pansen entweichen (Abb. 7.5).

> Bei jüngeren Tieren mit noch dünnen Bauchdecken sitzt der Trokar nicht fest genug. In diesem Fall wickeln Sie eine Mullbinde zwischen Trokardeckel und Bauchwand, bis der Trokar fest sitzt.

- Belassen Sie den Metallmandrin beim Landwirt und zeigen Sie ihm, wie er bei erneuter Tympanie den verstopften Trokar damit wieder durchgängig machen kann.
- Versorgen Sie das Kalb einige Tage antibiotisch mit Tetrazyklin oder Penicillin.

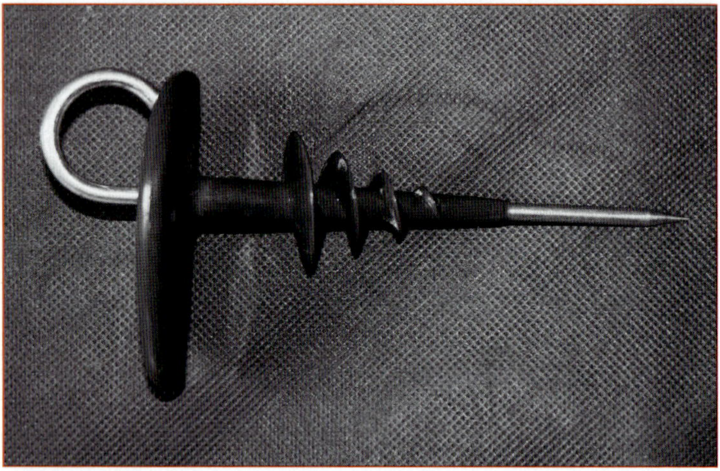

Abb. 7.4 Buff-Trokar.

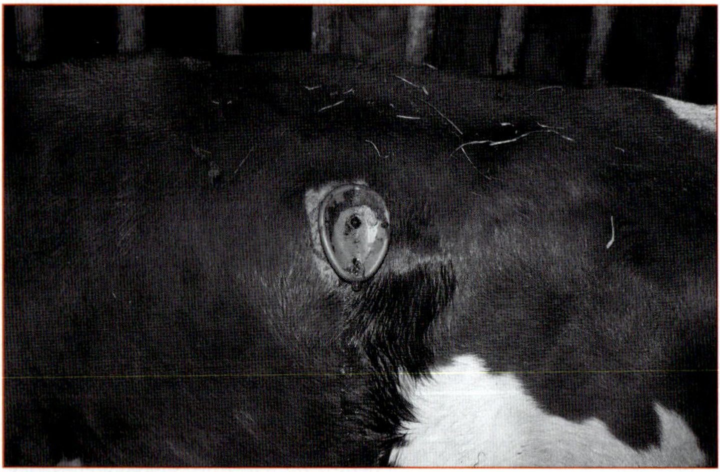

Abb. 7.5 Buff-Trokar eine Woche nach dem Einsetzen.

Labmagenverlagerung nach links

Wenn kein Gas durch die Pansenschlundsonde abgeht und die linke Hungergrube gespannt bleibt, untersuchen Sie, ob es sich um eine Labmagenverlagerung nach links handelt.

- Legen Sie das Kalb dazu auf den Rücken und punktieren Sie mit einer langen Kanüle (80 mm) den geblähten Labmagen, um das Gas abzulassen.
- Tritt Gas aus, können Sie am säuerlichen Geruch erkennen, dass es sich um den verlagerten Labmagen handelt. Lassen Sie so viel Gas wie möglich ab.
- Dann ziehen Sie die Kanüle etwas zurück, bis Sie in der Bauchhöhle sind und geben gleichzeitig mit einer vorbereiten Spritze etwa 15 ml Antibiotika in die Bauchhöhle bzw. die Punktionsstelle.
- Danach legen Sie das Kalb zurück auf die rechte Seite und wälzen es über den Rücken auf die linke. Die Labmagenverlagerung nach links ist durch dieses Manöver in den meisten Fällen behoben.

Labmagenverlagerung nach rechts

Wenn auf der linken Seite kein Gas austritt, aber eine deutliche Umfangsvermehrung und Verhärtung auf der rechten Seite vorhanden ist, kann eine Labmagenverlagerung nach rechts vorliegen.

- Stellen Sie das Kalb mit der linken Seite gegen die Wand.
- Drücken Sie mit Ihrem linkem Knie und dem Oberschenkel die Bauchdecken hoch, und versuchen Sie dann den dilatierten Labmagen zu ertasten und die gasgefüllte Kuppel mit der rechten Hand zu punktieren.
- Da die Labmagenverlagerung nach rechts oft von einer Drehung begleitet wird, sind weniger Gas und mehr Flüssigkeit enthalten.
- Versuchen Sie, soviel Gas wie möglich abzulassen.
- Geben Sie beim Herausziehen der Kanüle wieder Antibiotika lokal in den Labmagen, in die Bauchhöhle und in die Punktionsstelle, indem Sie vor dem Herausziehen der Kanüle eine mit 10 ml Amoxicillin gefüllte Spritze aufsetzen und beim Zurückziehen der Nadel langsam injizieren.
- Nachdem Sie die Kanüle entfernt haben, drücken Sie die Punktionsstelle noch eine Minute lang mit der Faust zu.

> Wenn blutiger und übel riechender Inhalt aus dem Labmagen tritt, besteht der Verdacht auf eine schwere Abomasitis oder auf ein Labmagengeschwür mit ungünstiger Prognose.

- Wenn das nicht der Fall ist, versuchen Sie mit der Faust in der rechten Flanke den Labmagen samt Inhalt immer wieder nach vorne zu massieren. So besteht die Möglichkeit, dass Inhalt aus dem gedrehten Labmagen weiter in den Darm fließt und sich die Drehung auflöst.

> Natürlich wären eine Laparotomie und die operative Beseitigung der Labmagenverlagerung fachlich korrekt und bei wertvollen Zuchtkälbern die bessere Behandlung. In Anbetracht des meist geringen Wertes der Kälber kommt man mit dieser Methode in vielen Fällen mit einfachen Mitteln zum Ziel. Der Gefahr der Peritonitis durch die Punktion kann man mit lokaler und parenteraler Antibiose begegnen.

Geblähte Darmschlingen – Ileus – Atresia coli

Wenn Sie bei der Punktion auf der rechten Seite den Labmagen nicht treffen, sondern stattdessen je nach Punktionstiefe immer wieder das Austreten kleiner Gasmengen bemerken, besteht der Verdacht, dass die Dickdarmschlingen gebläht sind. Die Ursache dafür sind meist Darmverdrehungen, Darminvaginationen oder eine Peritonitis mit Fibrinausschwitzung, d.h. ein möglicher Ileus mit ungünstiger Prognose. Alle weiteren operativen Maßnahmen hängen jetzt von der Entscheidung des Besitzers und dem Wert des Kalbes ab. Als besondere Ursache für das Aufblähen eines 1–3 Tage alten Kalbes tritt in den letzten Jahren gehäuft die Atresia coli auf. Die Kälber haben einen normal ausgebildeten After, aber es fehlt ein Stück Dickdarm, meist ein Teil des Grimmdarms. Die Ursache dieser Hemmungsmissbildung ist nicht genau bekannt.

- Die Kälber trinken bei den ersten ein bis zwei Mahlzeiten normal, danach wird die Tränke verweigert.
- In der Box findet man keinen Kot.
- Nach kurzer Koliksymptomatik sind die rechte und untere Bauchseite dilatiert.
- Bei der Schwingauskultation hört man Flüssigkeit im Labmagen plätschern. Im Rektum befindet sich kein Kot, sondern klebriger heller Inhalt, dessen Konsistenz an normalen Schnellkleber erinnert.

- Bei gesicherter Diagnose sollte das Kalb euthanasiert werden, da Operationen bisher unbefriedigend und unwirtschaftlich waren.

Notfall geblähtes Kalb
1. allgemeine klinische Untersuchung,
2. Bauch abtasten, Bauchumfang von hinten betrachten,
3. Maulsonde in den Pansen schieben; falls kein Erfolg:
3a. Labmagen auf der linken Seite punktieren; falls kein Erfolg,
3b. Labmagen auf der rechten Seite punktieren; falls kein Erfolg,
3c. Ileus.

7.12 Tympanie und Kolik – erwachsene Rinder

Die Tympanie ist die übermäßige Gasansammlung im Pansen, die nicht ausgerülpst wird. Dabei muss man zwischen der Tympanie mit dorsaler Gasblase und der Tympanie mit schaumiger Gärung unterscheiden, bei der das Gas im Panseninhalt fein verteilt und durchmischt ist. Die Unterscheidung fällt nach dem Einführen der Pansensonde oder einer Nasenschlundsonde leicht. Nur bei der Tympanie mit dorsaler Gasblase tritt Gas aus und die Tympanie ist danach beseitigt. Bei der schaumigen Durchmischung tritt kein Gas aus und die Pansenschlundsonde ist meist mit schaumigem Futterbrei verstopft.

Akute Tympanie mit schaumiger Gärung

Mit der zunehmenden Verbreitung von Total-Misch-Rationen (TMR) in der Milchviehfütterung ist die schaumige Gärung selten geworden. Doch wenn sie auftritt, ist die hastige Aufnahme (wenig Speichelbildung) von jungem eiweißreichem, rohfaserarmem Grünfutter wie Raps, Klee oder Rübenblättern häufig die Ursache. Dadurch kommt es zu einer überschießenden Gärung und die normale Schichtung des Pansens ist aufgehoben. Es gibt keine dorsale Gasblase mehr. Somit kann die Kuh kein Gas mehr ausrülpsen und bläht auf.
Dies kann sehr akut geschehen und häufig sind mehrere Tiere einer Herde betroffen. Durch die rasche Ausdehnung des Pansens steigt der Druck in der

Bauchhöhle und auf das Zwerchfell stark an, sodass die Atmung behindert wird. Sie müssen also sehr schnell versuchen, das Gas aus dem Futterbrei zu entmischen, damit es hochgerülpst werden kann.

- Geben Sie dafür Entschäumer (z.B. Antitympanikum WDT) entweder per Schlundsonde mit Wasser verdünnt oder spritzen Sie es direkt mit einer langen Nadel in den Pansen ein. Ein Trokar nutzt wenig, da er sofort durch Futterbrei verstopft.

Im äußersten Notfall bei Erstickungsgefahr müssen Sie eine Rumentomie durchführen und den Pansen leer räumen.

- Der Landwirt kann bis zu Ihrem Eintreffen der Kuh selbst schon 10–20 l Mineralwasser mit Kohlensäure einschütten.
- Danach muss die Fütterung umgestellt werden.

Akute Tympanie mit dorsaler Gasblase

So leicht sich die Tympanie durch das Einführen der Pansenschlundsonde beheben lässt, so vielfältig sind die Ursachen. Die Verschiebung der dorsalen Gasblase außerhalb der Kardia, wenn die Kuh längere Zeit auf der Seite liegt, wurde schon beschrieben. Auch Verletzungen der Speiseröhre oder Schlundverstopfungen können die Ursache für die Behinderung des Ruktus sein. Die häufigste Ursache, auch für rezidivierende Tympanien, sind Fremdkörpererkrankungen.

Eine spezielle Folge von Fremdkörpererkrankungen ist das **„Hoflund-Syndrom"**. Durch eine Schädigung des N. vagus, meist durch Fremdkörperabszesse, kommt es zu einer Störung der Pansenmotorik oder der Pylorusfunktion (hintere funktionelle Stenose). Bei der vorderen funktionellen Stenose wird der Weitertransport der Nahrung in den Labmagen gestört, wodurch sich der Pansen und somit auch der gesamte Bauchumfang stark vergrößern. Zu Beginn ist das auch mit einer rezidivierenden Tympanie verbunden.

- In der Regel können Sie das Gas schnell und vollständig mit der Pansenschlundsonde ablassen.

Ein Trokar gehört nicht mehr unbedingt zur Ausrüstung eines Rinderpraktikers, da meist Panseninhalt aus der Stichstelle in die Bauchhöhle fließt und zu einer lokalen Peritonitis führt.

- In sehr akuten Fällen, wenn Erstickung droht, kann man einen Buff-Trokar einschrauben (siehe Kap. 7.11), der so lange verbleibt, bis an der Stichstelle Pansenwand und Bauchfell lokal verklebt sind und kein Panseninhalt beim Herausnehmen des Trokars in die Bauchhöhle läuft.

Notfall akute Tympanie

1. allgemeine klinische Untersuchung,
2. Bauch abtasten, Bauchumfang von hinten betrachten,
3. Maulsonde in den Pansen schieben und Gas ablassen; falls kein Erfolg schaumige Gärung,
4. Entschäumer in den Pansen geben; wenn kein Erfolg,
5. Rumentomie und Pansen ausräumen,
6. bei rezidivierenden Tympanien Buff-Trokar einschrauben,
7. bei Verdacht auf funktionelle Stenose (Hoflund-Syndrom) ungünstige Prognose.

Schlundverstopfung

Eine spezielle Ursache der akuten Tympanie ist die Schlundverstopfung. Futterstücke, große Kartoffeln, Rübenstücke und auf der Herbstweide Äpfel und Birnen bleiben in der Speiseröhre hängen. Die Tiere hören plötzlich auf zu fressen und werden unruhig. Bei dichtem Verschluss kann kein Gas mehr aus dem Pansen entweichen und die Kuh bläht akut auf. Der Speichel kann nicht abgeschluckt werden, wird immer wieder hoch gehustet und fließt aus dem Maul.

Untersuchung und Behandlung

- Tasten Sie die Speiseröhre ab und versuchen Sie, die Stelle zu lokalisieren.
- Zur weiteren Untersuchung geben Sie Xylazin 2% (Stehfähigkeit muss erhalten bleiben, 0,1 mg/kg) und ein Spasmolytikum (z.B. Buscopan).
- Danach fixieren Sie die Kuh mit einer Nasenzange und lassen sich von einer Hilfsperson den Kopf hochhalten.
- Jetzt können Sie die Maulhöhle und den Rachen untersuchen. Eventuell können Sie bereits ein fest sitzendes Futterstück manuell entfernen.
- Befindet es sich im oberen Teil der Speiseröhre, versuchen Sie das Futterstück mit der Schlinge der Thygesen-Sonde zu erfassen und hoch zu ziehen. Manchmal durchschneidet man eine Kartoffel oder einen Apfel auch so und kann eine Hälfte hochziehen.

- Liegt das Futterstück im Brustbereich oder kurz vor dem Panseneingang, versuchen Sie, es vorsichtig mit dem stumpfen Ende der Thygesen-Sonde in den Pansen zu schieben.
- Wenn der erste Versuch nicht gelingt, können Sie nach 15 Minuten einen zweiten Versuch starten. Da der Ösophagus sehr verletzlich ist, gehen Sie sehr behutsam vor. Es ist hilfreich, wenn Sie sich den Kopf der Kuh von einer Hilfsperson weit nach vorne strecken und tief halten lassen, damit der Verlauf des Ösophagus möglichst gerade ist.

Achten Sie auch bereits beim ersten Versuch auf Blutspuren an der Sonde. Es kommt vor, dass der Landwirt bereits einige erfolglose Versuche mit ungeeigneten Schläuchen unternommen hat und der Ösophagus dabei verletzt wurde.

- Stellt sich erneut kein Erfolg ein und ist die Kuh nicht zu stark gebläht und leidet auch keine Atemnot, warten Sie eine Stunde, bevor Sie einen dritten Versuch unternehmen. Das Futterstück ist dann meist etwas eingeweicht und lässt sich besser in den Pansen schieben.

Notfall Schlundverstopfung

1. allgemeine Untersuchung,
2. Fixierung, Sedierung, Gabe von Spasmolytika,
3. Abtasten von Schlund und Ösophagus, Lokalisierung der Verstopfung,
4. Thygesen-Sonde einschieben.

7.13 Fremdkörpererkrankung

Die Zahl der Fremdkörpererkrankungen ist beim Rind rückläufig, aber immer noch hoch. Eigentlich handelt es sich um keinen Notfall, da sich die Erkrankung doch meist über mehrere Tage entwickelt. Allerdings werden die Tiere oft als Notfallpatienten angemeldet, wenn eine Tympanie vorliegt, die Tiere plötzlich aufhören zu fressen und die Milchleistung stark abfällt. Durch das besondere Fressverhalten der Kühe werden alle Fremdkörper, die sich im Futter befinden, leicht aufgenommen. Das sind häufig metallische Gegenstände, wie Nägel und Drahtstücke von Weidezaunreparaturen, aufgeschnittene Blechdosen oder spitze Holzstücke und Äste aber auch Kanülen oder Kugelschreiber. Alle diese Gegenstände können in die

Vormagenwand eindringen und dort Verletzungen, Infektionen und Entzündungen verursachen und bei Perforation auch zu lokalen Bauchfellentzündungen und zur Abszessbildung führen. Dies verursacht dann das typische klinische Bild der Reticuloperitonitis traumatica.

Untersuchung und Behandlung

- Die Kuh verweigert plötzlich die Futteraufnahme. Sie ist in der linken Hungergrube leicht gebläht und der Rücken ist aufgekrümmt.
- Bei der Atmung sind manchmal Stöhnlaute zu hören.
- Die Bauchdecke ist gespannt, was auf der rechten Seite zu fühlen ist.
- In der akuten Phase innerhalb des ersten Tages steigt die Rektaltemperatur leicht auf 39,5 bis 40,0 °C an und die Milchleistung geht innerhalb einer Melkzeit auf wenige Liter zurück.
- Bei Verdacht auf eine chronische Peritonitis kann die Glutaraldehydprobe nach Sandholm durchgeführt werden. Dazu werden 4 ml Blut in das Teströhrchen gefüllt und das Röhrchen einige Male geschwenkt, bis ein festes Koagel entsteht. Bei starker Erhöhung der Gammaglobuline (z.B. bei chronischer Peritonitis, Pleuritis, Endokarditis) im Blut kommt es in weniger als 3 Minuten zur Koagulation. Bei akuter Retikuloperitonitis ist der Test negativ.

Die typischen „Fremdkörperproben" sind nur bei einer Bauchfellentzündung deutlich.

- Halten Sie das Phonendoskop auf die Trachea und stoßen Sie dann mit dem Knie in die Haubengegend. Bei einer Fremdkörpererkrankung hält die Kuh die Luft kurz an und Sie hören ein Stöhnen. Dieses Stöhnen können Sie auch hören, wenn Sie der Kuh hinter dem Widerrist fest in den Rücken fassen und sie dann den Rücken durchbiegt. (Bei einem zweiten Versuch wird die Kuh den Rücken nicht mehr durchbiegen, um den Schmerz zu vermeiden.)

Die konservative Therapie führt in den meisten Fällen zum Erfolg.

- Geben Sie ihr einen Fremdkörpermagneten mit dem entsprechenden Eingeber ein.
- Lassen Sie die Kuh für 24 h hungern, damit der Magnet in der leeren Haube frei beweglich ist. Die Milchleistung ist auf Null zurückgegangen.

- Zusätzlich injizieren Sie ein Antibiotikum von der rechten Flanke in die Bauchhöhle (z.B. 100 ml Procain-Penicillin; siehe Kap. 4.3). Leider ist kein Medikament für diese Anwendung zugelassen. Beachten Sie daher die Verlängerung der Wartezeiten nach der Umwidmung. Jetzt können Sie durchaus 2–3 Tage abwarten, ob eine Besserung eintritt. Ist das nicht der Fall, überlegen Sie zusammen mit dem Landwirt das weitere Vorgehen (Fremdkörperoperation oder Schlachtung; Wartezeiten beachten!).

Ein häufiger Grund für ein Therapieversagen ist ein weit fortgeschrittener, chronischer Krankheitsprozess mit Bildung von großen Eiterabszessen im Hauben- und Leberbereich, mit Infektionen des Herzbeutels (klinische Untersuchung!) und großflächigen Verwachsungen von Haube und Bauchfell (positive Glutaraldehydprobe).

> Die Diagnose Fremdkörpererkrankung bleibt bis zur endgültigen Laparotomie immer eine Verdachtsdiagnose.

Mit der konservativen Therapie hat man auch keinen Erfolg, wenn Fremdkörper aus Kunststoff mechanisch den Hauben-Psalter-Übergang verschließen, was nur operativ lösbar ist. Ursache dafür können Reste von Silofolie sein, die nicht sorgfältig aus dem Futter geräumt wurde, oder Bindegarn von Heu- oder Strohballen. Dann liegt auch meist keine Peritonitis vor, also auch keine Temperaturerhöhung, und die Fremdkörperproben sind negativ. Die Tiere sind leicht tympanisch und die Pansenmotorik ist vermindert.

Notfall Fremdkörpererkrankung

1. gründliche klinische Untersuchung,
2. Beurteilung des Futters (Silofolienreste) und Anamnese (Weidezaunreparatur, Bautätigkeit),
3. Eingeben eines Fremdkörpermagneten,
4. intraperitoneale Injektion eines Antibiotikums von der rechten Flanke,
5. 24 h hungern lassen,
6. Nachkontrolle nach 48 h.

7.14 Verletzungen

Wundverletzungen entstehen häufig auf der Weide und in mangelhaften Stalleinrichtungen, gelegentlich jedoch auch bei einem Sturz während der Brunst. Das Ausmaß der Verletzungen reicht von einfachen Hautschnitten bis zu Verwundungen mit schwerstem Gewebeverlust, wobei häufig die Gliedmaßen und natürlich das Euter und die Zitzen betroffen sind.

Untersuchung und Behandlung

- Bei der Versorgung einer Verletzung müssen Sie zunächst auf einen möglichen Blutverlust achten. Einen wichtigen Anhaltspunkt erhalten Sie durch die Prüfung der Schleimhautfarbe an der Scheide oder an den Zitzen.

> Angaben der Besitzer über das Ausmaß eines Blutverlustes sollten Sie grundsätzlich mit Vorsicht betrachten, da ein solcher in der Regel überschätzt wird.

- Eine stärkere Blutung stillen Sie vorläufig mit einer Gefäßklemme. Nach der weiteren Reinigung und Versorgung der Wunde können Sie dann, wenn nötig, eine Fadenligatur setzen.
- Bei einer stabilen Kreislaufsituation inspizieren Sie zunächst die Wunde genau. Wenn Sie keine genauen anamnestischen Angaben über das Alter der Wunde erhalten, versuchen Sie, andere Anhaltspunkte zu finden: Fibrinauflagerungen, Einrollen der Wundränder, Trockenheit der Wunde und Schwellung des umliegenden Gewebes.
- Wunden, die älter als 4–6 h sind, sollten eher keiner primären Wundversorgung zugeführt werden, sofern keine wirklich ausgiebige Wundreinigung möglich ist.
- Tiefere Wunden sollten Sie behutsam palpieren. Ziehen Sie sich dazu Einmalhandschuhe an. Achten Sie dabei nicht nur auf die Tiefe der Wunde, sondern auch auf mögliche Fremdkörper, die Sie ggf. manuell entfernen.
- Danach versuchen Sie zu ermitteln, ob Sehnenscheiden oder Gelenke mit verletzt sind. Ein wichtiger Hinweis ist gelblich-weißer Schaum in der Wunde, besonders wenn er vermehrt nach mehrmaligem Beugen und Strecken der Gliedmaße auftritt. Im Zweifel kann dann das suspekte Gelenk (oder die Sehnenscheide) an einer von der Wunde entfernt liegenden Stelle unter aseptischen Bedingungen punktiert werden und mit iso-

toner NaCl-Lösung gefüllt werden (eventuell unter Zusatz eines wasserlöslichen Antibiotikums). Wenn sich in dem Gelenk kein Druck aufbaut oder wenn die Spülflüssigkeit aus der Wunde abfließt, ist das ein Beweis für eine synoviale Eröffnung. Bei kleineren Wunden sollte das gefüllte Gelenk wiederholt gebeugt und gestreckt werden, da ein kleiner Defekt nur bei einer bestimmten Haltung den Abfluss erlaubt.

> Wenn Gelenke und Sehnenscheiden eröffnet sind, ist die Prognose recht ungünstig und die Schlachtung des Tieres muss in Erwägung gezogen werden.

Wenn Sie vor Ort eine primäre Wundversorgung durchführen möchten, werden in der Regel die Sedierung des Rindes z.B. mit Rompun und zusätzlich eine Lokalanästhesie erforderlich sein.

- Tupfen Sie die Wundränder mit einer jodseifengetränkten Kompresse sauber oder reinigen Sie die Wunde mit einer PVP-Jodlösung (0,5–1%).
- Rasieren Sie dann die Wundränder. Achten Sie aber darauf, dass die Haare nicht in die Wunde fallen.
- Eine glatte Schnittwunde, die nicht unter Spannung steht, kann oft mit einem Hautklammergerät versorgt werden, wozu meist keine Lokalanästhesie erforderlich ist.
- Bei anderen Wunden sollten Sie nicht auf die Lokalanästhesie verzichten. Dazu umquaddeln Sie die Wunde zirkulär z.B. mit Isocain 2% im Abstand von 2–3 cm zum Wundrand.
- Nun können Sie mit dem Wundverschluss durch eine Naht beginnen. Meistens genügt eine Hautnaht und nur selten ist eine Muskelnaht oder Unterhautnaht erforderlich, zumal ein resorbierbarer Faden bei der Unterhautnaht aufgrund der Wundkontamination einen guten Nährboden für Wundkeime schaffen würde.
- Für die Hautnaht verwenden Sie einen nicht resorbierbaren Faden, vorzugsweise monofil oder pseudomonofil, 3,5–5,0 metric. Spannungsfreie Wunden können Sie mit einfachen Hautheften versorgen.
- Da die Wunden mehr oder weniger kontaminiert sind, sollten Sie am tiefsten Punkt eine Öffnung für den Abfluss des Wundsekretes lassen oder ggf. schaffen. Am besten legen Sie jedoch in den ersten 2–3 Tagen eine Drainage an. Diese kann einfach aus einem Streifen Gaze bestehen.

Meist handelt es sich bei Rindern um Verletzungen der Gliedmaßen. Landwirte neigen im Gegensatz zu Pferde- und Kleintierbesitzern dazu, Verletzungen erst einmal nicht ernst zu nehmen und/oder sie erst zu bemerken, wenn das Tier eine hochgradige Lahmheit zeigt. Wunden, die eindeutig überaltert oder hochgradig infiziert sind, werden nicht primär verschlossen, sondern durch sorgfältige Wundreinigung, Desinfektion und einen Verband versorgt.

Der **Verband** ist bei Verletzungen der distalen Gliedmaße die wichtigste Therapie. Da die Wunden bei Stallhaltung in einer sehr kotverschmutzten Umgebung heilen müssen, können Sie sie nur mit einem guten festsitzenden Verband vor einer weiteren Verschmutzung schützen und das entstehende Wundsekret absaugen.

- Tragen Sie nach der Reinigung der Wunde eine aseptische Salbe (Lotagen-Gel) auf und decken Sie sie mit Mull ab.
- Umwickeln Sie dann die Gliedmaße mit einer Lage Polsterwatte, wobei Sie immer über den Klauen beginnen, da der Verband sonst abrutscht.
- Dann umwickeln Sie das Ganze fest mit einer „Peha-Haft"-Binde.
- Zuletzt kleben Sie den Verband mit Isolierband ab, das den Verband vor starker Verschmutzung und Nässe schützt.

7.15 Notfälle bei Schaf und Ziege

Tympanie

Bei der akuten Tympanie unterscheidet man zwischen der schaumigen Tympanie und der Tympanie mit dorsaler Gasblase. Letztere geht auf eine Verlegung des Ösophagus zurück, wie sie z.B. leicht durch ein stecken gebliebenes Apfelstückchen o.Ä. zustande kommen kann. Dabei handelt es sich dann naturgemäß um eine Einzeltiererkrankung, wohingegen die schaumige Tympanie oft eine Bestandserkrankung ist, da diese auf einen Fütterungsfehler mit einer zu kohlenhydrat- und eiweißreichen Nahrung zurückgeht (z.B. Klee-, Wicken- oder Getreidekeimlinge). In beiden Fällen ist jedoch das führende Symptom die beidseitig aufgeblähte Hungergrube. Hinzu kommen Kurzatmigkeit und eventuell ein Festliegen in Seitenlage.

Untersuchung und Behandlung

- Injizieren Sie zunächst zur Spasmolyse etwa 5–6 ml Buscopan i.v.
- Zur Behandlung versuchen Sie zunächst eine manuelle Verlagerung des Nahrungsstücks, wenn Sie es von außen palpatorisch im Ösophagus loka-

lisieren können. Wenn eine Hilfsperson die Hinterbeine des Tieres hochhält, haben Sie gute Chancen, das Stück durch oralwärts gerichtete massierende Bewegungen auszutreiben.

- Wenn dies nicht gelingt – oder die Bedingungen nicht gegeben sind – schieben Sie eine Nasenschlundsonde vor, um damit das Speisestück weiter in den Pansen zu schieben. Die Entgasung erfolgt danach über die Sonde oder auch spontan.
- Bei der schaumigen Tympanie verabreichen Sie den betroffenen Tieren ein Antitympanikum (z.B. Silibon) über die Nasenschlundsonde und sorgen für eine Standortveränderung des Tieres, um dies in Zukunft zu verhindern. Die Tiere sollen dann rohfaserreiches Futter erhalten. Bei Schafen und Ziegen ist auch das pflanzliche Präparat Colosan bei fütterungsbedingten Tympanien sehr gut einsetzbar.

> In leichten Fällen können Sie eine Kordel um den Unterkiefer binden, wodurch die Tiere mehr und anhaltender kauen. Über eine vermehrte Speichelproduktion und das gründlichere Kauen wird somit der schaumigen Gärung entgegengewirkt.

Durchfall

Durchfallerkrankungen können durch raschen Elektrolytverlust des Körpers sehr schnell zu einer lebensbedrohlichen Erkrankung werden. Die möglichen Ursachen sind sehr vielfältig. Sehr häufig sind Lämmer und Jungtiere betroffen.

Untersuchung und Behandlung

- Um eine systematische und strategische Behandlung des Bestandes/Tieres zu ermöglichen, nehmen Sie bei Diarrhö eine Kotprobe. Nach Entnahme einer Kotprobe hängt die weitere Behandlung vom Allgemeinzustand des Tieres ab.
- Es ist immer wichtig, den Wasser- und Elektrolythaushalt des Tieres durch orale Gaben von Elektrolyttränken (50–100 ml bis zu 6-mal tgl.), die zusätzlich zur Milch gegeben werden, wieder aufzufüllen.
- Bei Neugeborenen muss die Kolostrumaufnahme (40–50 ml) gewährleistet sein.
- Um den Säure-Basen-Haushalt auszugleichen, können bei Lämmern 10–20 ml 4,8% Natriumbicarbonat s.c. gegeben werden.
- Ist das Tier sehr geschwächt, kann noch eine Infusionstherapie durchgeführt werden (z.B. mit 5%-Glukoselösung oder mit einer Elektrolyt-

lösung wie etwa Amynin 4–6 ml pro kg). Dabei müssen Sie berücksichtigen, dass die Infusionslösung vorher auf Körpertemperatur erwärmt wird. Falls keine Vene punktiert werden kann, können Sie die lauwarmen Infusionslösungen auch i.p. geben.

- Bei gleichzeitigem Auftreten von Fieber z.B. bei einer Koliseptikämie sollte das Tier noch antibiotisch abgedeckt werden (z.B. mit Enrofloxacin oder Sulfonamiden).
- Gerade beim Schaf spielt die Resistenzsituation von Anthelminthika eine große Rolle. Umso wichtiger ist deshalb eine Wurmidentifikation und gezielte Anthelminthikagabe.

> Ein guter Ratgeber für jede einzelne Tierart sind die Merkblätter zur Parasitenbekämpfung, die Sie am Institut für Parasitologie der Uni Gießen erhalten können.

Lamm und Zicklein

Die Erfordernisse bei Lamm und Zicklein lassen sich leicht von denen beim Kalb ableiten (Kap. 7.9).

Zur Prophylaxe ist nach wie vor die rechtzeitige und ausreichende Versorgung mit Kolostrum der wichtigste Faktor zur Verhütung von infektionsbedingten Jungtiererkrankungen (enthält Antikörper und IgA; 180–210 ml/kg in 18 Stunden beim Lamm).

Unterstützt werden kann dies durch die Muttertierimpfung (z.B. Clostridien- oder E.-coli-Impfstoffe), da geimpfte Muttertiere spezielle Antikörper über das Kolostrum an die Jungtiere weitergeben.

Frakturen

Eine Bruchheilung bei Schaf und Ziege und Kalb ist nur an den langen Röhrenknochen der Extremitäten realistisch, sofern es sich zudem um gedeckte Brüche handelt. Offene Frakturen haben per se eine schlechte Prognose (sofern keine stationäre operative Versorgung vorgesehen ist).

Gedeckte Frakturen haben eine bessere Prognose, wenn eine Mitfixierung der sowohl proximal als auch distal der Fraktur gelegenen Gelenke möglich ist, damit der Bruch heilen kann.

Vorbereitung

- Materialien:
  - Scotch-Cast-Binden,
  - Eimer mit Wasser und Seife,
  - zweiter Eimer mit sauberem Wasser,
  - Salbenspray,
  - Verbandswatte,
  - elastische Binden,
  - Schere,
  - Handschuhe,
  - Handtuch,
  - Xylacin zur Sedierung.
- Suchen Sie sich eine Hilfsperson, welche in der Lage ist, die einmal gewählte Position des Tieres und des reponierten Bruches zu fixieren, wenn Sie mit der Stabilisierung durch das Wickeln befasst sind. Die Hilfsperson muss selbst eine möglichst bequeme und stabile Position einnehmen können, in der sie etwa 20 min ausharren kann.
- Suchen Sie sich zunächst einen einigermaßen sauberen Platz zur Behandlung, damit z.B. kein Stroh mit in den Verband eingewickelt wird. Am besten haben Sie ein Bettlaken als Unterlage zur Verfügung, auf dem Sie das Tier behandeln können.

Untersuchung und Behandlung

- Sedieren Sie das Tier und legen Sie es so ab, dass die betroffene Gliedmaße oben liegt.
- Palpieren Sie sorgfältig den Bruch, um sich ein Bild von der Form und der Bruchlinie der Fraktur machen zu können. Falls Sie bei der Palpation des Bruches mehrere Fragmente ertasten können, führen Sie dennoch die beiden „großen Enden" möglichst gerade zusammen, um sie zusammenwachsen zu lassen.
- Reinigen Sie dann die betroffene Extremität mit der Waschlösung und trocknen Sie sie dann wieder gut ab.
- Versuchen Sie eine manuelle Reposition der Knochenfragmente.
- Sprühen Sie die Gliedmaße mit dem Salbenspray ein.
- Legen Sie dann die Verbandswatte an.
- Achten Sie darauf, dass alle Knochenvorsprünge, die Zwischenklauenspalten und vor allem die Afterklauen besonders gut abgepolstert werden.
- Fixieren Sie mit der elastischen Binde die Watte.

- Sollten Sie über keine oszillierende Säge verfügen, mit der Sie den Cast-Verband nach der Heilung bequem aufsägen können, sollten Sie jetzt einen Sägedraht in den Verband einarbeiten. Legen Sie diesen Draht u-förmig um den Verband, sodass abschließend beide Enden des Drahtes oben herausschauen und der Draht am unteren Verbandsrand umschlägt.
- Wickeln Sie jetzt noch eine Tour, die den hochgeklappten Draht an der Gliedmaße fixiert.
- Ziehen Sie sich nun Handschuhe an und nehmen Sie sich eine Scotch-Cast-Binde.
- Tauchen Sie diese kurz in Wasser (10 s), drucken sie einmal kurz unter Wasser zusammen und verarbeiten Sie sie dann sofort.
- Wickeln Sie den Cast distal beginnend nach proximal. Legen Sie eine Kreistour und überlappen Sie dann nach proximal fortschreitend immer wieder die Hälfte der vorherigen Tour.
- Die Zahl der Binden richtet sich nach dem Gewicht des Tiers und nach der mutmaßlich erforderlichen Stabilität. In der Regel benötigen Sie für den Castverband eines Schafes mit gedecktem Röhrenknochenbruch etwa zwei Binden. Bei einem Kalb kommen Sie zumeist mit vier bis fünf Binden aus.
- Wickeln Sie nur soweit, dass am Ober- (und Unter-)Rand immer noch Watte übersteht.
- Am Übergang vom Castverband zur Watte können Sie zum Abschluss noch einige Touren mit einem Teerband legen, um den Verband ein wenig zu versiegeln und vor eindringendem Schmutz und Feuchtigkeit zu schützen.
- Der Castverband ist nach 30 min voll belastbar.
- Der Besitzer sollte das Verhalten des Tieres und den Verband selbst täglich kontrollieren. In folgenden Situationen muss er Sie sofort benachrichtigen:
  - bei Schwellungen am proximalen Verband,
  - bei üblem Geruch aus dem Verband,
  - bei Fieber,
  - bei einem Verrutschen des Verbandes.
- Nach 4 bis 5 Wochen kann der Castverband mit der oszillierenden Säge oder mit dem eingewickelten Draht am liegenden Tier abgenommen werden. Eventuell ist auch hier eine Sedierung des Tieres im Vorfeld erforderlich (Vorsicht bei Einsatz der Säge am nicht sedierten Tier!)

Ist weder die oszillierende Säge zur Hand und wurde auch kein Draht eingearbeitet, können Sie sich mit einer Rosenschere behelfen.

Scheidenvorfall

Man unterscheidet den habituellen und den permanenten Scheidenvorfall. Der habituelle Vorfall ereignet sich nur beim liegenden Tier und verschwindet, sobald sich das Tier wieder hinstellt.
Beim permanenten Scheidenvorfall gibt es keine Spontanremission. Er tritt vornehmlich bei hochtragenden Schafen auf.

Untersuchung und Behandlung

- Unkomplizierte und ohne starkes Pressen vorkommende Scheidenvorfälle können mit einem sogenannten Lammretter behandelt werden. Dabei handelt es sich um ein dreilippiges T-Stück, das im Handel erworben werden kann (Abb. 7.6).
- Die mittlere Lippe wird in die Scheide eingeführt und die anderen beiden Enden werden mit Schnüren außen an der Wolle des Schafes befestigt. Dadurch wird die Scheide in Position gehalten.
- Beim Einsetzen der Geburt wird der Lammretter wieder entfernt.
- Bei permanenten Scheidenvorfällen mit starkem Pressreiz und schon veränderter Schleimhaut wird chirurgisch vorgegangen, indem die Scheide reponiert und anschließend verschlossen wird.
- Bei einer bestehenden Trächtigkeit muss allerdings sichergestellt werden, dass mit Beginn der Geburt der Scheidenverschluss entfernt wird, was eine gute Geburtsüberwachung durch den Besitzer voraussetzt.
- Der Scheidenverschluss erfolgt wie beim Rind mit einer schafspezifischen Gerlach-Nadel und einem Bühner-Band.
- Zur Schmerzausschaltung wird eine Epiduralanästhesie durchgeführt (etwa 3–4 ml Isocain in den Lumbosakralspalt).
- Anschließend wird das vorgefallene Gewebe mit Seifenlauge gereinigt.

> Zur Reponierung hat es sich besonders bei älteren Vorfällen bewährt, das Gewebe mit Gleitgel zu benetzen, damit es besser zurückgleitet.

- Nun erfolgt der Verschluss nach Bühner. Dabei wird im ventralen Winkel der Vulva und etwa 2–3 cm darunter mit der Schere ein kleiner Hautschnitt durchgeführt. Durch diesen Spalt wird nun die Gerlach-Nadel subkutan und parallel zur Vulva vorgeführt, bis Sie über dem dorsalen Winkel der Vulva wieder durch die Haut gestochen wird.
- Anschließend wird das Bühner-Band mit einem Ende in die Gerlach-Nadel eingefädelt und das Ganze zurückgezogen. Auf der anderen Seite wird ebenso verfahren.

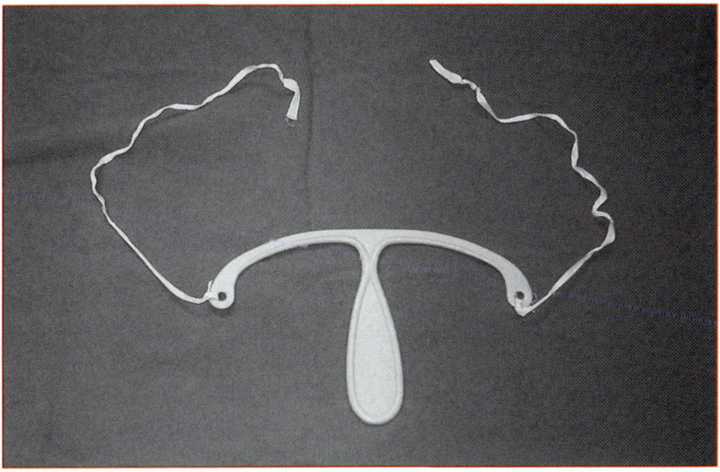

Abb. 7.6 Lammretter.

- Dann werden die beiden Bandenden aus den ventralen Öffnungen miteinander verknotet. Dabei sollte die Scheide nicht zu fest zusammengezogen werden, damit dass Tier noch Harn absetzen kann. Es sollten zwischen den Labien noch etwa 1–2 Fingerbreit Platz sein.
- Das Tier erhält noch 2000–3000 I.E. Tetanusserum.
- Am besten wird auch eine Antibiose begonnen.

Vergiftungen

Vergiftungen können zu ganz unterschiedlichen Symptomen führen, die abhängig von der Art des Giftes und der aufgenommenen Menge sind. Die Symptome reichen von leichten Durchfällen über Atemnot, ZNS-Ausfallserscheinungen bis hin zum plötzlichen Tod. Hobbylandwirte neigen sehr schnell dazu, Vergiftungstheorien aufzustellen, wenn sie sich irgendetwas nicht erklären können.

> Sehr wichtig bei Vergiftungsverdacht sind der Vorbericht und das Inspizieren des Geländes.

Immer wieder kommt es zu Vergiftungsfällen, wenn Garten- oder Strauchschnittabfälle gedankenlos und in Unwissenheit auf die Weide geworfen

werden. Oft befinden sich darin sehr giftige Pflanzen, wie Kirschlorbeer, Buchsbaum oder Rhododendron.
Eine sehr hilfreiche Internetadresse zu diesem Thema stammt von der Uni Zürich: http://www.vetpharm.uzh.ch.
Da Sie in den meisten Fällen nicht genau wissen, um welches Gift es sich handelt, müssen Sie zuerst eine Notfalltherapie durchführen.

Notfalltherapie bei Vergiftungen

- Halten Sie die Tiere von der Giftquelle fern bzw. entfernen Sie die Giftquelle.
- Stallen Sie die Tiere ruhig und eventuell auch abgedunkelt auf.
- Sorgen Sie für freie Atemwege.
- Bringen Sie festliegende Tiere in Brustlage.
- Sorgen Sie bei Untertemperatur für reichlich saubere Einstreu, Wärmelampen oder auch dafür, dass Pullover o.Ä. angezogen werden.
- Versuchen Sie, Gift auf der Haut oder auf dem Fell durch Scheren und Spülen mit lauwarmem Wasser zu entfernen.
- Bei lipidlöslichen Giften waschen Sie mit Seife und Speiseöl im Wechsel.
- Bei Schleimhautkontakt spülen Sie ebenfalls mit viel lauwarmem Wasser.
- Bei Verdacht auf ein Lungenödem oder einen Schock geben Sie nach Möglichkeit Kortison i.v.
- Behandeln Sie eine Kreislaufschwäche durch Infusionstherapie (z.B. Amynin 4–6 ml/kg).
- Bei Symptomen des Magen-Darm-Traktes versuchen Sie, das Gift durch Eingabe von Aktivkohle per os zu binden oder die Magen-Darm-Passage durch Eingabe von Leinsamenschleim oder Glaubersalz zu beschleunigen (1 g/kg in Wasser gelöst). Die Eingabe von Aktivkohle und Glaubersalz können Sie nach 8–12 h wiederholen.
- Bei Schmerzen sollten Analgetika verabreicht werden (z.B. Metamizol, Flunixin oder Meloxicam).
- Bei Koliksymptomatik können Sie Buscopan oder auch nur Metamizol geben.
- Eine forcierte Diurese erreichen Sie üblicherweise mit Furosemid (Dimazon 0,5–1,0 mg/kg).

8 Reproduktion – Rind

8.1 Gynäkologische Untersuchung

Die gynäkologische Untersuchung ist natürlich Teil der allgemeinen Untersuchung eines erkrankten Einzeltieres. Allgemeinerkrankungen wie Stoffwechselstörungen, Mastitis oder Klauenerkrankungen haben immer einen Einfluss auf die Fruchtbarkeit. Es gibt Gründe, die gynäkologische Untersuchung zu vertiefen, am Einzeltier oder im Rahmen der regelmäßigen Herdenmedizin, z.B. zur Aufklärung von Fruchtbarkeitsstörungen, bei Puerperalerkrankungen, zur Brunstfeststellung und auch im Rahmen der geburtshilflichen Untersuchung.

- Erfragen Sie zunächst die folgenden Punkte:
  - Zahl und Verlauf der bisherigen Trächtigkeiten,
  - Geburtsverlauf,
  - Puerperalstörungen,
  - letzte Besamung(en),
  - Milchleistung,
  - Bestandsprobleme (Fruchtbarkeit, Besamungsindex, Fütterung).

Äußere Untersuchung

- Beurteilen Sie adspektorisch den Leibesumfang und seine Symmetrie.
- Achten Sie auf eventuelle Narben im Hinblick auf eine frühere Sectio.
- Palpieren Sie von außen die Beckenbänder. Weiche Beckenbänder deuten auf die bevorstehende Geburt oder auf Ovarialzysten hin.
- Begutachten Sie die Unterseite des Schwanzes und den ventralen Winkel der Scham auf Schleimspuren, Sekretkrusten oder Blut, um den Zyklusstand zu beurteilen.
- Beurteilen Sie die Scham auf Größe, Form, Symmetrie, OP-Narben oder einen früheren Dammriss bzw. Narbengewebe.
- Ziehen Sie mit Daumen und Zeigefinger einer Hand die Schamlippen auseinander und begutachten Sie die Schleimhaut. Dabei achten Sie auf Rötungen, Feuchtigkeitsgrad, Bläschen, Erosionen usw.
- Beobachten Sie das Brunstverhalten.

Vaginale Untersuchung

Die vaginale Untersuchung ist immer mit einer gewissen Infektionsgefahr verbunden und daher bei Massenuntersuchungen meist nicht Bestandteil der gynäkologischen Untersuchung. Sie kann aber sehr viele aussagekräftige Befunde liefern.

- Reinigen Sie den äußeren Schambereich mit handwarmem Wasser oder mit einer milden Seifenlösung.
- Erwärmen Sie das Spekulum und bestreichen Sie es anschließend mit sterilem Gleitmittel.
- Führen Sie das Spekulum in die Vagina ein.
- Halten Sie das Spekulum mit der linken Hand und leuchten Sie mit der Taschenlampe in Ihrer rechten die Vagina aus.
- Begutachten Sie Form und Öffnungsgrad der Portio und den Feuchtigkeitsgrad der Vaginalschleimhaut. Achten Sie auch auf klaren oder eitrigen Schleim.
- Dokumentieren Sie die Befunde sorgfältig z.B. auf folgende Weise:
  - Form der Portio: z = zapfenförmig, v = breit verlaufend, r = rosettenförmig, s = schlaff-lappig überhängend,
  - Öffnungsgrad des Zervixkanals: 0 = ganz geschlossen, 1 = strohhalmdicke Öffnung, 2 = bleistiftdicke Öffnung, 3 = fingerdicke Öffnung, 4 = zweifingerdicke Öffnung, 5 = dreifingerdicke Öffnung,
  - Schleimhautfarbe von Scheide und Portio: A = blass, B = blassrosa, C = hyperämisch (Brunst, leichte krankhafte Rötung), D = deutliche, krankhafte Rötung, E = sehr starke, „schmutzig" verwaschene Rötung,
  - Feuchtigkeitsgrad der Schleimhaut von Scheide und Portio: I = trocken, klebrig, II = wenig feucht, III = mäßig feucht, IV = sehr feucht, V = Flüssigkeitsansammlung in der Scheide (Schl. = Schleim, Bl. = Blut, Ei. = Eiter, Schl./Ei. = Schleim mit Eiter; Urin).

Der „Metricheck", ein etwa 50 cm langer Metallstab mit einem Gummikelch am Ende, ist bei Reihenuntersuchungen eine schnelle Möglichkeit, Vaginalschleim bzw. Uterusausfluss zu gewinnen. Aber auch dieses Gerät muss desinfiziert werden, bevor man es bei der nächsten Kuh benutzt und die Vulva muss vorher sorgfältig gereinigt werden.

Rektale Untersuchung

In vielen Fällen ist es vorteilhaft, die rektale Untersuchung vor der vaginalen durchzuführen. Zum einen kann man besser rektal untersuchen, wenn die Scheide noch nicht gereizt wurde und das Tier zu stark presst, zum anderen erübrigt der Rektalbefund häufig die vaginale Untersuchung, z.B. bei einer positiven Trächtigkeit.

- Geben Sie Gleitgel auf Ihre behandschuhte Hand, bevor Sie rektal eingehen (Ihr Schultergelenk wird es Ihnen nach vielen Berufsjahren danken).
- Räumen Sie den Kot aus, ohne die Hand jedes Mal wieder herauszuziehen, indem Sie den Kot an der Hand vorbei nach außen drücken. Vermeiden Sie es, dass Luft in das Rektum einströmt, denn anderenfalls liegt der Darm nicht mehr eng an der untersuchenden Hand und Sie können nichts mehr fühlen.
- Achten Sie darauf, dass das Tier seitlich gut fixiert ist, z.B. in einer Reihe mit Nachbartieren. Außerdem soll sich kein Balken oder Gitter neben dem Tier befinden, denn wenn das Tier plötzlich seitlich ausweicht, bevor Sie den Arm wieder herausgezogen haben, können Sie sich den Arm brechen.
- Tasten Sie zuerst die auf dem Beckenboden fühlbare Zervix ab. Wenn der Uterus groß ist, bis 14 Tage nach der Geburt, ab dem 3. Trächtigkeitsmonat oder bei Pyometra, fühlen Sie nur einen Teil der Zervix im Becken, da sich der kraniale Teil mit dem Uterus in der Bauchhöhle befindet.
- Gehen Sie nun mit der vollen Armlänge in das Rektum ein und suchen Sie die Uterusbifurkation auf. Versuchen Sie mit dem Zeigefinger vor die Bifurkation zu fassen und den Uterus etwas zurück ins Becken zu ziehen. Dann haben Sie die Möglichkeit, beide Uterushörner nacheinander abzutasten. Achten Sie auf Inhalt im Uterus (beidseitig oder asymmetrisch) und auf freie Beweglichkeit.
- Dokumentieren Sie die Befunde:
  - Größe G 1 (Hörner fingerdick) bis G 6 (Uterus mit der Hand nicht mehr abgrenzbar),
  - Symmetrie (S) oder Asymmetrie AS (+ bis +++),
  - Konsistenz (schlaff, dünne Wand, kontraktil) K1 bis K3.
- Abschließend untersuchen Sie die Ovarien. Sie finden Sie rechts und links auf dem Beckenboden oder dicht vor dem Schambeinkamm.

> Je größer der Uterus ist, desto weiter werden auch die Ovarien nach kranial verlagert und sind dann schlechter zu finden.

- Gelegentlich befinden sich die Ovarien unter dem Gebärmutterband. Dann drücken Sie mit der Hand auf das Band, um die Ovarien nach kranial zu verlagern. Klemmen Sie sich jeweils ein Ovar zwischen Zeige- und Mittelfinger und tasten Sie dann die Oberfläche mit der Daumenkuppe ab.

Die Untersuchung der Funktionskörper auf den Rinderovarien ist eine sehr subjektive Angelegenheit. Lässt man drei erfahrene Untersucher ein Rind gemeinsam untersuchen, so erhält man drei verschiedene Meinungen. Eine Ultraschalluntersuchung ergibt sehr viel objektivere Befunde.

- Normalerweise sind beim Rind in allen Zyklusphasen Funktionskörper auf dem Ovar zu ertasten. Trotzdem ist allein durch die Untersuchung der Ovarien kaum der genaue Zyklustag zu bestimmen. Folgende Befunde können Sie diagnostizieren:
  - Brunst (siehe Kap. 8.6),
  - Corpus luteum in Blüte: etwa 11. bis 12. Zyklustag. Es hat dann die typische Form eines hervorstehenden Ringes mit einem zentralen Krater,
  - Ovarialzysten: mehr als 3 cm im Durchmesser oder mehrere kleine fluktuierende Blasen, im Zweifel Nachuntersuchung nach 10 Tagen,
  - Azyklie: Wenn bei zwei Untersuchungen im Abstand von 10 Tagen keinerlei Funktionskörper zu fühlen sind, in den ersten 4 bis 5 Tagen nach der Brunst, ist ebenfalls kein Gelbkörper in Anbildung fühlbar.
- Dokumentieren Sie auch wieder Ihre Befunde:
  - Form des Ovar und die tastbaren Gelbkörper oder Follikel mithilfe einer Skizze,
  - Größe des Ovar (z.B. Eb = erbsengroß, G = gänseeigroß),
  - Konsistenz der Blasen (1 = derb/prall, 3 = fluktuierend, 5 = schlaff).

Sie können bei der rektalen Untersuchung nur dann gute Befunde erzielen, wenn Sie eine bildliche Vorstellung davon haben, was Sie fühlen. Schauen Sie sich daher intensiv Bilder in Lehrbüchern an (z.B. „Fertilitätsstörungen beim weiblichen Rind") und verinnerlichen Sie die Bilder der Ovarien und deren Funktionskörper in den verschieden Zyklusphasen. Ohne diese inneren Bilder können Sie das Gefühlte nicht richtig einordnen und interpretieren.

8.2 Trächtigkeitsuntersuchung

Es gibt verschiedene Möglichkeiten, die Trächtigkeit beim Rind zu bestimmen.

Die Untersuchung mit einem Ultraschallgerät findet zunehmend weitere Verbreitung, da die Geräte inzwischen handlich und preiswert geworden sind. Sie sollten jedoch zunächst die rektale Untersuchung sicher beherrschen, bevor Sie sich näher mit der Ultraschalluntersuchung befassen.

Die Prüfung der Trächtigkeit durch eine Blutuntersuchung ist nötig, wenn Sie bei sehr mastigen und verfetteten Tieren keine verwertbare rektale Untersuchung durchführen können.

Bei einer neueren Methode wird das sog. PAG (Pregnancy associated Glycoprotein) bestimmt. Diese Glykoproteine, die während der Trächtigkeit von der Plazenta gebildet werden, findet man ab dem 28. Tag nach der Belegung im Blut. Allerdings muss die letzte Trächtigkeit länger als 100 Tage zurückliegen, da sonst noch PAG im Blut nachweisbar ist.

Die **rektale Trächtigkeitsuntersuchung** ist die wichtigste Methode, weil sie mit dem geringsten zeitlichen und finanziellen Aufwand verbunden ist.

> Bevor Sie die rektale Trächtigkeitsuntersuchung erlernen, machen Sie sich mit den theoretischen Grundlagen vertraut. Sie müssen wissen, was Sie in einem bestimmten Trächtigkeitsstadium fühlen können und wo sich der tragende Uterus befindet. Sie sollten erlernen, sicher eine Trächtigkeit ab der 6. Woche rektal zu fühlen. Der erfahrene Untersucher sollte die Trächtigkeit ab dem 35. Trächtigkeitstag feststellen können, also vor Beginn der nächsten Brunst.

Im Folgenden werden nur die eindeutigen Trächtigkeitshinweise im jeweiligen Stadium beschrieben. Größe, Lage oder Asymmetrie des Uterus sind keine eindeutigen Befunde:

- 1.–4. Woche: In dieser Zeit gibt es keine sicheren Trächtigkeitskriterien bei der rektalen Untersuchung. Das Ausbleiben der Brunst bei gleichzeitig großem Corpus luteum und eine trockene Scheide sind nur Hinweise auf eine Trächtigkeit, erlauben aber keine eindeutige Diagnose.
- 5.–8. Woche: Ab dem 35. Trächtigkeitstag können Sie eindeutige Befunde erheben. Die Amnionblase ist zu fühlen. Sie dürfen sie nur sehr vorsichtig durch die Finger gleiten lassen, um die Frucht nicht zu schädigen. Ab dem 35. Tag können Sie die Eihäute palpieren, indem Sie die Uteruswand zwischen Daumen und Zeigefinger gleiten lassen. Dabei fühlen Sie eine dünne zweite Schicht in der Wand.

- 9.–13. Woche: Der Uterus ist noch vollständig mit der Hand zu umfassen, aber die Asymmetrie ist jetzt deutlich fühlbar. Vorsicht: Es gibt auch Eiteransammlungen in nur einem Horn, die man leicht mit einer Trächtigkeit verwechseln kann. Im tragenden Horn ist eine deutliche Fluktuation spürbar. Die Frucht ist deutlich zu fühlen (ab der 10. Woche etwa 8–10 cm lang). Wenn Sie mit einem Finger leicht dagegen stoßen, fühlen Sie, wie sie schwimmt und wieder zurückkommt (Ballotieren).
- 14.–19. Woche: Der Uterus lässt sich nicht mehr ganz mit der Hand umfassen und befindet sich nicht mehr vollständig im Becken. Wenn Sie mit der flachen Hand gegen das tragende Horn stoßen, spüren Sie deutlich die Flüssigkeit unter der dünnen Wand und das Gegenstoßen der Frucht. Mit Beginn des 5. Monats ist die Frucht etwa 25 cm lang.
- 20.–24. Woche: Ab dem 5. Monat kommt es zu einem vollständigen Absinken des Uterus in die Bauchhöhle. Meist fühlen Sie die Frucht noch. Ansonsten können Sie die Plazentome als eindeutiges Trächtigkeitszeichen fühlen.
- ab dem 6. Monat: Der Uterus befindet sich ganz in der Bauchhöhle und ist oft nicht erreichbar. In dieser Phase werden viele Fehler gemacht: Nur weil Sie keine nicht tragende Gebärmutter finden, dürfen Sie nicht einfach eine Trächtigkeit annehmen. Eindeutige Anzeichen einer Trächtigkeit im letzten Drittel der Trächtigkeit liegen vor, wenn Sie Plazentome, Teile der Frucht oder das Schwirren der Uterusarterien fühlen.

> Wenn Sie das Schwirren nicht fühlen, suchen Sie am knöchernen Beckeneingang die Uterusarterien auf. Komprimieren Sie sie leicht, sodass Sie das rhythmische Schwingen des durchfließenden Blutes fühlen.

- Im letzten Drittel der Trächtigkeit ist es sehr schwer, ihre Dauer genau festzulegen, da es davon abhängt, ob Sie den Kopf oder die Gliedmaßen des Kalbes ertasten können. Nur mithilfe der Größe der Plazentome können Sie nicht sicher sagen, ob das Tier im 6. oder sogar schon im 8. Monat tragend ist. Im 9. Monat ragt das Kalb aber meist wieder so weit hoch ins Becken, dass Sie Gliedmaßen oder Kopf tasten können.

Forensik

- Machen Sie nach der Untersuchung immer eine eindeutige Aussage:
  - „tragend“,
  - „nicht tragend“,
  - „Ich bin mir nicht sicher und werde in drei Wochen nachuntersuchen“.
- Wenn Sie das Tier ab dem 6. Monat untersuchen, sagen Sie: „Im letzten Trächtigkeitsdrittel tragend.“ Legen Sie sich auf keinen bestimmten Monat fest!
- Wenn ständig ein Deckbulle bei den Tieren dabei ist, sagen Sie: „Nicht tragend, sofern der Bulle das Tier in den letzten sechs Wochen nicht mehr gedeckt hat.“ Sie können nie sagen, dass es nicht tragend ist.
- Falsch negative Diagnosen können immer von einem nachfolgenden Untersucher bewiesen werden und bedingen Haftpflichtansprüche, wenn sie entdeckt werden.
- Falsch positive Diagnosen sind häufig der Anlass für Streitigkeiten zwischen Landwirt und Tierarzt. Besonders leicht mit einer Trächtigkeit zu verwechseln sind Eiteransammlungen im Uterus, die manchmal auch nur einseitig sind.
- Wenn Sie ein Tier grundsätzlich nur dann als „tragend“ beurteilen, wenn Sie sich selbst ganz sicher sind und beweisende Hinweise palpiert haben (Eihäute, Ammnionblase, Frucht, Plazentome), und nie unter Zeitdruck, aufgrund der Größe oder irgendeines Gefühls, die Diagnose „tragend“ gestellt haben, können Sie sich selbstbewusst jeder Diskussion mit dem Landwirt stellen.

> Vor dem 3. Trächtigkeitsmonat (35.–50. Tag) kommt es häufig zum Fruchttod und zur Resorption, die vom Landwirt nicht bemerkt wird. Machen Sie den Landwirt auf dieses Problem aufmerksam. In diesem Fall war es keine falsch positive Diagnose.

8.3 Behandlung von Gebärmuttererkrankungen

Erkrankungen der Gebärmutter sind eine häufige Sterilitätsursache. Die klinische Endometritis ist in ihrer Symptomatik davon abhängig, wie lange die letzte Geburt her ist. Bei subklinischen Endometritiden dagegen ist die Diagnostik das Problem.

Die Ursachen für Nachgeburtsverhaltung und Endometritiden sind vielfältig. Ein erster Ursachenkomplex liegt in der Fütterung während der Trockenstehzeit mit Selenmangel und Carotinmangel. Die häufigsten Ursachen sind dann mit dem Geburtsablauf selbst verbunden (z.B. Schwergeburten, Totgeburten, mangelnde Geburtshygiene). Eine weitere Ursache ist die gestörte Puerperalphase mit z.B. Gebärparese, Acidose, Ketose und Fettmobilisation.
Die Behandlung der Nachgeburtsverhaltung und der Endometritis ist unvollständig, wenn nicht auch die kausalen Ursachen bekämpft werden.

Nachgeburtsverhaltung

Beim Rind geht die Nachgeburt innerhalb von 6 h nach der Geburt ab. Bei Hypokalzämie kann sich dieser Zeitraum etwas verlängern. Ohne Infektion der Eihäute und der Gebärmutter hat das keine gesundheitlichen Folgen. In der Regel beginnt aber schon innerhalb von 12 h nach der Geburt die Infektion der Gebärmutter und damit entsteht auch eine Endometritis. Ist die Nachgeburt 12 h p.p. nicht abgegangen, kann man beim Rind von einer Nachgeburtsverhaltung sprechen (5–10% aller Geburten, in Problembeständen deutlich häufiger). Die Ursachen reichen von Geburtsschwierigkeiten bis zu sehr komplexen ernährungsbedingten Ursachen.
Der Tierarzt wird meist zwischen dem 1. und 3. Tag nach der Geburt zur Behandlung gerufen. Im Allgemeinen bemerkt der Landwirt oder Herdenmanager die Nachgeburtsverhaltung, wenn Teile aus der Scheide heraushängen. Wenn das nicht der Fall ist, kann eine Nachgeburtsverhaltung leicht übersehen werden. Die Cervix schließt sich nach einigen Stunden vollständig, wenn keine Eihautreste heraushängen, sodass auch durch die vaginale Untersuchung die Diagnose nicht mehr eindeutig gestellt werden kann.

Untersuchung und Behandlung

- Beginnen Sie mit einer kurzen allgemeinen Untersuchung. Häufig liegt gleichzeitig eine Mastitis oder Ketose vor. Körpertemperaturen über 39,5 °C sind ein Hinweis auf eine Sepsis.
- Reinigen Sie den Scheidenbereich mit trockenen Papiertüchern.
- Danach ziehen Sie sich auf beiden Armen jeweils einen langen Untersuchungshandschuh über, den Sie am Oberarm mit einer Klemme oder mit einem Gummiband fixieren, damit er nicht abrutscht.

Achten Sie darauf, dass Sie die Antibiotikastäbe griffbereit in der Tasche haben, damit Sie nicht noch einmal zum Fahrzeug gehen müssen.

- Jetzt gehen Sie vaginal mithilfe von Gleitgel ein und untersuchen die Geburtswege auf mögliche Verletzungen.
- Erfassen Sie mit einer Hand die heraushängenden Eihautreste und ziehen Sie daran. Mit der anderen Hand versuchen Sie, die Kotyledonen von den Karunkeln abzuziehen bzw. mit Daumen und Zeigefinger abzuquetschen. Fahren Sie damit nur fort, wenn das unter leichtem Druck auf die Karunkeln möglich ist. Anderenfalls brechen Sie den Abnahmeversuch ab.

Es ist ein Fehler, die Abnahme durchzuführen, wenn dabei Blutungen entstehen, weil Blut ein idealer Bakteriennährboden ist und Infektionen vorprogrammiert sind.

- Wenn die Abnahme nicht möglich ist, legen Sie 2–4 Antibiotikastäbe in den Uterus ein. Dabei ist es wichtig, die Stäbe nicht mitten in die Eihautreste zu legen. Gehen Sie stattdessen mit der Hand entlang des dorsalen Scheidendaches ein und dann ganz dorsal in die Gebärmutter hinein, sodass Sie die Stäbe zwischen dorsaler Uteruswand und Eihäuten platzieren können.
- Nach jeweils 2–3 Tagen behandeln Sie noch einmal in gleicher Weise. Kontrollieren Sie jedes Mal die Körpertemperatur.
- Falls die Tiere eine erhöhte Körpertemperatur haben, geben Sie auch parenteral Antibiotika. Bewährt haben sich Sulfonamide, Trimethoprim und Tetrazykline.
- Falls die Temperatur nach 24 h nicht gesunken ist, wechseln Sie das Antibiotikum.
- Meist öffnet sich die Zervix 9 Tage p.p. wieder. Dann können Sie mit der Hand wieder vollständig in die Gebärmutter fassen und die Nachgeburt unter gleichmäßigem Zug, ohne zu zerren und zu reißen, komplett herausziehen.
- Legen Sie danach noch einmal Antibiotikastäbe ein. Die lokale Antibiotikagabe ist wissenschaftlich sehr umstritten. Sie hat sich aber in der Praxis bewährt und ist sehr viel preiswerter als die systemische Antibiotikagabe über mehrere Tage. Tiere mit guter körpereigener Abwehrkraft überstehen eine Nachgeburtsverhaltung auch ohne jede Behandlung. Meist gehen die Eihäute spontan ab dem 7.–9. Tag p.p. ab. Die Temperaturkontrolle ist aber trotzdem notwendig.

Maßnahmen bei Nachgeburtsverhaltung

1. kurze allgemeine Untersuchung: besonders auf Sepsis und Mastitiden achten,
2. geburtshilfliche Untersuchung: besonders auf Verletzungen der Geburtswege achten,
3. lokale Antibiose,
4. parenterale Antibiose bei Sepsis,
5. Nachkontrolle alle 2–3 Tage + lokale Antibiose,
6. endgültige Nachgeburtsabnahme am 9.–10. Tag p.p.

Besonderheiten beim Schaf

Wenn die Nachgeburt nicht von alleine abgeht und heraushängt, dürfen Sie keinesfalls daran ziehen! Der Uterus von Schafen ist sehr dünn und reißt bei punktuellem Zug schnell ein. Besser ist es, das heraushängende Stück abzuschneiden. Falls es schon anfängt zu stinken, kann man ein kleines gespaltenes (wie ein Weberschiffchen aussehendes) Stück Holz nehmen und die Nachgeburt darin auffädeln. Daran kann man die Nachgeburt aufdrehen und hängen lassen oder gleichmäßig vorsichtig weiter drehen. Durch das Auffädeln ist der Zug gleichmäßig verteilt und die Gefahr des Einreißens verringert sich.

Endometritis in der Puerperalphase

Die meisten klinisch sichtbaren Endometritiden finden Sie in den ersten drei Wochen nach der Geburt. Äußerlich sichtbares Zeichen ist immer der eitrige Gebärmutterausfluss, der von unterschiedlicher Konsistenz und Farbe sein kann. Es gibt den jauchig stinkenden, rotbraunen Ausfluss im Frühpuerperium, der meist auf Koliinfektionen beruht, oder den weißen, flockigen Ausfluss, der meist auf Infektionen mit Staphylokokken oder Streptokokken beruht.

Eine Sonderform der Endometritis ist die Pyometra, bei der infolge einer Azyklie mit vollständigem Verschluss der Zervix kein Eiter nach außen abfließt. Die Diagnose kann nur bei der rektalen Untersuchung gestellt werden und der Befund ist leicht mit einer Trächtigkeit zu verwechseln. Bei einer Pyometra ist der Eihautgriff negativ, die Uteruswand ist sehr dünn, Sie können keine Plazentome fühlen und trotz fluktuierenden Inhalts ist kein Ballotieren der Frucht zu spüren.

Die Endometritis, egal wie schwer oder welcher Grad, führt immer zur Unfruchtbarkeit. Je früher Sie behandelt wird, umso günstiger ist die Prognose.

Medikamente zur lokalen Uterusbehandlung

- Lugol-Lösung: Lösung aus Jod-Kaliumjodid-Wasser (1:2:300) etwa 100 ml,
- Lotagen: 4%ige Lösung, etwa 100 ml,
- Eucacomp,
- Uterofertil (Peressigsäure) 3–5%ig, 150 ml,
- Antibiotika: z.B. Metricure, Totocillin.

Untersuchung und Behandlung

- Führen Sie eine vaginale Untersuchung mit Prüfung des Ausflusses auf Geruch, Konsistenz und Menge durch.
- Setzen Sie eine lokale Antibiose an. Bis zum 14.Tag p.p. können Sie noch Antibiotikastäbe durch die Zervix schieben. Später benutzen Sie eine lange Pipette zur intrauterinen Behandlung.

Instillieren Sie keine reizenden Flüssigkeiten in den Uterus (wie etwa 4%ige Lotagenlösung oder Eucacomp), solange die Gebärmutter noch nicht so weit zurückgebildet ist, dass sie vollständig im Becken liegt. Das Medikament sammelt sich in der Hornspitze und kann zu schweren Schleimhautschäden führen. Besser sind nicht reizende zugelassene Antibiotika zur intrauterinen Behandlung.
Wenn sich zudem große Mengen Flüssigkeit und Eiter in der Gebärmutter befinden, macht es keinen Sinn, eine desinfizierende Lösung zu instillieren, da in der großen Flüssigkeitsmenge keine wirksame Konzentration mehr erreicht wird.

- Bei erhöhter Körpertemperatur und gestörtem Allgemeinbefinden führen Sie eine systemische Antibiose durch.
- Hormonelle Brunsteinleitung: Nur durch einen regelmäßigen Zyklus ist eine vollständige Reinigung und Rückbildung des Uterus gewährleistet. Sobald ein funktionsfähiger Gelbkörper vorhanden ist (etwa ab der 3. Woche p.p.), können Sie durch eine Injektion mit Prostaglandin eine Brunst auslösen. Auch bei einer Pyometra ist die erste Behandlungsstufe die Brunsteinleitung mit einem Prostaglandin.

Ab der 3. Woche nach der Kalbung ist die Zervix soweit verschlossen, dass Sie eine lokale Uterusbehandlung nur noch mit der Pipette durchführen können. Dafür eignen sich Pipetten, die an einem Ende einen Luer-Konus haben, sodass Sie direkt eine Einmalspritze aufsetzen können. Falls der Uterus nicht vollständig im Becken ist oder wenn sich noch viel Eiter, Schleim oder Blut findet, ist es schwierig, mit der Pipette in den Uterus zu kommen. Die Verletzungsgefahr ist relativ hoch und bei plötzlichen Bewegungen des Tieres nach kranial kann der in die Bauchhöhle herabhängende Uterus perforiert werden. Es ist daher sinnvoll, den Uterus erst durch Brunsteinleitung mit einer PGF-Injektion zu entleeren und drei bis vier Tage später eine lokale Gebärmutterbehandlung durchzuführen.

Subklinische (chronische) Endometritis

Jede klinische Endometritis, auch eine behandelte, kann in eine chronische subklinische Endometritis übergehen. Es ist auch bei der vaginalen Untersuchung kein Gebärmutterausfluss mehr feststellbar. Einziges Symptom ist das Umrindern.
Die Chance zur Diagnose der subklinischen Endometritis haben Sie am ehesten gegen Ende der Brunst. Die Behandlung besteht aus der Induktion des Brunstzyklus (Prostaglandin; Ovsynch-Programm) und der lokalen Uterusbehandlung.

8.4 Behandlung von Ovarialerkrankungen

Als pathologischen Befund können Sie bei der rektalen Untersuchung der Ovarien in erster Linie Zysten diagnostizieren. Eine Unterscheidung zwischen den häufigeren Follikelzysten und den Gelbkörperzysten ist durch die rektale Untersuchung nicht möglich. Eine trockene und blasse Scheidenschleimhaut ist eher ein Hinweis für eine Gelbkörperzyste, eine feuchte Schleimhaut mit Austritt von flüssigem Schleim eher ein Hinweis für eine Follikelzyste. Die Ultraschalluntersuchung ermöglicht genauere Diagnosen.
Folgende alternative Behandlungsmöglichkeiten sind in der Praxis üblich:

- Warten Sie ab. Zysten in den ersten 40 Tagen nach der Kalbung bilden sich häufig spontan zurück und erfordern keine Behandlung.
- Das manuelle Zerdrücken ist noch weit verbreitet, aber auch sehr umstritten. Drücken Sie nur Zysten ab, die sehr weich und fluktuierend sind. Manchmal zerplatzen Zysten bereits bei der rektalen Untersuchung.

Die aufgewendete Kraft sollte maximal so groß wie beim Zerdrücken einer reifen Traube sein. Wenn Sie fester drücken müssen, ist die Gefahr von Blutungen oder späteren Verklebungen am Ovar zu groß.

- Injizieren Sie GnRH i.m. (Da Sie sich nie sicher sein können, ob es sich nicht doch um eine Gelbkörperzyste handelt, können Sie gleichzeitig zur GnRH-Injektion auch Prostaglandin applizieren.)
- Das Ovsynch-Programm ist eine wirksame Behandlung von Zysten. Gleichzeitig wird damit ein schneller Wiedereintritt eines Zyklus erreicht (siehe Kap. 8.5).
- Injizieren Sie hCG-Hormon (z.B. Ovogest).
- Setzen Sie eine Progesteronspange vaginal ein (z.B. Prid oder CIDR; siehe Kap. 8.5).

8.5 Fruchtbarkeitsüberwachung der Herde

Wenn Sie sicher in der gynäkologischen Untersuchung von Uterus und Ovarien sind und sicher Trächtigkeiten beim Rind ab der 6. Woche feststellen können, schließlich dazu auch das erforderliche Arbeitstempo entwickelt haben, können Sie diese Tätigkeiten übernehmen. Notwendig ist außerdem ein gewisses Vertrauensverhältnis zwischen dem Landwirt bzw. Herdenmanager und Ihnen, denn zum einen ist es eine wirtschaftlich sehr wichtige Tätigkeit auf dem Betrieb, zum anderen kann der Landwirt Ihre Tätigkeit nicht direkt kontrollieren (z.B. das Ergebnis ihrer Trächtigkeitskontrolle oder Ihren Befund der rektalen Uterus- bzw. Ovarienuntersuchung).
In der Nutztierpraxis hat sich in den letzten Jahren, vor allem mit wachsenden Tierzahlen in den Beständen, neben der Notfallpraxis gleichrangig die „integrierte tierärztliche Bestandsbetreuung" entwickelt. Die Tätigkeit ist planbar, aber an feste Termine gebunden, die unbedingt eingehalten werden müssen.
Folgende Bereiche sind in der vorbeugenden Gesundheitsüberwachung eines Rinderbestandes zu unterscheiden:

- Jungtieraufzucht,
- Fruchtbarkeitsüberwachung,
- Eutergesundheit und Milchqualität,
- Klauengesundheit,
- Stoffwechselerkrankungen und Fütterung.

Jeder Betrieb braucht ein individuelles Konzept. Es gibt Betriebe, die seit Jahren eine unveränderte problemlose Fütterung haben. Hier können Sie sich auf die monatliche Kontrolle der Milchqualität, die Eutergesundheit und auf die Fruchtbarkeitsüberwachung konzentrieren.
Ein geeigneter Termin für den regelmäßigen Bestandsbesuch bietet sich an, wenn die neuen Zahlen der monatlichen Milchkontrolle angekommen sind. Zu diesem Zeitpunkt haben Sie die aktuellen Zellzahlen und können mithilfe der Milchinhaltsstoffe auch Fütterungs- oder Stoffwechselprobleme frühzeitig erkennen.
Der wichtigste und am häufigsten in Anspruch genommene Arbeitsbereich der Bestandsbetreuung in Milchviehherden ist die regelmäßige Fruchtbarkeitsüberwachung – je nach Betriebsgröße im monatlichen bis wöchentlichen Abstand.

Untersuchung und Behandlung

- Legen Sie vor dem Termin fest, welche Tiere untersucht werden sollen und entsprechend selektiert und fixiert werden. Folgende Tiere sollten untersucht werden:
  - Kühe und Rinder mit gestörtem Puerperalverlauf (Nachgeburtsverhaltung, Vaginalausfluss),
  - alle Tiere ab dem 50. Tag p.p., die noch keine Brunst gezeigt haben,
  - auf Trächtigkeit zu untersuchende Tiere,
  - Nachkontrollen und Nachbehandlungen vom vorherigen Termin.
- Bereiten Sie sich selbst vor, indem Sie die Befunde der letzten Untersuchung auswerten und sich vielleicht schon im Vorfeld die LKV-Daten und Fruchtbarkeitskennzahlen ansehen.
- Lassen Sie sich während der gynäkologischen Untersuchung den Vorbericht für das jeweilige Tier geben und beachten Sie Abkalbedatum und Geburtsverlauf, Laktation, Brunstbeobachtung, Deck- bzw. Besamungsdatum und Vorbehandlungen.
- Untersuchen Sie rektal die Ovarien und den Uterus. Führen Sie zusätzlich bei Tieren bis 14 Tage p.p. und bei Verdacht auf Endometritis die vaginale Untersuchung durch.
- Entweder behandeln Sie die untersuchten Tiere sofort entsprechend dem Befund, oder, falls die Tiere alle in einer Reihe im Fangfressgitter stehen, kennzeichnen Sie sich die Befunde mit einem Viehzeichenstift auf der Kruppe oder am Schwanzansatz.

Sie können z.B. bei den Kühen, die eine Prostaglandin-Injektion bekommen, einen farbigen Strich am Schwanzansatz machen. Das schützt davor, dass man versehentlich tragenden Tieren Prostaglandin spritzt.

- Sämtliche Befunde und Behandlungen müssen dokumentiert werden. Das können Sie selbst übernehmen, doch Sie müssen diese Daten auch selbst pflegen und zur Vorbereitung auf den nächsten Termin benutzen. Sinnvoller ist es, wenn der Landwirt diese Daten dokumentiert. Das kann, je nach Betriebsgröße, in Form einfacher Notizen, Karteikarten oder mithilfe eines erweiterten Brunstkalenders geschehen. In großen Betrieben erfolgt dies in der Regel über ein Herdenmanagementprogramm. Damit können auch die Fruchtbarkeitskennzahlen ausgewertet werden.

Zielwerte

- Erstbesamungsalter (Alter bei der ersten Besamung): Ziel 380–420 kg Körpergewicht,
- Erstkalbealter (Alter bei der ersten Geburt): Ziel 24–28 Monate (bei HF),
- freiwillige Wartezeit (festgelegte Zeitspanne, in der nicht besamt wird): Ziel 42 Tage,
- Rastzeit (Zeitraum zwischen Abkalbung und erster Besamung): Ziel 60–85 Tage,
- Güstzeit (Zeitraum von der Geburt bis zur ersten erfolgreichen Besamung): Ziel 85–125 Tage,
- Brunstnutzungsrate (Anteil der Tiere, die nach der freiwilligen Wartezeit innerhalb von 21 Tagen erstbesamt werden): Ziel 65%,
- Besamungsindex (erforderliche Besamungen pro Trächtigkeit): Ziel 2,
- Trächtigkeitsrate nach Erstbesamung (Zahl der tragenden Tiere nach der ersten Besamung): Ziel 50%,
- Non-return-Rate 90 (Anteil der Tiere, die innerhalb von 90 Tagen nach der Erstbesamung nicht nachbesamt wurden und wahrscheinlich tragend sind): Ziel 75%,
- Pregnancy Rate (PR; Prozentsatz der Kühe, der nach einer physiologisch bedingten Rastzeit bzw. freiwilligen Wartezeit innerhalb einer 21-Tage-Periode aus einer einzigen Besamung tragend geworden ist): Ziel 35%,
- Abgangsrate wegen Unfruchtbarkeit: Ziel < 8% des Durchschnittsbestandes,
- Remontierungsrate (Anteil der Färsen am Gesamtbestand): Ziel < 33%,
- Zwischenkalbezeit (Zeit zwischen zwei Abkalbungen): Ziel < 400 Tage.

Hormonprogramme

Hormonprogramme dienen dazu, mehrere Tiere im Zyklus zu synchronisieren, um damit die Besamung planbar zu machen und um stillbrünstige Tiere zum richtigen Termin besamen zu können. In großen Betrieben kann so vollständig auf die zeitintensive Brunstbeobachtung verzichtet werden. Bedenken Sie aber auch, dass der verstärkte Hormoneinsatz im Fruchtbarkeitsmanagement von den Verbrauchern oft sehr kritisch gesehen wird. In ökologisch geführten Betrieben sind, je nach Bioverband, Hormonprogramme nicht erlaubt. Die Anwendung von Hormonen ist nur nach strenger medizinischer Indikation erlaubt.
Beim Prostaglandinprogramm wird 2-mal eine Prostaglandin-Injektion im Abstand von 14 Tagen durchgeführt. Nach der ersten Injektion wird keine Brunstkontrolle und Besamung durchgeführt. Vom 2.–5. Tag nach der 2. Injektion kommen etwa 80% der Tiere in Brunst. Die Besamung erfolgt nach Brunstbeobachtung.
Bei der **Prostaglandin-Injektion** mit rektaler Vorkontrolle wird nur den Tieren Prostaglandin gespritzt, bei denen ein Gelbkörper zu fühlen ist. Danach wird nach Brunstbeobachtung besamt. Tiere, die nicht in Brunst kommen, erhalten nach 14 Tagen die zweite Prostaglandin-Injektion.
Mit dem **Ovsynch-Programm** (**Ovulationssynchronisation**) wird auf die Brunstbeobachtung ganz verzichtet und zu dem festgelegten Termin besamt. Der Erstbesamungserfolg ist niedriger als bei der natürlichen Brunst und liegt bei 25–50%. Daher sind die Besamungskosten genau wie die Kosten für Hormone relativ hoch. Bei Färsen ist der Erfolg noch geringer.

Ovsynch-Programm

1. Tag	GnRH-Injektion,
8. Tag	Prostaglandin-Injektion,
10. Tag	GnRH-Injektion (abends),
11. Tag	Besamung (morgens).

Das Programm sollte an einem festen Wochentag im Betrieb gestartet werden, damit die nachfolgenden Termine nicht vergessen werden und das Ganze in die Arbeitsroutine eingebunden werden kann. Nicht tragende Tiere können erneut mit dem Ovsynch-Programm synchronisiert werden. In den letzten Jahren wurden diese Verfahren erweitert und verbessert.
Die besten Ergebnisse beim Ovsynch-Programm erzielt man, wenn zwischen dem 6. und 9. Zyklustag begonnen wird. Normalerweise hat man aber keine genaue Kenntnis vom Zyklustand, daher wird durch die Vorsyn-

chronisation (**Presynch-Programm**) das eigentliche Ovsynch-Programm immer zum optimalen Zeitpunkt gestartet.

Presynch-Programm

1. Tag	PGF-Injektion (etwa ab dem 35. Tag p.p.),
15. Tag	PGF-Injektion,
29. Tag	GnRH-Injektion,
36. Tag	PGF Injektion,
38. Tag	GnRH-Injektion (abends),
39. Tag	Besamung (morgens).

Die **Scheidenspirale** Prid alpha enthält das Hormon Progesteron, das langsam und in konstanter Dosierung während der 7-tägigen Verweildauer der Spirale in der Vagina freigesetzt wird. Seine Hauptwirkung ist die Hemmung jeglicher zyklischer Abgabe von Hormonen durch die Hypophyse (FSH oder LH) und dadurch das Verhindern von Brunst und Ovulation. 24 Stunden vor dem Entfernen der Spirale wird ein Prostaglandin F2 alpha injiziert. Dieses bewirkt die Involution des zyklischen Gelbkörpers und leitet die Ovulation ein. Die Besamung erfolgt 56 Stunden nach Entfernung der Spirale.

Einsetzen der Scheidenspirale

- Reinigen und desinfizieren Sie die Vulva.
- Legen Sie die Spirale in den Applikator ein.
- Geben Sie danach etwas Gleitgel auf den Applikator und führen Sie ihn langsam in die Vagina ein.
- Drücken Sie dann die Spirale aus dem Applikator heraus.
- Nach 7 Tagen kann die Spirale an der heraushängenden Schnur aus der Scheide herausgezogen werden. Manchmal entsteht ein mukopurulenter Scheidenausfluss durch die Reizwirkung in der Scheide, der aber keinen negativen Einfluss auf die Befruchtung hat.

> Bei allen Hormonprogrammen muss möglichst vor dem 42. Tag nach der Besamung auf Trächtigkeit untersucht werden, damit bei nicht tragenden Tieren möglicherweise die nächste „normale" Brunst entdeckt wird oder Sie mit einem neuen Hormonprogramm starten können.

8.6 Künstliche Besamung

Allgemeines

Es ist, trotz schlechter Vergütung, ein unbedingtes Muss für einen jungen Rinderpraktiker, dass die künstliche Besamung erlernt, geübt und routiniert beherrscht wird, auch wenn diese Tätigkeit als langweilig und anspruchslos empfunden wird. Sie ist die Voraussetzung dafür, dass bei der Diagnostik von Sterilitätsproblemen im Bestand dieser wichtigste Schritt zur neuen Trächtigkeit überprüft werden kann. Der beste Zeitpunkt zur Untersuchung einer Kuh mit Fruchtbarkeitsproblemen ist der Brunsttermin, denn nur dann lässt sich z.B. auch der Schleim aus der Gebärmutter sehen und eventuell eine subklinische Endometritis diagnostizieren.

> Wenn man selbst die Besamung nicht beherrscht, ist es unmöglich, Fehler der Besamer als Ursache für Sterilitätsprobleme zu erkennen.

Viele Organisationen bieten Besamungskurse an, sodass man auch außerhalb des Studiums oder Praktikums Gelegenheit hat, diese Tätigkeit zu erlernen. In Rinderpraxen, die noch Besamungen durchführen, ist es für einen Anfangsassistenten ein guter Einstieg, um selbstständig auf die landwirtschaftlichen Betriebe zu fahren. Ist der Berufsanfänger wegen einer Besamung auf dem Hof, fallen häufig noch zusätzliche Aufgaben an und so erweitert sich bald das tierärztliche Arbeitsgebiet.
Die **Feststellung des richtigen Besamungszeitpunktes** ist der erste und oft schwierigste Schritt. Unter natürlichen Bedingungen deckt der Bulle das Rind mehrmals während der Hauptbrunst. Dadurch ist gesichert, dass befruchtungsfähiges Sperma zur Ovulation im Eileiter vorhanden ist. Bei der künstlichen Besamung wird nur einmal eine im Vergleich zum Natursprung geringe Spermamenge eingeführt. Dafür gibt es ein Zeitfenster von nur etwa 12 Stunden. Es ist also erforderlich, den richtigen Zeitpunkt exakt zu bestimmen. Das kann durch eine genaue Brunstbeobachtung geschehen, um dann die Besamung zum richtigen Zeitpunkt des Zyklus durchzuführen. Die andere Möglichkeit ist es, auf die Brunstbeobachtung zu verzichten und den Zyklus hormonell zu steuern, wodurch der Besamungszeitpunkt gezielt festzulegen ist. Dies bietet die zusätzliche Möglichkeit der Zyklussynchronisation mehrerer Rinder. Diese Verfahren haben in größeren Milchviehbetrieben in den letzten Jahren an Bedeutung gewonnen. Für den betreuen-

den Tierarzt ist es dann auch wieder sinnvoll, diese Besamungen im Rahmen der Sterilitätsüberwachung der Herde selbst durchzuführen.

Besamung nach/mit Brunstbeobachtung: Der optimale Zeitpunkt für die Besamung liegt bei der Kuh gegen Ende der Hauptbrunst. Die Lebensdauer der Eizelle und der Spermien geben einen Zeitraum von etwa 12 Stunden vor, in der es zu einer erfolgreichen Befruchtung kommen kann. Befruchtungsfähige Spermien (nach ihrer Reifungszeit) und eine befruchtungsfähige Eizelle müssen sich im Eileiter treffen. Die höchste Befruchtungsrate wird erreicht, wenn die Besamung 12–18 Stunden nach Brunstbeginn erfolgt.

Daraus hat sich für die Praxis die „Morgen/Abend-Regel" ergeben – alle Kühe, die morgens deutliche Brunstsymptome zeigen, werden abends besamt, alle Kühe die abends deutliche Brunst zeigen, werden am nächsten Morgen besamt.

Oft kann der Brunstbeobachter jedoch den Beginn der Hauptbrunst nicht genau festlegen, weil er die Brunstbeobachtung nicht oft genug durchgeführt hat, die Hauptbrunst in der Nacht beginnt oder weil viele Kühe häufig nur ganz kurz ein äußerlich sichtbares Brunstverhalten zeigen.

Aus diesem Grund werden in den letzten Jahren PC-gestützte Brunstkontrollen eingesetzt. Mithilfe von „Pedometern" wird die Bewegungsaktivität des einzelnen Tieres gemessen. Wenn diese Daten zusätzlich mit anderen Daten, z.B. Milchleistung oder Futteraufnahme, vom PC-Programm abgeglichen werden, können diese Systeme eine Brunst recht zuverlässig erkennen.

Technisch einfacher sind Farbkennzeichnungen am Schwanzansatz. Wenn die aufgebrachte Farbe oder die Farbbeutel auf der Kuh abgerieben und verteilt sind, kann man erkennen, dass die Kuh von anderen Tieren besprungen wurde.

Wenn ein normaler Zyklus an Eierstöcken, Gebärmutter und äußeren Geschlechtsorganen abläuft, aber trotzdem kein Brunstverhalten zu beobachten ist, spricht man von einer „stillen Brunst". Stille Brunst in Kombination mit Zeitmangel zur Brunstbeobachtung ist eine der häufigsten Sterilitätsursachen.

Daher wird oft von Ihnen verlangt, zunächst zu klären, ob die Kuh überhaupt in Brunst ist und ob der Besamungstermin richtig ist.

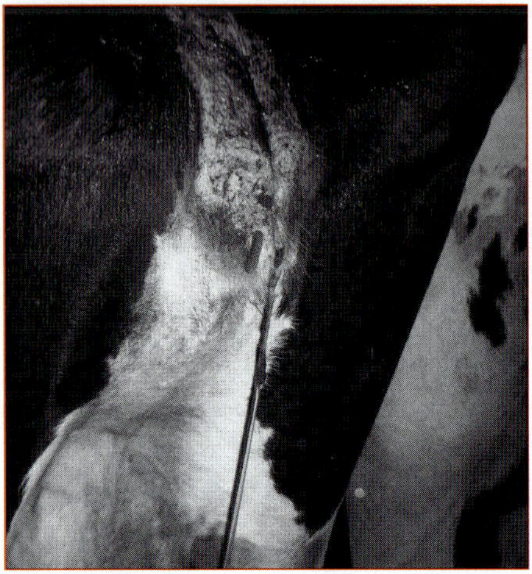

Abb. 8.1 Fadenziehender Brunstschleim.

Brunstverhalten

- Vorbrunst: Unruhe, vermehrte Bewegungsaktivität, Aufspringen auf andere Tiere,
- Hauptbrunst: Duldungsreflex (Kuh steht!), Haare am Schwanzansatz und an den Hüften abgerieben, Brüllen, weniger Futteraufnahme, Milchrückgang, fadenziehender Brunstschleim fließt aus der Scheide (Abb. 8.1; besonders gut im Liegen zu sehen), Scheide gerötet und geschwollen,
- Nachbrunst: Kuh wird ruhiger, liegt vermehrt, Scheidenschleimhaut wird blass, austretender Schleim wird blutig (Abbluten 24–48 h nach Eisprung).

Die Besamung nach **hormoneller Zyklusteuerung** findet in großen Milchviehbetrieben immer weitere Verbreitung (siehe Kap. 8.5), weil dadurch auch die Herdenüberwachung vereinfacht wird, denn es bleibt immer weniger Zeit für eine intensive Brunstbeobachtung. Sie bietet aber auch dem Rinderpraktiker die Chance, die Besamung wieder in die Bestandsbetreuung einzubeziehen.

Viele Kühe zeigen nur sehr schwache oder gar keine äußeren Brunstsymptome mehr. Lahmheit, Stoffwechselstörungen, dunkle oder überbelegte Ställe sowie rutschige Laufgänge sind nur einige Ursachen für schlecht erkennbare Brunsten.

- Auch wenn man bei vielen Tieren nach der hormonellen Behandlung überhaupt kein äußerliches Brunstverhalten erkennt – manchmal ist nicht einmal fadenziehender Schleim zu finden – sollte die Besamung durchgeführt werden.

> Gerade bei Tieren, die in das Ovsynch-Programm einbezogen wurden, weil sie nach der Geburt nicht in Brunst gekommen waren, liegen häufig subklinische Endometritiden vor. Wenn man diese Tiere rechtzeitig entdeckt, nicht besamt, aber behandelt, hat man die Chancen erheblich verbessert, die Kuh endgültig tragend zu bekommen.

- In der Regel findet keine gynäkologische Voruntersuchung statt. Als Tierarzt sollten Sie aber zumindest vorher den Schleim kontrollieren, um eine mögliche subklinische Endometritis nicht zu übersehen.

Eindeutige Brunstsymptome
- Duldungsreflex, abgeriebene Haare und Haut am Schwanzansatz, Verschmutzung,
- fadenziehender (bis in Höhe Sprunggelenk) klarer Schleim,
- kontrahierter Uterus.

Wenn Sie zwei von diesen drei Symptomen vorfinden, kann ohne weitere Voruntersuchung besamt werden. Im Zweifel immer besamen, lieber einmal zu viel, als eine Trächtigkeit zu verpassen.

Entscheidung zur Besamung

Als Tierarzt sollten Sie für diesen kurzen gynäkologischen Untersuchungsgang einen etwas höheren Standard anlegen als Eigenbestandsbesamer oder Besamungstechniker.

- Befragen Sie zur Anamnese den Landwirt oder Herdenmanager, ob er gesehen hat, dass die Kuh gestanden hat und wann er das gesehen hat. Gab es noch anderes Brunstverhalten?
- Erkundigen Sie sich, ob die Kuh schon ein- oder mehrmals erfolglos besamt wurde und wann und mit welchen Abständen. Die meisten Rinder haben eine Zykluslänge von 20–22 Tagen. Verkürzte oder verlängerte Zyklen sind oft ein Hinweis auf ein pathologisches Geschehen (z.B. Zyste oder Endometritis).

> Jede Kuh, die zur Nachbesamung vorgestellt wird, ist ein gynäkologischer Patient.

- Bei der äußeren Beobachtung sehen Sie eventuell abgeriebene Haare am Schwanzansatz oder im Hüftgebiet, eine Verschmutzung der Kuh durch das Aufspringen anderer Tiere, Schleimreste am Schwanz oder an den Hinterbeinen oder Eiterspuren und trüben Schleim an diesen Stellen.
- Finden Sie Blutspuren (vom Abbluten), ist die Brunst schon seit mehr als 24 h vorbei.

Es ist leicht möglich, bei der Palpation eine reife Eiblase zu zerdrücken, sodass die Flüssigkeit mit der darin enthaltenen Eizelle nicht in den Trichter des Eileiters fließt. Daher sollte die rektale Untersuchung der Eierstöcke keine Routinemaßnahme sein, sondern nur durchgeführt werden, wenn keine anderen eindeutigen Hinweise für eine Brunst gefunden werden (Duldungsreflex, fadenziehender Schleim).

- Für die rektale Untersuchung gehen Sie mit der Hand zunächst nur bis in Höhe der Zervix ein und versuchen mit massierenden Bewegungen nach hinten Flüssigkeit und Schleim aus der Scheide nach außen zu drücken, bis Schleim aus der Scheide austritt. Wenn der austretende Schleim klar ist und einen langen Faden zieht, mindestens bis in Höhe des Sprunggelenks, ist das ein wichtiges Brunstsymptom.

Wenn der Schleimbefund und der Duldungsreflex eindeutig sind, ist die Kuh eindeutig brünstig und kann besamt werden. Sie können dann auf die weitere Untersuchung von Eierstöcken und Gebärmutter verzichten. Wenn Sie keinen fadenziehenden klaren Schleim mehr entdecken, setzen Sie die rektale Untersuchung fort.

- Palpieren Sie beide Gebärmutterhörner. Achten Sie auf Narben, Verhärtungen, Wandverdickungen oder vermehrten flüssigen Inhalt (versuchen Sie diesen noch einmal nach außen zu massieren). Die Gebärmutter einer Kuh in Brunst ist vermehrt kontrahiert und liegt vollständig im knöchernen Becken.
- Danach palpieren Sie die Eierstöcke. Dieser Schritt ist, im Gegensatz zur landläufigen Meinung, nicht der wichtigste Teil bei der Brunstfeststellung. Ein reifer Follikel ragt etwa 10 mm aus der Oberfläche des Eierstocks hervor und fühlt sich prall mit Flüssigkeit gefüllt an. Ein Eierstock, an dem der reife Follikel vor kurzem (bis zu 6 h) gesprungen ist, fühlt sich nur halb so groß und flach an.

Auch erfahrene Untersucher haben Probleme, einen sprungreifen Follikel von einer Eierstockszyste zu unterscheiden, es sei denn die Zyste ist mehrere Zentimeter groß oder es sind mehrere Zysten an beiden Eierstöcken zu palpieren. Eindeutiger ist die Beurteilung des Brunstschleims: Bei einer Zyste ist der Schleim nicht fadenziehend, sondern wässrig und fällt von der Scheide direkt auf den Boden. Außerdem haben Tiere mit Zysten meist keinen Duldungsreflex.

Überprüfung der Besamungsfähigkeit

Wenn Sie festgestellt haben, dass eine Brunst vorliegt, müssen Sie entscheiden, ob das Tier überhaupt besamungsfähig ist. Auch hier müssen an den besamenden Tierarzt höhere Anforderungen gestellt werden. Wenn Sie nach der gynäkologischen Untersuchung vor einer Besamung auch noch einen „tierärztlichen Blick“ auf das gesamte Tier und sein Umfeld haben, können Sie sich die Tätigkeit durchaus anspruchsvoll und interessant gestalten, auch zum finanziellen Vorteil für den Landwirt.

- Die Brunst ist der einzige Zeitpunkt, zu dem Sie anhand des Brunstschleimes auch eine subklinische Endometritis erkennen können. Ist der Schleim trüb oder befinden sich kleine Eiterflocken im Sekret, ist das ein Hinweis für eine subklinische Endometritis. Diese Tiere werden dann ohne Behandlung meist nicht tragend. Sie haben die Möglichkeit auf die Besamung zu verzichten und stattdessen eine lokale Gebärmutterbehandlung durchzuführen, z.B. mit 4%iger Lotagenlösung oder mit Antibiotika, oder Sie besamen die Kuh und führen diese Behandlung 12–24 h nach der Besamung durch (Aström-Behandlung). Zu diesem Zeitpunkt befindet sich das Sperma bereits im Eileiter. Findet dort eine Befruchtung statt, wandert die befruchtete Eizelle erst einige Tage später in den Uterus ab und die Endometritis kann in dieser Zeit abheilen.

Auch wenn eine Kuh schon mehrfach besamt wurde, ohne dass eine Ursache für die Sterilität festgestellt wurde, empfiehlt sich die Aström-Behandlung.

- Wenn Sie bei der rektalen Untersuchung Narben, z.B. nach Sectio, Verwachsungen oder Tumoren am Uterus finden, besprechen Sie das mit dem Besitzer und überlegen, ob eine Trächtigkeit noch möglich ist. Bei Färsen findet man häufig Narben und Zubildungen oder abgeheilte Frakturen am Becken, die eine zukünftige Geburt kaum möglich machen. Auch dann sollten Sie von einer Besamung abraten.

Eine Besamung macht nur bei einem gesunden Tier Sinn. Hochgradig lahme Kühe, Kühe mit Mastitiden oder ganz allgemein Tiere, die eine negative Energiebilanz aufweisen, werden nur selten tragend und sind nicht besamungsfähig.

Umgang mit Sperma

Schon beim Umgang mit dem Sperma kann viel falsch gemacht werden. Seien Sie sich immer bewusst, dass Sie es hier mit lebendem Gewebe zu tun haben. Sie können durch die Verbesserung der Handhabung des Spermas beim Besamen zu einem guten Besamungserfolg beitragen.

- Belassen Sie die Container, in denen die Spermaportionen lagern, immer unten im Hals des Stickstoffbehälters.
- Kennzeichnen Sie die Lage der Portionen im Behälter eindeutig, damit Sie die Portionen schnell entnehmen können, ohne lange zu suchen und diese dabei anzutauen.
- Benutzen Sie eine Pinzette zur Entnahme der Röhrchen (Pailletten).
- Benutzen Sie immer ein Thermometer zur Kontrolle der richtigen Temperatur des Wasserbades oder verwenden Sie besser spezielle wasserfreie Auftaugeräte (Spezial T von R-Tec).
- Sorgen Sie für ein schnelles und schonendes Auftauen (10–25 s bei 38,5–39 °C), dabei nie mehr als zwei Portionen gleichzeitig.
- Trocknen Sie die Pailletten immer mit einem sauberen Papiertuch ab.
- Schneiden Sie die Paillette rechtwinklig am verschweißten Ende ab. Dadurch verhindern Sie, dass beim Besamen Sperma zwischen der Besamungspistole und der Paillette verloren geht.
- Wärmen Sie die Besamungspistole auf Körpertemperatur an.

Die einmal erreichte Temperatur des Samens darf nicht wieder unterschritten werden!

- Schieben Sie die Paillette in das Besamungsgerät und positionieren Sie den Mandrin fest in der Paillette.
- Versamen Sie die Portion so schnell wie möglich.

Vorbereitung der Besamung

- Sorgen Sie für eine sichere Fixierung des zu besamenden Tieres. Ein Hin- und Herspringen des Tieres führt oft zur Verschmutzung, zur Verbiegung oder gar zum Abbrechen der Besamungspistole.

- Lassen Sie den Schwanz von einer Hilfsperson festhalten. Anderenfalls binden Sie ihn zur Seite.
- Danach reinigen Sie die äußere Scheide mit einem Papiertuch, aber benutzen Sie hierbei kein Wasser.

Durchführung der Besamung

- Tragen Sie etwas Gleitgel auf den Handschuh auf und führen Sie dann die Hand in das Rektum ein.

Entleeren Sie das Rektum falls nötig, ohne den Arm dabei herauszuziehen, da anderenfalls leicht Luft ins Rektum gelangt. Der Darm würde sich dann ballonartig aufdehnen und Sie könnten Uterus und Zervix nicht mehr ertasten.

- Spreizen Sie die Schamlippen und führen Sie das Besamungsgerät in einem Winkel von 45° in die Scheide ein (Abb. 8.2). Das verhindert, dass Sie versehentlich in die Harnröhre gelangen.
- Ertasten Sie die Zervixöffnung und fixieren Sie die Zervix mit der Hand.
- Versuchen Sie dann, Zervix und Uterus nach vorne zu strecken. Dadurch verschwinden die Schleimhautfalten und Sie bleiben nicht mit der Besamungspistole in einer Falte hängen (Abb. 8.3a und b).
- Jetzt schieben Sie die Besamungspistole bis zur Zervix waagerecht weiter vor.
- Legen Sie einen Finger von rektal über die Zervixöffnung und schieben Sie dann die Besamungspistole unter Ihrem Finger in die Zervix ein.
- Versuchen Sie nun, die Zervix über die gesamte Länge über die Besamungspistole zu schieben. Wenn Sie mit dem Finger die Spitze der Besamungspistole im Bereich der Bifurkation fühlen, sind Sie an der richtigen Stelle zur Samenablage.
- Achten Sie darauf, dass Sie die Spitze wieder einige Millimeter zurückziehen, bevor Sie den Samen mit dem Mandrin aus der Paillette schieben, damit Sie ihn nicht in die Schleimhaut injizieren. Verletzungen der Schleimhaut mit kleinen Blutungen vermindern die Erfolgsrate erheblich.
- Zum Schluss müssen Sie die Besamung dokumentieren. Das geschieht je nach Besamungsorganisation auf Besamungskarten oder auch schon digital auf mobilen PCs oder Palm. Notieren Sie sich jede Auffälligkeit bei der Besamung, z.B. verlängerte Brunst, verlängerter Zyklus, Mastitis, trüber Schleim oder „Follikel schon gesprungen", auf der Besamungskarte. Das erleichtert die Suche nach Ursachen, falls die Kuh nicht tragend wird und eine Nachbesamung erforderlich ist.

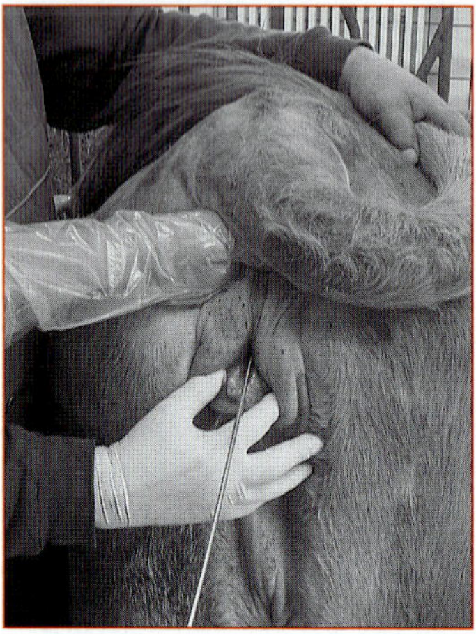

Abb. 8.2 (links) Spreizen der Schamlippen und Einführen der Besamungspipette (aus Busch/Waberski: Künstliche Besamung bei Haus- und Nutztieren. Schattauer 2007).

Abb. 8.3a und b (unten) Schematische Darstellung der Inseminationstechnik.
a Fehlerfreie Haltung der Zervix und Einführung der Pipette in die Zervix.
b Retraktion der Zervix und Entstehung von Falten in der Scheide mit Fehlleitung der Pipette (aus Busch/Waberski: Künstliche Besamung bei Haus- und Nutztieren. Schattauer 2007).

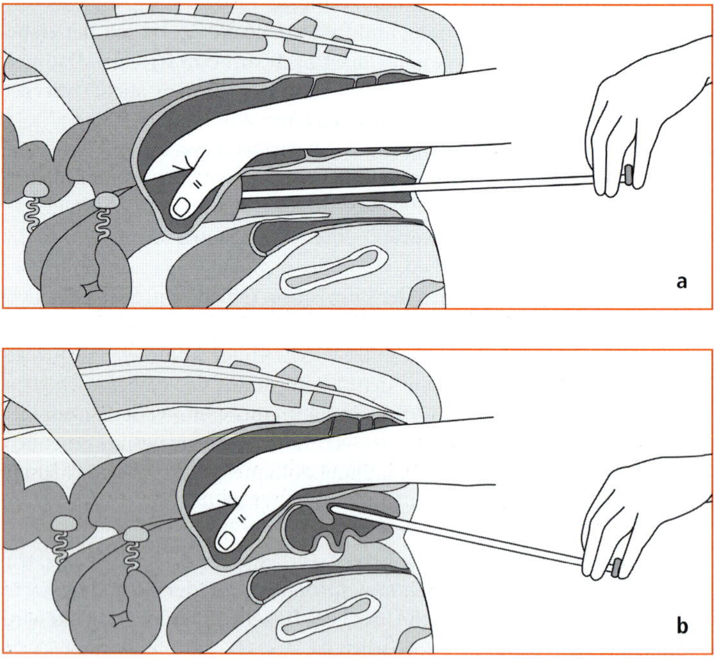

Nachbesamungen

Betrachten Sie jede Kuh, die Ihnen zur Nachbesamung vorgestellt wird, weil sie schon ein- oder mehrmals besamt wurde, nicht aufgenommen hat und wieder in Brunst kommt, als gynäkologischen Patienten. Werden Sie in dem Sinne tierärztlich tätig, dass Sie mit einem anderen Anspruch als ein Eigenbestandsbesamer oder ein Besamungstechniker an die Aufgabe herangehen. Nur dann macht es Sinn, dieses Arbeitsgebiet für die Rinderpraxis zu erhalten.

- Untersuchen Sie den Brunstschleim besonders auf Trübungen oder Eiterflocken. Auch wenn Sie bei der ersten Besamung nichts festgestellt haben, kann jetzt durchaus etwas zu finden sein.
- Falls Sie einen Verdacht haben, untersuchen Sie Scheide und Zervixöffnung mit einem Spekulum. Manchmal findet man in der Scheide unterhalb der Zervix kleine Eiterflocken.
- Wenn Sie eine subklinische Endometritis erkannt haben, führen Sie eine lokale Uterusbehandlung durch, entweder einen Tag nach der Besamung oder sofort, und besamen dann erst zum nächsten Zyklus.
- Falls Sie keine Ursache für das Umrindern finden, untersuchen Sie die Kuh am nächsten Tag noch einmal. Jetzt können Sie überprüfen, ob der Follikel am Eierstock gesprungen ist. Die rektale Untersuchung muss sehr vorsichtig erfolgen, damit man einen eventuell noch vorhandenen Follikel nicht zerdrückt. Bei einem verzögerten Eisprung bzw. bei verlängerter Brunst können Sie die Kuh noch einmal besamen. Ansonsten besteht der Verdacht, dass es sich nicht um einen Follikel handelt, sondern um eine Eierstockzyste, die entsprechend behandelt werden muss.

Besamung und tierärztliche Bestandsbetreuung

Die Herdenfruchtbarkeit spielt eine Schlüsselrolle für den Erfolg eines jeden Milchviehbetriebes. Wirtschaftlich geht es bei der Fruchtbarkeit um mehr als nur um die Kosten für Besamung und Sperma. Schlechte Besamungsergebnisse verursachen mehr Remontierungskosten und lange Güstzeiten. In den letzten Jahrzehnten hat sich die Fruchtbarkeit erheblich verschlechtert, mehr als zwei Besamungen für eine Trächtigkeit sind normal.
Ein Großteil der Arbeit eines Rinderpraktikers sind Fruchtbarkeits- und Sterilitätsuntersuchungen von Kühen und Rindern. Die Fütterung und Ernährung der Kühe und Rinder ist sicherlich die wichtigste Basis für eine gute Herdenfruchtbarkeit. Daneben haben noch viele andere Faktoren Einfluss, z.B. Genetik, Kuhkomfort und Haltung, Brunstbeobachtung,

Geburtshygiene, Infektionen. Die künstliche Besamung ist der letzte wichtige Baustein in dieser Kette. Daher ist es wichtig, dass die Besamung entweder vom Tierarzt kontrolliert oder selbst durchgeführt wird. Schlechte Fruchtbarkeit ist oft ein Herdenproblem, z.B. durch Fütterungsfehler oder schlechte Brunsterkennung, die natürlich verbessert oder abgestellt werden müssen. Letztlich ist Sterilität aber ein Problem, dass bei jedem Tier einzeln untersucht werden muss.

Kennzahlen zur Beurteilung des Fruchtbarkeitsstatus

- Brunsterkennungsrate: Anteil der als brünstig erkannten Tiere; Ziel: mehr als 60%,
- Besamungsindex: Anzahl der notwendigen Besamungen für jede Trächtigkeit; Ziel: unter 1,5 (Der Besamungsindex hat sich in den letzten Jahren verschlechtert und liegt meist über 2,0.),
- Trächtigkeitsrate nach 1. künstlicher Besamung: Anteil der nach Erstbesamung tragenden Tiere; Ziel: > 50%,
- Gesamtträchtigkeitsrate: Anzahl aller Tiere, die nach Besamung (egal wie oft) tragend geworden sind; Ziel: > 90%.

Eine Endometritis oder Eierstockszysten müssen bei jedem Rind individuell behandelt werden, auch dann, wenn die gemeinsame Ursache, z.B. negative Energiebilanz nach dem Kalben, bereits beseitigt ist.
Zu keinem Zeitpunkt sind die diagnostischen Möglichkeiten besser als zur Zeit der Brunst. Daher macht es durchaus Sinn, die künstliche Besamung auch weiterhin als tierärztliche Leistung anzubieten. Mit zunehmender Anwendung der Zyklussynchronisation und der hormonellen Zyklussteuerung kommt es auch immer häufiger vor, dass an einem Termin sehr viele Tiere zu besamen sind. Der Tierarzt kann diese Besamungen durchaus im Rahmen eines festen Bestandsbetreuungstermins ohne zusätzlichem Zeitaufwand und Fahrtkosten durchführen.

9 Reproduktion – Schwein

9.1 Künstliche Besamung

Die Besamung wird heute meist von den Tierhaltern selbst durchgeführt. Der Tierarzt stellt jedoch eine wichtige Beratungsinstanz dar und muss die Techniken ebenso beherrschen, um eventuelle Schwachstellen aufzudecken. Aus diesem Grund wird im Folgenden der Besamungsvorgang bzw. die Festlegung des Besamungszeitpunktes ausführlich besprochen.

Festlegung des Besamungszeitpunktes

Man unterscheidet zwei Methoden zur Bestimmung des Besamungszeitpunktes, die sich nach der Art der Besamung richten:

- duldungsorientierte Besamung nach:
  - spontaner Brunst,
  - hormoneller Brunstsynchronisation,
- terminorientierte Besamung nach:
  - Ovulationssynchronisation.

Die duldungsorientierte Besamung erfordert im Gegensatz zur terminorientierten Besamung eine gute Tierbeobachtung.

- Führen Sie 2-mal täglich eine Brunstkontrolle durch, jedoch nicht während der Fütterungszeit.
- Beurteilen Sie dazu Rötung und Schwellung der Vulva (größte Veränderung am Ende der Vorbrunst).
- Prüfen Sie auch den Duldungsreflex. Üben Sie dazu möglichst von beiden Seiten einen recht festen Druck auf die Flanken und auf den Rücken aus. Bei unsicherem Ergebnis können Sie den sog. Reittest durchführen, da dieser sowohl den Rücken- als auch den Flankendruck gleichzeitig am besten simuliert. Sauen mit Duldungsreflex bleiben bei diesem Test sägebockartig stehen und dulden das Aufsitzen.
- Dokumentieren Sie die Befunde im Sauenplaner.

Die Besamung sollte möglichst nahe am Eisprung erfolgen, da eine Besamung nach der Ovulation (> 4 Stunden) zu einer erhöhten embryona-

len Frühsterblichkeit führt. Der Grund hierfür ist der schnelle Alterungsprozess der Eizellen.
Die Anzahl der Besamungen hängt von der Dauer der Rausche ab und diese wiederum vom Eintritt der Rausche.

„Je früher die Rausche eintritt, umso länger dauert sie."

So kann es bei frührauschigen Sauen, die sehr lange den Duldungsreflex zeigen, sinnvoll sein, drei Besamungen durchzuführen, während bei spätrauschigen Sauen möglicherweise nur eine Besamung durchgeführt werden kann. Zwischen den einzelnen Besamungsvorgängen sollten etwa 16 Stunden liegen. Die erste Besamung erfolgt 8–14 Stunden nach Auftreten des Duldungsreflexes.
Folgende Materialien werden zur Insemination benötigt:
- Spermatuben,
- Besamungskatheter (es gibt verschiedene Ausführungen),
- trockenes Einwegpapier.

Durchführung der Besamung

- Reinigen Sie wenn nötig die Scham mit trockenem Einwegpapier.
- Schwenken Sie die Spermatube behutsam. Sie dürfen sie jedoch nicht schütteln, da dies die Spermien schädigt.
- Ziehen Sie einen Einmalhandschuh an.
- Entnehmen Sie die Besamungspipette aus einem sauberen Behältnis.
- Prüfen Sie noch einmal den Duldungsreflex.
- Lassen Sie die Sau durch einen Eber stimulieren.

Es kann sein, dass eine Sau längere Zeit (10 min) stimuliert werden muss. Selten reagiert die Sau auch nur auf einen anderen Eber.

- Bringen Sie die Besamungshilfe an (Besamungsbügel, Besamungsgurte oder Besamungstaschen). Besamungsbügel werden heute meist bevorzugt, da sie in der Anbringung und in der Kontrolle am einfachsten sind (Abb. 9.1).
- Führen Sie den Katheter zunächst in einem 45°-Winkel nach schräg oben bis vor die Zervixkissen ein und schieben Sie ihn dort mit einer leichten Drehung nach links zwischen die Zervixkissen.
- Überprüfen Sie seinen sicheren Sitz, indem Sie leicht an dem Katheter ziehen. Dabei spüren Sie normalerweise einen leichten Widerstand, da der Katheterkopf zwischen den Zervixkissen fest sitzen sollte.

- Die normale Gebärmutter erzeugt durch Anspannung der Längsmuskulatur einen Unterdruck, d.h. das Sperma wird „eingesaugt". Üben Sie allenfalls einen sehr leichten Druck aus.
- Belassen Sie den Katheter nach Abschluss des Besamungsvorganges noch einige Minuten in der Gebärmutter, um dem Uterus die Zeit zum Weitertransport des Spermas zu lassen. Bei einem zu schnellen Entfernen des Katheters kann Sperma in die Vagina zurücklaufen.

Abb. 9.1 Besamung von Sauen mit Besamungsbügeln.

Häufige Besamungsfehler

- Die Besamung erfolgt unter zu großem Druck und damit auch zu schnell.
- Die mehrmalige Verwendung desselben oder eines verunreinigten Katheters vergrößert das Infektionsrisiko erheblich und verringert die Befruchtungswahrscheinlichkeit.
- Das Volumen der Spermaportion ist zu gering. Es sollte in der Regel 100 ml betragen.
- Es besteht keine Kontrolle über den Sitz des Katheters.
- Der Besamungszeitpunkt wurde falsch gewählt (Sau zeigt keinen Duldungsreflex).
- Der Katheter wird unmittelbar nach der Besamung entfernt.

9.2 Trächtigkeitsuntersuchung

Hier gilt, wie bei der Besamung, dass der Landwirt diese Aufgabe meist selbst durchführt, oder dass ein Mitarbeiter der Besamungsstation die Trächtigkeitskontrolle übernimmt. Jeder Tierarzt sollte aber die verschiedenen Methoden beherrschen und um deren Vor- und Nachteile wissen.
Es gibt verschiedene Methoden der Trächtigkeitskontrolle:
- rektale Untersuchung,
- Doppler-Sonographie,
- Umrauscherkontrolle,
- hormonanalytische Verfahren (experimentell),
- Ultrasonographie.

Die **rektale Trächtigkeitsuntersuchung** zur Trächtigkeitskontrolle ist theoretisch ab einem Körpergewicht von 150 kg möglich, doch wird sie heute so gut wie nie mehr durchgeführt. Die Kriterien sind hier die Kaliberstärke der Uterusgefäße:
- Beim nicht tragenden Tier ist die A. uterina strohhalmstark und stets dünner als die A. iliaca externa.
- Ab dem 60. Trächtigkeitstag ist die A. uterina 5–7 mm stark und stets dünner als A. iliaca externa.
- Ab dem 90. Trächtigkeitstag ist die A. uterina ebenso stark wie die A. iliaca externa.

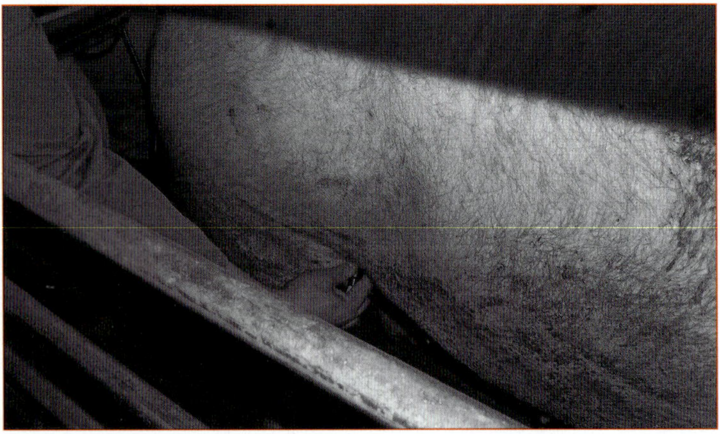

Abb. 9.2 Trächtigkeitsuntersuchung durch Ultraschall der A. uterina.

Zur **Doppler-sonographischen Untersuchung** (Abb. 9.2):

- Die Arterie einer nicht graviden Sau lässt sich nicht darstellen.
- Erkennbare Töne sind ein charakteristisches Ergebnis. Das Tonsignal einer A. uterina des graviden Uterus ähnelt einem Peitschenschlag, gleiches gilt für eine A. umbilicalis. Das Herz eines Fetus hört sich so ähnlich wie ein schlagendes Herz bei der Auskultation an.

> Wenn Sie positive Signale hören, können Sie mit nahezu absoluter Gewissheit von einer Trächtigkeit ausgehen (neuere Geräte). Allerdings schließt ein negativer Befund die Trächtigkeit einer Sau keineswegs aus.

Das Vorgehen bei der **Umrauscherkontrolle** gleicht dem der Überprüfung bei der Besamung. Wie bei der Besamung ist der Erfolg der Umrauscherkontrolle abhängig von der Durchführung:

- mit oder ohne Eber,
- Häufigkeit ein- oder zweimal pro Tag,
- Kompetenz und Engagement des Personals.

Die Methode ist jedoch gerade beim Auffinden von nicht trächtigen Tieren sehr ungenau. Mögliche Gründe für eine ausbleibende Rausche trotz negativer Trächtigkeit sind:

- Stillbrünstigkeit,
- Sauen mit inaktiven Ovarien,
- Zysten,
- pseudopersistierende Gelbkörper.

Hormonanalytische Untersuchungsverfahren werden nur im experimentellen Bereich durchgeführt. Bisher gibt es keine praktischen Anwendungsmöglichkeiten. Mögliche Methoden sind die Messung von Östronsulfat im Blut, die Bestimmung von Progesteron und die Bestimmung des „Early pregnancy Factor".

Der **transkutane Ultraschall** ist das heute am häufigsten angewendete Verfahren, zumal es auch das genaueste ist. Zur Untersuchung sollte ein netzunabhängiges Gerät verwendet werden, das man in Folie einpacken kann (Infektionsschutz). Die Trächtigkeitsuntersuchung wird meist am 23.–27. Tag sowie am 38.–52. Tag durchgeführt. Die Untersuchung der Ovarien und des Uterus ist dabei möglich und es können Endometritiden erkannt werden. Eine Aussage über die Anzahl der Früchte ist nicht möglich. Die Genauigkeit der Untersuchung liegt bei annähernd 100%.

Durchführung des transkutanen Ultraschalls

- Beginnen Sie in der rechten Flanke.
- Schallen Sie dann eine Handbreit über der Gesäugeleiste.
- Danach in Höhe des zweit- bis drittletzten Mammarkomplexes.
- Bewegen Sie den Sektor zuerst senkrecht zur Körperachse und dann parallel zu ihr.
- Bei unklaren Befunden führen Sie die Untersuchung zusätzlich von der linken Flanke aus durch.
- Folgende Befunde können Sie dabei an den jeweiligen Trächtigkeitstagen erheben:
  - 18.–23. Tag: 10–20 mm große Fruchtblasen, meist mehrere Fruchtblasen,
  - 30. Tag: 30 mm große Fruchtblasen, Früchte erkennbar,
  - 40.–60. Tag: 30–40 mm große Fruchtblasen, Früchte 2/3 der Fruchtblase; Strukturen der Feten erkennbar (Kopf, Rippen, Wirbelsäule).
- Um die Ovarien zu untersuchen, halten Sie den Schallkopf in Höhe der Kniefalte und nutzen die Harnblase als Orientierungspunkt. Die Ovarien befinden sich dann kranial der Harnblase.
- Folgende Befunde können Sie dabei in den jeweiligen Zyklusstadien antreffen:
  - Proöstrus/Östrus: Follikel erkennbar,
  - Ende Metöstrus: Gelbkörper erkennbar,
  - Diöstrus: Funktionsgebilde erkennbar,
  - Zysten: schwarz, rundlich-ovoid.

10 Geburtshilfe

10.1 Die normale Geburt

Die Geburtshilfe beim Rind gilt immer noch als die Königsdisziplin des Großtierpraktikers. Wenn man als Tierarzt zu einer Rindergeburt gerufen wird, besteht die Aufgabe darin, ein lebendes Kalb bei unverletzter Mutter zu entwickeln. Ein kompetentes Auftreten bei der Geburtshilfe bestimmt immer noch das berufliche Ansehen in der Rinderpraxis.
Als Rinderpraktiker hat man nur selten die Gelegenheit, eine normale Geburt zu sehen. Gerade als Anfänger sollte man solche Gelegenheiten nutzen, z.B. während eines landwirtschaftlichen Betriebspraktikums.
Nach Grunert gilt eine Geburt als normal, wenn das mütterliche Becken ausreichend weit und der weiche Geburtsweg maximal geöffnet ist. Zudem sollten die Bauchpresse und die Wehen ungestört ablaufen und Lage, Stellung und Haltung bei normal großer Frucht den für die jeweilige Tierart physiologischen Bedingungen entsprechen, sodass die Austreibung für Muttertier und Frucht gefahrlos erfolgen kann.

Anzeichen der nahenden Geburt beim Rind

Die Geburt wird durch die Frucht ausgelöst. Die aktive Geburtsphase gliedert sich in zwei Phasen:

1. Eröffnungsphase (24–48 Stunden)

Diese Phase wird von vielen Landwirten überhaupt nicht wahrgenommen, weil sie äußerlich nicht deutlich zu erkennen ist, sondern im Wesentlichen durch Kontraktionen des Uterus (Wehen) bestimmt wird. Das, was landläufig als Wehen wahrgenommen wird, sind aber die deutlich sichtbaren Bauchpressen. Durch die Wehen werden die Fruchthüllen in den Geburtskanal gepresst und es kommt zu einer zunehmenden Weitung und Eröffnung der Zervix. Zuerst erscheint die dünnwandige Allantoisblase, auch Wasserblase genannt (es gibt Ausnahmen), danach die derbere Ammnionblase, auch Frucht- oder Schleimblase genannt. Wenn diese geplatzt ist, beginnt die Austreibung der Frucht.

2. Austreibungsphase (2–5 Stunden)

Diese Phase wird vom Landwirt als eigentliche Geburt wahrgenommen. Bei Erstgebärenden ist diese Phase deutlich länger als bei älteren Milchkühen, bei denen die Austreibung manchmal nach einer halben Stunde beendet ist. Die Wehentätigkeit wird jetzt stärker und durch die zusätzliche Bauchpresse verstärkt. Die Frucht muss durch das knöcherne Becken und durch die weichen Geburtswege gepresst werden. Beim erstgebärenden Rind braucht die Weitung der weichen Geburtswege sehr viel mehr Zeit als bei einer älteren Kuh. Es tritt noch einmal eine zeitliche Verzögerung der Geburt ein, wenn bei Erstgebärenden der Hymenalring als zusätzliche Engstelle geweitet werden muss. Diese Erweiterung der weichen Geburtswege sollte, auch bei Zughilfe, durch den Kopf des Kalbes erfolgen und nicht durch die Brust, d.h. dass man sich bis zum Durchtritt des Kopfes sehr viel Zeit lassen muss.

Vor 20 bis 30 Jahren galt noch der Satz, dass die meisten Schwergeburten beim Rind durch vorzeitige und ungeduldige Geburtshilfe verursacht wurden. Das gilt heute nicht mehr in dem Maße. Gerade in großen Beständen mit hunderten Kühen sind die mangelnde Geburtsüberwachung und die zu späte Geburtshilfe für die zunehmende Anzahl von Totgeburten mitverantwortlich.

Bei einer normalen Geburt schafft das Rind die Austreibung der Frucht alleine und ohne Zughilfe. Die Geburtshilfe ist nötig, wenn sich 1–2 h nach Schleimabgang (bei Färsen 3–4 h) die Klauen des Kalbes nicht zeigen, oder ein Stillstand der Geburt 1–2 h nach dem Blasensprung eingetreten ist.

- Man kann immer wieder mit der Hand zusätzlich weiten, damit beim Durchtritt der Brust genügend Platz ist, da es sonst zu einer starken Kompression des Herzens (Blutungen in den Herzbeutel) und der Brust (Rippenbrüche) kommen kann.
- Geben Sie Gleitgel in die Scheide und gehen Sie mit beiden Armen in die Geburtswege. Versuchen Sie durch ständiges Auseinanderdrücken der Arme die Geburtswege zu weiten.

10.2 Die pathologische Geburt (Schwergeburt)

Immer dann, wenn ein Rind nicht in der Lage ist, das Kalb ohne menschliche Hilfe auszutreiben, spricht man von einer Schwergeburt.

In den vergangenen Jahren wurden die Haltungsbedingungen für Milchrinder in vielen Betrieben umfassend verbessert: Umbau bzw. Neubau von Ställen, Ablösung der Anbindehaltung durch Laufstallhaltung, komfortable Gestaltung der Liegeflächen, mehr Licht, Luft und Bewegungsfreiheit. Leider ist der Abkalbestall dabei oft zu kurz gekommen.

Vorbereitung

- Eine weich eingestreute, rutschfeste Abkalbebox von etwa 12 m^2 sollte in jedem Betrieb selbstverständlich sein. Wenn das Tier, bei dem Geburtshilfe geleistet wird, nicht entsprechend untergebracht ist, sollten Sie sich die Zeit nehmen und nach einer geeigneten Stelle für die Geburtshilfe und die Abkalbung suchen. Das kann im Sommer durchaus die hofnahe Weide sein, in der Winterzeit aber auch ein ausgeräumter und gut eingestreuter Maschinenschuppen. Wenn Sie immer auf diese äußeren Bedingungen bestehen, erfüllt das auch eine Vorbildfunktion und auch der uneinsichtigste Landwirt wird irgendwann einmal seine Tiere nicht in engen Liegeboxen oder auf einem Kurzstand im Anbindestall abkalben lassen.

Das Ausrutschen von Rindern während der Geburt mit resultierenden schweren Verletzungen ist eine der häufigsten Ursachen für peripartale Totalverluste.

- Zu Beginn einer Geburtshilfe steht die gründliche Allgemeinuntersuchung des Tieres, nicht nur die spezielle geburtshilfliche Untersuchung. Bestimmen Sie vor allem die Körpertemperatur, diese kann durchaus zu Beginn der Geburt bei 39,5 °C liegen, also etwas erhöht sein; liegt sie höher, ist dies ein wichtiger Hinweis auf Infektionen, die um den Geburtszeitraum herum besonders häufig sind (z.B. Mastitis).
- Auch eine Untersuchung auf Lahmheiten durch gute Beobachtung ist unbedingt erforderlich.

Diese Untersuchungsbefunde sind auch wichtig für das weitere Vorgehen bei der Geburtshilfe, z.B. hat ein Kaiserschnitt bei einem Rind mit akuter toxischer Kolimastitis eine schlechte Prognose. Oder ein Tier mit einer bestehenden Gonitis oder Koxitis wird nach einem schweren Auszug mit zusätzlichen Schmerzen im Becken vielleicht zum Festliegen kommen.

Untersuchung

- Die spezielle geburtshilfliche Untersuchung beginnt mit einer gründlichen Anamnese:
  - Primipara oder wie viele Geburten bisher?
  - Rasse?
  - Milchtiere mit Fleischrassebullen besamt?
  - Blauweiß-Belgier (Doppellender)?
  - Wann ist der errechnete Geburtstermin? Bei einer verlängerten Trächtigkeit sind die Feten schwerer.
  - Schwer- oder Totgeburten in der letzten Zeit im Betrieb? Gibt es einen gemeinsamen Deckbullen?
  - Seit wann ist das Tier in der Geburt? Wie lange wurde die Geburt überwacht?
  - Wann ist die Fruchtblase abgegangen?
  - Wurde bereits eine vaginale Untersuchung durchgeführt? (Verletzungen!)
  - Wurde bereits ein Auszugsversuch unternommen? Wenn ja, mit welcher Kraft? Mit oder ohne „Geburtshelfer"? Nur eine Person alleine? Wenn Sie den Landwirt kennen, können Sie meist einschätzen wie vorsichtig oder unvorsichtig er dabei ist. Erkundigen Sie sich zuvor bei älteren Kollegen, wie der Landwirt mit Schwergeburten umgeht.
  - Wurden in den letzten Tagen Auffälligkeiten bei dem Tier festgestellt, z.B. im Hinblick auf die Futteraufnahme (am Tag der Geburt fressen die meisten Rinder gar nichts mehr) oder Schmerzäußerungen?
  - Ist das Tier schon ausgerutscht?
  - Kann das Tier noch aufstehen? Wurde es aufgetrieben, liegt es fest?
- Materialien:
  - saubere, ausgekochte Geburtsstricke; noch besser sind saubere Geburtsketten mit Haltegriffen,
  - reichlich Gleitgel,
  - Geburtskittel,
  - Eimer mit warmen und kaltem Wasser,
  - Seife,
  - Handtücher.

Durchführung der Geburtshilfe

- Reinigen Sie vor einem Eingriff oder einer Geburtshilfe die Scham des Tieres gründlich mit warmem (!) Wasser und Seife.

- Als Geburtshelfer müssen Sie auch Ihre Hände und Arme gründlich mit Wasser und Seife bis zur Schulter reinigen.

Auch Kühe haben ein Recht auf eine hygienische Geburt. Sie werden es Ihnen mit weniger Puerperalstörungen danken.

- Verwenden Sie für die Untersuchung immer reichlich Gleitgel (1–2 l).
- Bei der Geburtshygiene muss der Tierarzt eine Vorbildfunktion erfüllen.
- Zum eigenen Schutz sollte man auch schon bei der ersten Untersuchung einen Geburtskittel anlegen.

Jeder, der in den Wintermonaten bei der vaginalen Untersuchung eine volle Ladung Fruchtwasser abbekommen hat und die weitere Arbeit im kalten Stall völlig durchnässt durchführen musste, wird diesen Hinweis beherzigen.

- Die Untersuchung am stehenden Tier ist einfacher als am liegenden Tier.
- Bei der ersten Untersuchung müssen folgende Befunde erhoben werden:
  - Beschaffenheit und Öffnung und Weite der Geburtswege: Findet man dabei schon Verletzungen der Geburtswege, müssen Sie den Landwirt darauf hinweisen, ohne die Schuld dafür jemandem zuzuweisen,
  - Ausschluss einer Torsio,
  - Wie weit ist das Kalb im Geburtsweg? Es ist eingetreten, wenn bei Vorderendlage die Schulter des Kalbes kaudal zum knöchernen Becken steht,
  - Lage des Kalbes (Vorderendlage, Hinterendlage, Querlagen),
  - Stellung des Kalbes (obere, untere oder seitliche Stellung),
  - Haltung, Lage von Kopf und Gliedmaßen: gestreckt oder gebeugt,
  - Leben der Frucht: Ob das Kalb noch lebt, ist auch durch Kontrolle von Reflexen (Klauenreflex, Zungenreflex, Analreflex, Bulbusreflex, Pulsation der Nabelarterie) nicht immer eindeutig zu sagen. Teilen Sie dem Landwirt die Befunde mit, auch wenn Sie den Verdacht auf ein totes Kalb haben. Es kommt vor, dass trotz fehlender Reflexe ein lebendes Kalb entwickelt wird (z.B. nach einer Sectio). Eindeutig für ein totes Kalb sprechen auf jeden Fall ein übel riechender Ausfluss (übergangene Geburt), ausfallende Haare und Unterhautemphyseme;
  - Zahl der Früchte: Oft lässt sich bei der Untersuchung nur ein Kalb ertasten. Anhand der geringen Größe des Kalbes, dem Bauchumfang der Mutter oder aufgrund einer typischen Lage (Hinterendlage mit Hüftgelenksbeugehaltung) kann man den Verdacht auf eine Zwillingsträchtigkeit äußern.

- Aus diesen Befunden müssen sich eine Diagnose und damit das weitere Vorgehen ergeben.

> Die Geburtshilfe erfordert immer schnelle Entscheidungen und fördert so nach den ersten Erfahrungen und Erfolgen auch das Selbstbewusstsein junger Rinderpraktiker.

Verwendung des „Geburtshelfers"

In kaum einen Lehrbuch wird die Anwendung des sog. „Geburtshelfers" beschrieben oder toleriert. Er ist aber heute Alltag in den landwirtschaftlichen Betrieben. Wir müssen als Tierärzte den Einsatz endlich akzeptieren und richtig und verantwortungsvoll damit umgehen. Der Einsatz des „Geburtshelfers" ist eine Folge des Personalmangels auf landwirtschaftlichen Betrieben. Bei schweren Auszügen war es oft nicht mehr möglich, zwei bis drei Personen zu organisieren, um den Auszug durchzuführen. Die ersten Geräte haben funktioniert wie eine Winde und werden heute abgelehnt, weil damit kein wechselseitiger Zug (mal am rechten Bein, dann wieder am linken Bein, um den Querschnitt des Fetus zu verringern) und kein kontrollierter Krafteinsatz möglich waren.

Später sind Geburtshelfer entstanden, mit denen ein wechselseitiger Zug möglich wurde. Wenn eine verantwortungsvolle Person, geschult von erfahrenen Tierärzten, dieses Gerät bedient, lässt sich damit durchaus ein schonender Auszug durchführen.

> Als Faustregel gilt, dass nur eine Person den Geburtshelfer bedienen darf. Die häufig ausgeübte Praxis, dass eine Person die Ratsche bedient und eine andere Person den Geburtshelfer am äußeren Ende hält und damit eine Hebelwirkung ausübt, ist falsch und führt zu Gewaltauszügen.

- Ein Auszug sollte möglichst am liegenden Tier erfolgen. Falls der Auszug am stehenden Tier erfolgt, muss ein Ausrutschen verhindert werden, z.B. mit Fesselbändern oder Sandeinstreu auf der Liegefläche (Abb. 10.1a).
- Die Zugkraft sollte nur gleichzeitig mit der Wehentätigkeit ausgeübt werden. Sie muss immer wieder unterbrochen werden, damit Schleimhautfalten, die sich in der Scheide bilden, wieder verstreichen können und so Risse verhindert werden.
- In der ersten Phase des Auszugs muss die Zugrichtung gerade, d.h. parallel zur Körperachse der Mutter erfolgen (Abb. 10.1b und c).
- Nachdem bei Vorderendlagen der Brustkorb entwickelt ist, müssen Sie die Zugrichtung nach ventral abwinkeln (Abb. 10.1d).

- Bei Hinterendlagen müssen Sie die Zugrichtung nach Austritt der Hüfte des Kalbes nach ventral ändern.
- Setzen Sie danach den Auszug zügig fort, damit das Kalb nicht erstickt. Dabei hat der Geburtshelfer eindeutig Vorteile gegenüber dem Auszug mit zwei Personen.

Bei einem Auszug mit dem Geburtshelfer gilt folgende Faustregel: Die Weite des knöchernen Beckens reicht nur aus, wenn Sie die Geburtsstricke außerhalb der Scheide anlegen können.

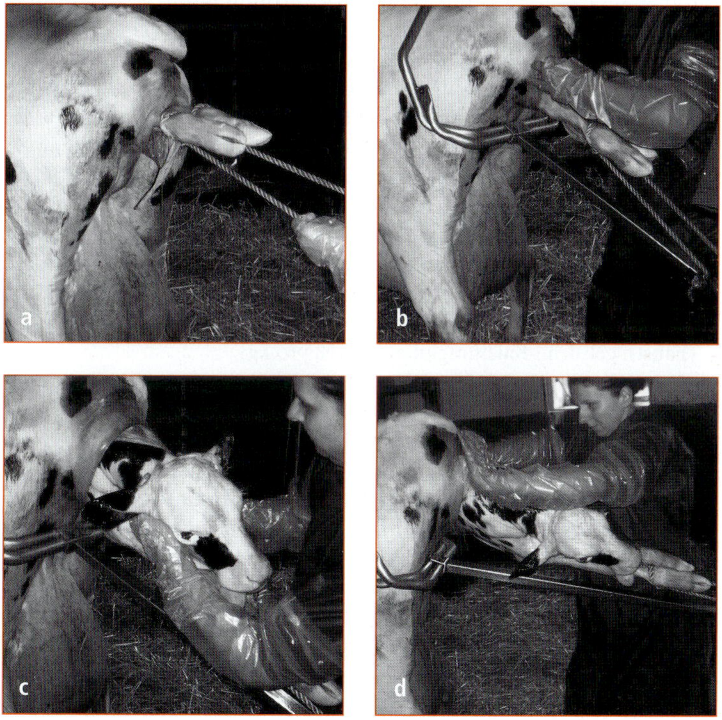

Abb. 10.1 Einsatz des Geburtshelfers. **a** Die Geburtsstricke wurden oberhalb der Fesselgelenke angelegt. **b** und **c** Beginn des Auszugs parallel zur Körperachse. **d** Änderung der Zugrichtung nach ventral, Dammschutz.

Probleme und Sonderfälle

Ausbleiben regelmäßiger Wehen

Die sichtbare Bauchpresse bleibt aus und trotz genügender Weitung der Geburtswege bleibt das Kalb tief in der Bauchhöhle liegen. Von einer primären Wehenschwäche kann man beim Rind nur sehr selten sprechen. Oxytocin-Injektionen zur Steigerung der Wehentätigkeit sind daher meist kontraindiziert.

- Wenn eine Erstgebärende keine regelmäßigen Wehen mehr hat, ist die Ursache häufig eine allgemeine Erschöpfung oder Entkräftung, z.B. durch eine sehr anstrengende lange Eröffnungsphase oder durch Mangelernährung und Kachexie. Therapeutisch macht eher eine Glukoseinfusion Sinn als die Gabe von Oxytocin.
- Bei älteren Kühen, vorwiegend ab der dritten Geburt, ist die häufigste Ursache für die Wehenschwäche ein Kalziummangel. Die Muskulatur des Rindes hat einen unterschiedlichen Bedarf an verfügbarem Kalzium. Zu Beginn der Kalziumunterversorgung arbeiten zunächst die glatte Muskulatur, Darm und Uterus nicht mehr. Bei einem weiteren Absinken des Kalziumspiegels arbeitet dann auch die (quergestreifte) Muskulatur der Gliedmaßen nicht mehr, d.h. die Kuh liegt fest. Im weiteren Verlauf versagt schließlich die Herzmuskulatur. Auch bei dieser Wehenschwäche ist es wichtig, die primäre Ursache, also die Hypokalzämie, zu beheben (Faustregel: 1 ml Kalziumglukonat 24% pro kg).

Lage-, Haltungs- oder Stellungsabweichung

Die normale Lage ist die Längslage, wobei die Vorderendlage mit 90% überwiegt (Abb. 10.2a–d). Zu Hinterendlagen wird man als Tierarzt häufiger gerufen, da der Landwirt damit viel weniger Erfahrung hat. Echte Querlagen beim Rind sind sehr selten und die Korrektur dieser Lage ist meist sehr schwierig. In der Regel sollte man versuchen, sie in eine Hinterendlage zu überführen. Fehlerhafte Haltungen von Kopf und Gliedmaßen sind häufige Geburtsstörungen, besonders dann, wenn der Fetus tot ist und sich nicht mehr aktiv strecken kann.

Ein Auszug darf nur vorgenommen werden, wenn sich das Kalb in physiologischer Lage, Stellung und gestreckter Haltung befindet. Auch nach jahrzehntelanger Erfahrung in der Geburtshilfe hat man nicht alle Haltungs- und Stellungsanomalien kennengelernt. Sie erfordern immer wieder ein hohes Improvisationsgeschick.

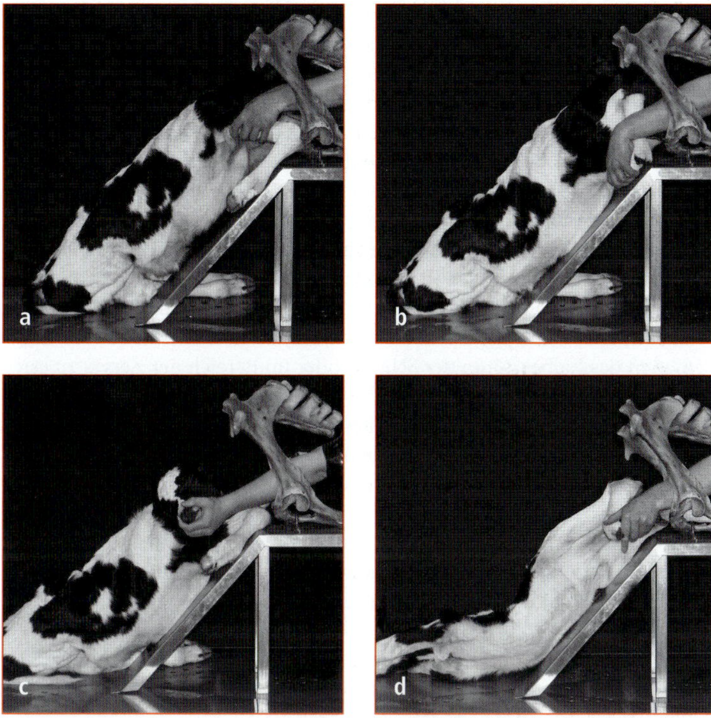

Abb. 10.2a–d **a** Vorderendlage, Schultergelenksbeugehaltung. **b** Überführung in die Karpalgelenksbeugehaltung. **c** Vorderendlage, Kopfseitenhaltung. **d** Hinterendlage mit Sprunggelenksbeugehaltung.

Die fehlerhaften Lagen können hier nicht im Einzelnen beschrieben werden. Anfänger müssen viel improvisieren und ausprobieren, natürlich immer ohne die Mutter zu gefährden (Uterusperforation). Bei fehlerhafter Haltung der Gliedmaßen gilt grundsätzlich: immer zuerst versuchen, das körpernahe Gelenk zu strecken und zum Schluss die Klauen. So überführt man z.B. eine Hüftgelenksbeugehaltung erst in eine Sprunggelenksbeugehaltung, bevor man dann versucht, das Fesselgelenk stark abzubeugen und danach die ganze Gliedmaße zu strecken.

- Die obere Stellung, das heißt mit dem Rücken nach oben, ist normal. Fehlerhafte Stellungen findet man beim Rind seltener als Haltungsanomalien. Zu Beginn der Austreibungsphase befinden sich viele Feten noch in einer seitlichen Stellung, die sich im Verlauf der Wehentätigkeit von selbst korrigiert. Die untere Stellung muss auf jeden Fall korrigiert werden. Dabei sollten Sie sorgfältig kontrollieren, ob es sich um keine Torsio von 180° handelt (Falten in der Scheidenschleimhaut).

- Die Korrektur der unteren Stellung ist oft nicht einfach, Körpergröße und Kraft des Geburtshelfers sind dabei von Vorteil. Wenn man die Schulter bzw. die Hüfte des Kalbes mit dem Arm erreichen kann und dort drücken kann, ist die Drehung am leichtesten zu schaffen. Man muss sich selbst ein Zeitlimit setzen, bis man dann bei erfolglosem Bemühen die Geburt mit einem Kaiserschnitt beendet. Eine Torsionsgabel (nach Caemmerer) kann das Drehen erleichtern. Dazu müssen aber die Gliedmaßen des Kalbes gut in der Scheide oder im Bereich der Zervix zu erreichen sein.
- Setzen Sie vor jeder Korrektur eine Epiduralanästhesie (siehe Kap. 5.2), um die Bauchpresse auszuschalten. Um dabei die Stehfähigkeit des Rindes zu erhalten, sollten Sie maximal 5 ml einer 2%igen Isocain-Lösung geben.
- Zusätzlich verabreichen Sie zur Ausschaltung der Wehentätigkeit ein Tokolytikum (z.B. 10–15 ml „Planipart" i.m.). Damit sind Stellungs- und Haltungskorrekturen sehr viel einfacher durchzuführen.
- Benutzen Sie reichlich Gleitgel.
- Sind die Feten tot oder gar emphysematös und eingetrocknet, sollten mithilfe einer Pumpe (oder einer Drenchpumpe) mehrere Liter Gleitgel in den Uterus gepumpt werden.

> Bei fehlerhaften Kopfhaltungen sollte man Hilfsmittel wie Augenhaken oder Schlingen benutzen. Oft findet man bei Erstgebärenden mit relativ engen Becken eine Kopfseitenhaltung. Die ist erst im Verlauf der Wehentätigkeit entstanden, wenn im Becken nicht ausreichend Platz für Vorderbeine und Kopf gleichzeitig ist und der Kopf dann wegklappt. Dies ist eine Indikation für einen Kaiserschnitt (siehe Kap. 10.3).

Missbildungen

Missbildungen gibt es in vielerlei Formen. Sie kommen immer als Ursache für Geburtskomplikationen und die erforderliche tierärztliche Hilfe infrage. Wichtig für den Tierarzt ist, dass er die möglichen Missbildungen kennt und sie in die tierärztliche Diagnostik einbezieht. Es ist bei der ersten geburtshilflichen Untersuchung oft schwierig, Missbildungen zu erkennen.

Bei einem Schistosoma reflexum z.B. findet man bei der ersten Untersuchung eine normale Vorderendlage vor. Erst wenn der erste Auszugsversuch scheitert, denkt man an eine solche Missbildung. Wenn man dann versucht, tiefer in den Uterus zu fassen, kann man vielleicht Darmschlingen des Kalbes fühlen. Auch bei Missbildungen muss man entscheiden, ob ein Auszugsversuch möglich ist (Faustregel: maximal die Kraft von zwei Personen anwenden; es dürfen keine spitzen Knochen vorstehen, die die Scheide verletzen) oder ob eine Fetotomie oder ein Kaiserschnitt indiziert sind.

Zwillingsträchtigkeit

Bei Zwillingsgeburten wird der Tierarzt sehr häufig zur Geburtshilfe gerufen. Der Landwirt fühlt bei der ersten Untersuchung mehr als zwei Beine, und weiß nicht, an welchen er die Geburtsstricke anbringen soll. Zwillingsgeburten sind leider oft Totgeburten.

- Zwillingsgeburten sind eigentlich auch für Anfänger eine dankbare Aufgabe. Wenn Sie ruhig und gelassen die Untersuchung angehen, werden Sie sich meist sehr schnell über die Lage der beiden Feten im Klaren sein und die entsprechenden Beinpaare finden.
- Häufig findet man bei Zwillingsgeburten Hüftgelenksbeugehaltungen bei einem Fetus vor, die aber in der Regel leicht zu korrigieren sind.

Missverhältnis zwischen Geburtskanal und Fetusgröße

Für jeden Geburtshelfer steht bei normaler Lage, Stellung und gestreckter Haltung (auch nach erfolgreicher Korrektur) die Entscheidung an, ob das Kalb bei einem Auszug durch das Becken passt oder ob ein Kaiserschnitt erforderlich ist.

> Eine einfache Faustregel lautet: Wenn man bei physiologischer Lage, Stellung und Haltung die Geburtsstricke außerhalb der Scheide anlegen kann, ist das Kalb durch das knöcherne Becken durchgetreten und ein Auszug ist ohne Gefahr für die Mutter möglich.

- Diese Faustregel gilt für Vorderendlagen und auch für Hinterendlagen, nicht aber für Kalbungen bei Blauweiß-Belgier-Rassen (Doppellender). Hier sollten Sie die Entscheidung zusammen mit dem Landwirt treffen. Grundsätzlich können Sie bei unklaren Fällen die Entscheidung für einen Auszug oder einen Kaiserschnitt einvernehmlich mit dem Landwirt abwägen. Aus wirtschaftlichen Gründen kann man manchmal den Verlust des

Kalbes in Kauf nehmen (als Tierarzt eigentlich nicht), aber die Rettung des Muttertieres hat immer Priorität.

- In seltenen Fällen kommt es bei Erstgebärenden vor, dass das knöcherne Becken ausreichend Platz für den Durchtritt des Fetus hat, aber die Scham nicht ausreichend geweitet ist. In diesen Fällen können Sie eine Episiotomie durchführen. Üben Sie dazu nach der Anlage der Geburtsstricke einen leichten Zug auf den Fetus aus, bis der Kopf bzw. das Becken vor der engen Scham zu sehen sind. Schneiden Sie dann die Scham schräg ein (in Richtung 2 bzw. 11 Uhr).

> Eine Episiotomie ist nicht sinnvoll, wenn die gesamte Länge der weichen Geburtswege nicht ausreichend geweitet ist. Bei einem schweren Auszug ist die Gefahr von tiefen Verletzungen und starken Blutungen viel zu groß. In solchen Fällen ist ein Kaiserschnitt immer die risikolosere Geburtshilfe.

- In den meisten Fällen weiten sich die weichen Geburtswege und die Scham, wenn Sie der Erstgebärenden genügend Zeit lassen, um die Fruchtblasen auszutreiben. Sie können die Weitung beschleunigen, indem Sie versuchen, mit beiden Armen in die Scheide einzugehen und dann durch wiederholtes Auseinanderdrücken der Arme die Geburtswege zu weiten. Auch das Begießen mit warmem Wasser kann die Weitung der Scheide beschleunigen. Reichlich Gleitgel und auch eine Schmerzausschaltung (Epiduralanästhesie) sind selbstverständlich.
- Auch bei übergangenen Geburten mit infizierten oder angefaulten Feten ist ein Kaiserschnitt möglich. Durch verbesserte Antibiose und OP-Technik konnten Muttertiere gerettet werden. Letztlich müssen Sie aber in solchen Fällen das weitere Vorgehen mit dem Landwirt besprechen. Die Euthanasie ist manchmal die wirtschaftliche Alternative. Notschlachtungen sind in der heutigen Zeit nicht mehr legal möglich.
- Die früher häufig angewandte Fetotomie bei übergangenen Geburten ist etwas in den Hintergrund gerückt. Nur wenige Tierärzte haben noch Übung und Erfahrung mit dieser Technik.

10.3 Sectio

Der Kaiserschnitt ist die Beendigung der Geburt unter Umgehung der natürlichen Geburtswege durch Laparotomie und Hysterotomie.
Im vorigen Kapitel wurde schon einiges über die Indikation zum Kaiserschnitt gesagt. Es ist insgesamt oft ein Abwägen verschiedener Risiken für Mutter und Fetus, die Sie durchaus zusammen mit dem Landwirt besprechen können. Der Kaiserschnitt ist eine Routineoperation, bei der das Risiko für das Rind und den Fetus besser kalkulierbar ist als bei einem schweren Auszug.

Vorbereitung

- Die folgenden Materialien und Instrumente sind für eine OP ohne schwere Komplikationen (Blutungen) völlig ausreichend. Zur Sicherheit kann man noch einige Arterienklemmen und eine Uterusfasszange in der Nähe bereithalten:
  - 2–3 Eimer sauberes und warmes Wasser,
  - Jodlösung, Braunol zur Hautdesinfektion,
  - Spritze und Kanüle für Lokalanästhesie und ggf. Epiduralanästhesie (1,6 x 50 mm),
  - Lokalanästhetikum (z.B. Isocain 2%),
  - Tokolytikum (z.B. Planipar),
  - Skalpell,
  - Knieschere,
  - Uterusfasszange,
  - 2 Arterienklemmen,
  - Pinzette,
  - Nadelhalter,
  - Nadeln (möglichst große, 3/8 gebogen, scharf und glatt),
  - Wundklammern und passende Zange,
  - Geburtsketten,
  - PGS-Faden EP 8,
  - Catgut-Chrom-Faden für die Uterusnaht größte Stärke EP 8 oder 9,

Eigentlich ist dieses Material als BSE-Risikofaktor nicht mehr zugelassen. Es hat aber bei der Naht des Uterus, der bei übergangenen Geburten oft sehr brüchig ist, deutliche Vorteile. Die dünnen synthetischen Fäden schneiden zu leicht ins Gewebe ein.

  - antibiotische Uterusstäbe,
  - 100 ml Penicillin,
  - Aluspray oder Sprühpflaster zur Wundabdeckung,
  - Einmal-OP-Kittel, Geburtshelferkittel,
  - OP-Handschuhe,
  - Handtücher.
- Wenn Sie sich für einen Kaiserschnitt entschieden haben, gehen Sie überlegt und ruhig vor. Für den Anfänger ist es hilfreich, wenn er alle Arbeitsabläufe mehrmals im Kopf durchgespielt hat und diese Reihenfolge auch genau einhält, um nichts zu vergessen.
- Meist wird die Operation am stehenden Tier durchgeführt. Sie ist aber auch am liegenden Tier möglich. Sie müssen sich jedoch sicher sein, warum das Tier nicht mehr aufsteht. Ist es nur erschöpft oder hat es eine Hypokalzämie, sodass es in einigen Stunden wieder aufsteht, oder hat es irreparable Schäden, z.B. Wirbelsäulenverletzungen, Frakturen oder eine schwere Sepsis? Dann wäre ein Kaiserschnitt kontraindiziert.
- Schaffen Sie sich zunächst sichere Arbeitsbedingungen. Das Rind muss nach Möglichkeit mit zwei Kopfstricken angebunden werden, falls bei einer Panikattacke mal einer reißt. Fixieren Sie das Tier nicht im Fressgitter, weil es sich bei einem plötzlichen Niederlegen einklemmen kann und ersticken könnte.
- Der Boden muss rutschfest und sauber sein.
- Sorgen Sie für ausreichend Licht.
- Um den Bewegungsspielraum des Rindes einzuschränken, sollten Sie es mit der rechten Seite an einer Wand oder einem Gitter positionieren. Zudem ist es noch sinnvoll, den Kopf etwas nach links auszubinden, damit das Tier beim möglichen Niederlegen auf die rechte Seite und nicht in die OP-Wunde fällt.
- Bei sehr unruhigen Tieren legen Sie Fesselbänder an. Befestigen Sie einen Strick in der Fesselbeuge des rechten Hinterbeins, an dem die Hilfsperson ziehen kann, falls das Tier sich niederlegt. Es fällt dann auf die rechte Seite.

> Bei sehr geschwächten Rindern, z.B. nach langer erfolgloser Austreibungsphase, ist es sinnvoll, die Operation von Anfang an im Liegen durchzuführen.

- Meist steht auf dem Betrieb nur eine Hilfskraft zur Verfügung, die von Ihnen klare Anweisungen erhalten muss.

> Bei der Vor- und Nachbereitung können Sie die meiste Zeit einsparen – nicht bei der OP.

- Nachdem das Tier fixiert ist, bestellen Sie bei der Hilfskraft einen kleinen Tisch (manchmal genügen auch zwei Strohballen und eine Schaltafel) und stellen ihn in Schulterhöhe links neben dem Rind auf (etwa 1 m Abstand zum Tier). Falls das Tier hin- und herspringt, dreht es um den Schulterbereich und kann den Tisch nicht umwerfen.
- Danach bitten Sie um 2 oder 3 Eimer sauberes warmes Wasser, Handtücher und einen Abfalleimer.
- In der Zwischenzeit spritzen Sie dem Rind ein Uterusrelaxans (z.B. 10 ml Planipart).
- Falls das Tier noch stark presst, setzen Sie zudem eine Epiduralanästhesie (maximal 5 ml Isocain 2%ig, um die Stehfähigkeit zu erhalten). Anderenfalls muss der Schwanz am rechten Hinterbein festgebunden werden.
- Danach beginnen Sie mit der Rasur des Operationsgebietes in der linken Flanke vom Rippenbogen bis zum Hüfthöcker und von der Hungergrube bis zur Kniefalte (Abb. 10.3a).

> Die handelsüblichen Einmalrasierer aus der Humanmedizin und Kleintierpraxis sind dafür relativ ungeeignet, da die Tiere oft langes verschmutztes Haar haben. Da gibt es in jeder Praxis individuelle Lösungen, die man besser übernimmt.

- Waschen Sie das rasierte OP-Gebiet mehrmals gründlich und desinfizieren Sie es.
- Setzen Sie nun die Lokalanästhesie (Abb. 10.3b). In Verbindung mit der Epiduralanästhesie genügt meist die Infiltrationsanästhesie in der Schnittlinie. Dazu sind 200 ml einer 2%igen Lösung nötig.
- Beginnen Sie mit der Infiltration der Unterhaut und infiltrieren Sie zuletzt die Muskelschichten bis zum Bauchfell. Die Kanülen sollten dünn, 1,2–1,6 mm und etwa 50 mm lang sein.

> Auch paravertebrale Anästhesien sind möglich, aber für Ungeübte etwas schwieriger durchzuführen. Es müssen zudem weitere Stellen rasiert und desinfiziert werden.

- In der Zeit bis zum Wirkungseintritt der Anästhesie legen Sie jetzt das erforderliche Instrumentarium und Nahtmaterial auf den vorbereiteten Tisch.

Durchführung

- Decken Sie das OP-Feld mit einem Abdecktuch ab, vor allem den oft verschmutzen Bereich der Kniefalte und des linken Hinterbeines.
- Wenn Sie jetzt mit dem Hautschnitt beginnen, lassen Sie das Tier von der Hilfsperson am Kopf halten, den Kopf leicht nach links ziehen und dann lehnt sich die Person mit dem Rücken gegen die Schulter des Rindes.
- Der etwa 40 cm lange Schnitt kann senkrecht oder in Richtung der schiefen Bauchmuskeln erfolgen.
- Nach zügiger Durchtrennung aller Muskelschichten legen Sie sich ein Stück Bauchfell deutlich sichtbar frei.
- Heben Sie es mit der Pinzette an und durchtrennen Sie es dann auf einer Länge von etwa 5 cm. Dadurch verhindern Sie, dass versehentlich der Pansen verletzt wird.
- Danach eröffnen Sie mit der Knieschere das Bauchfell auf der ganzen Schnittlänge (Abb. 10.3c).
- Jetzt erfolgt das Vorlagern des Uterus mit dem Kalb in die Schnittwunde. Dies ist immer der schwierigste Teil.

Vorderendlage

- Wenn die Hinterbeine des Fetus im Bereich der Schnittführung liegen und durch die Uteruswand zu ertasten sind, fassen Sie mit der linken Hand unter das Sprunggelenk und mit der rechten Hand an die Klauen des Kalbes. Dann können Sie den Uterus mit Kalb mit kräftigem Zug nach außen vorlagern und in die Wundwinkel einklemmen.
- Versuchen Sie jetzt, den Uterus mit einer Hand zu fixieren, um mit der anderen Hand mit der Knieschere die Gebärmutter zu eröffnen. Falls das nicht möglich ist, kann die Hilfsperson den Uterus zwischen zwei sauberen Handtüchern klemmen und damit festhalten, ohne direkt das Gewebe zu berühren.
- Ist der Uterus über eine Länge von etwa 40 cm aufgeschnitten, erfasst die Hilfsperson die Klauen und zieht das Kalb heraus. Zur Erleichterung des Auszugs können Sie Geburtsketten anlegen.

> Das Vorlagern kann Probleme bereiten, wenn die Hinterbeine des Fetus auf der rechten Seite hinter dem Pansen liegen. Dann versuchen Sie hinter den Pansen zu fassen und mit der flachen Hand den Uterus mit Kalb von sich wegzudrücken, um damit eine leichte Gebärmutterverdrehung im Uhrzeigersinn zu bewirken, bis Sie die Klauen erreichen können. Dann können Sie das Kalb endgültig vorlagern.

Hinterendlage

- Die Vorlagerung bereitet hierbei meist mehr Schwierigkeiten. Versuchen Sie, die Klauen der Vorderbeine durch die Uteruswand zu erfassen und dann nach außen zu ziehen.
- Dann eröffnen Sie die Gebärmutter über den Klauen auf einer Länge von etwa 10 cm, lassen die Hilfsperson die Klauen erfassen und Zug ausüben.
- Eröffnen Sie dann mit der Knieschere den Uterus auf der ganzen Länge (Abb. 10.3d).
- Dann erfassen Sie mit beiden Händen den Kopf des Kalbs und ziehen es zusammen mit der Hilfsperson heraus. Falls die Vorlagerung nicht gelingt, müssen Sie den Uterus über den Klauen in der Bauchhöhle eröffnen, dann die Geburtsketten anlegen und danach die Hilfsperson ziehen

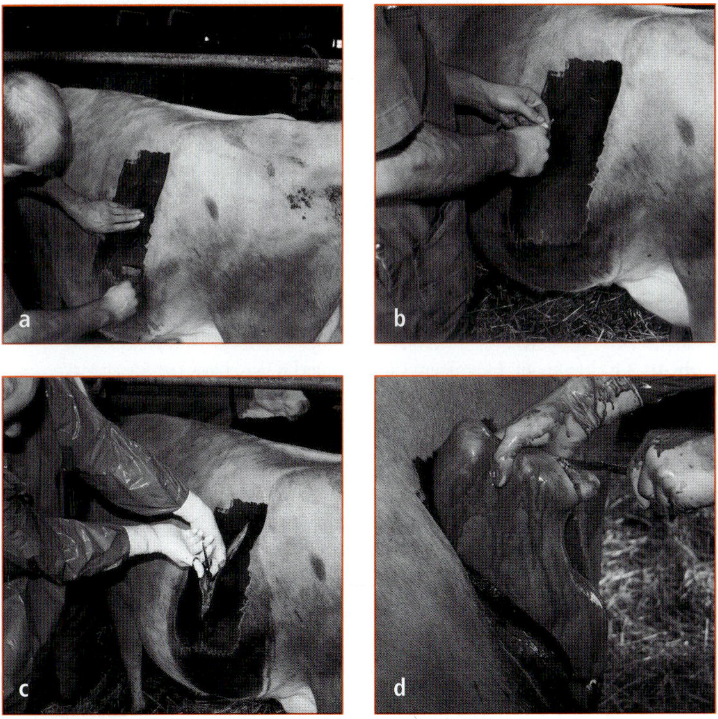

Abb. 10.3 Ablauf der Sectio. **a** Rasur des Operationsfeldes. **b** Infiltrationsanästhesie. **c** Bauchhöhleneröffnung mit Knieschere. **d** Uteruseröffnung.

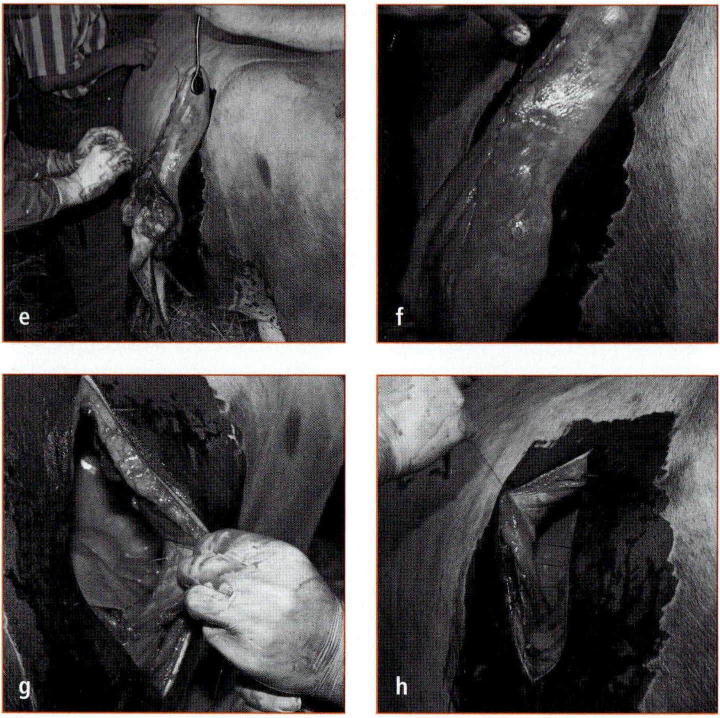

Abb. 10.3 e Uterusnaht. **f** Vernähter Uterus. **g** und **h** Verschluss der Bauchdecke.

lassen, bis der Uterus soweit vorgelagert ist, dass Sie ihn weiter eröffnen können (Abb. 10.3d). Das Auslaufen von Fruchtwasser in die Bauchhöhle kann zu Störungen der Heilung und zur Peritonitis führen.

- Nach der Entwicklung des Kalbs setzen Sie die Uterusfasszange im oberen Wundwinkel des Uterus an. Eine Hilfsperson hält die Uteruszange fest.
- Danach entfernen Sie mit der Schere herabhängende Eihautreste.
- Untersuchen Sie das Tier auf weitere Feten, Blutungen im Bereich der Ovarien und Bänder sowie auf perforierende Verletzungen.
- Die Gebärmutter kann nun durch eine fortlaufende einstülpende Lembert-Matratzennaht mit Catgut-Chrom (Stärke EP 9) verschlossen werden. Achten Sie dabei darauf, nur die Serosa und die Muskularis zu durchstechen und keine Eihautreste mit einzunähen (Abb. 10.3e).

- Vor dem endgültigen **Verschluss des Uterus** legen Sie noch Antibiotikastäbe hinein.
- Über die Naht sollten Sie noch eine zweite Lembert-Matratzennaht legen, damit der Uterus dicht verschlossen ist. Das ist besonders bei einer Nachgeburtsverhaltung wichtig.
- Reinigen Sie jetzt noch einmal den Uterus mit einem sauberen Handtuch und prüfen Sie die Naht auf Blutungen und Dichtigkeit (Abb. 10.3f).
- Jetzt kann der Uterus wieder zurück in die Bauchhöhle.
- Überprüfen Sie noch einmal die richtige Lage und instillieren Sie 100 ml Antibiotika in die Bauchhöhle (z.B. Procain-Penicillin oder Ampicillin).
- Schließen Sie die Bauchwunde mit einer fortlaufenden Matratzennaht mit PGA-Faden, EP 8. Mit der ersten Schicht vernähen Sie das Peritoneum und den anliegenden Muskel, in der zweiten die darüber liegende Bauchmuskulatur und schließlich setzen Sie noch eine Unterhautnaht (Abb. 10.3g und h; siehe Kap. 5.4).
- Verbinden Sie alle Schichten eng miteinander.
- Lösen Sie im ventralen Wundwinkel mit dem Skalpell die Haut von dem darunter liegenden Muskel.
- Dann kann die Haut geklammert werden.
- Decken Sie die Wunde mit einem Spray (Aluspray) oder mit einem Streifen Mull ab, den Sie mit normalem Haushaltskleber aufkleben.
- Zur Nachsorge müssen die Rinder 5 Tage lang intensiv überwacht werden. Dabei werden die Futteraufnahme, die Temperatur und der Abgang der Nachgeburt kontrolliert. Eine mehrere Tage währende antibiotische Abdeckung muss sichergestellt sein.

10.4 Gebärmutterverdrehung (Torsio uteri)

In manchen Regionen ist die Gebärmutterverdrehung (Torsio uteri) der häufigste Grund für einen tierärztlichen Einsatz bei einer Geburt. Es handelt sich dabei um eine Drehung des Uterus mit dem Kalb um die Längsachse. Diese Drehung kann zwischen 180° bis über (!) 360° betragen und nach rechts oder links gerichtet sein. Meist entsteht die Gebärmutterverdrehung erst im Laufe der Austreibungsphase. Selten gibt es Verdrehungen mehrere Wochen vor dem Geburtstermin.
Die Tiere zeigen oft über einige Stunden Koliksymptome. Die Wehentätigkeit und die Bauchpresse erreichen keinen Fortgang der Geburt mehr. Nach

einigen Stunden hören diese Erscheinungen auf und das Tier wird zunehmend erschöpft. Wenn in dieser Phase die Geburtsanzeichen vom Landwirt übersehen werden, verschlechtert sich das Allgemeinbefinden. Der Fetus stirbt dann in der Regel aufgrund von Durchblutungsstörungen rasch ab. Es entwickelt sich eine übergangene Geburt.
Die Prognose ist im Wesentlichen von der Dauer der Verdrehung abhängig. Sind die Feten schon in Fäulnis übergegangen, wird die Prognose sehr schlecht.

Untersuchung und Behandlung

- Bei der vaginalen Untersuchung erscheint der Geburtsweg stark eingeengt, bei Verdrehungen ab 360° ist die Zervix für die Hand meist nicht passierbar und man gelangt nicht an das Kalb. Vor der Zervix kann man bei höhergradigen Verdrehungen Schleimhautfalten fühlen, die spiralförmig nach vorne ziehen. Der geübte Untersucher kann an dem Verlauf der Falten auf die Drehrichtung schließen. 90% aller Drehungen sind Linksdrehungen, d.h. Sie müssen im Uhrzeigersinn aufdrehen. Zur weiteren Absicherung der Diagnose „Torsio“ und zur besseren Beurteilung der Drehrichtung können Sie zusätzlich noch einmal rektal untersuchen. Bei einer Torsio lassen sich die angespannten Gebärmutterbänder deutlich palpieren, bei einer Linkstorsion zieht das rechte Lig. latum uteri als derber Strang zur linken Seite rüber.

> Ein ungeübter Untersucher, häufig auch Landwirte, erkennen die Torsio oft nicht, und verwechseln sie mit dem Anfangsstadium der Eröffnungsphase, bei der die weichen Geburtswege auch noch sehr eng sind.

- Ist die Zervix so weit offen, dass Sie das Kalb mit der Hand gut erreichen, sollten Sie die manuelle Retorsion versuchen. Hilfreich ist es, wenn das Tier hinten etwas erhöht steht, wodurch sich die Platzverhältnisse in der Bauchhöhle verbessern. Eine manuelle Retorsion am liegenden Tier ist nur schwer möglich.
- Gehen Sie mit der ganzen Armlänge in das Tier ein und versuchen Sie, die Schulter-Nacken-Partie bzw. die Hüfte bei Hinterendlage zu erreichen.
- Üben Sie dann einen Druck nach ventral und kranial aus, um so nach einigem Schwingen das Kalb in eine rechtsgerichtete Drehbewegung zu bekommen. So können Sie das Kalb in einer ersten Drehung über die untere Stellung hinausbringen.

- Fassen Sie dann noch einmal nach und beenden die Drehung ganz.

Man sollte nach einigen erfolglosen Bemühungen seine Kräfte schonen und zusätzliche Hilfsmittel anwenden, z.B. können zwei Hilfspersonen die Bauchdecken des Tieres mit einem Brett anheben. Andere Methoden wie die Wälzmethode oder das Aufdrehen mithilfe einer Torsionsgabel werden nur noch selten angewandt.

- Setzen Sie sich ein zeitliches Limit, entsprechend den eigenen Kraftreserven, und beenden Sie danach die Geburt durch einen Kaiserschnitt. Gerade bei Erstgebärenden ist das Risiko ohnehin so groß, dass sich nach einer erfolgreichen Retorsion die Geburtswege nicht so weit öffnen, dass Sie einen Auszug wagen könnten, ohne das Muttertier zu gefährden.
- Bei übergangenen Geburten mit vielleicht schon verwesten Feten und/oder stark gestörtem Allgemeinbefinden der Mutter sollten Sie die Euthanasie erwägen, da der Kaiserschnitt in diesen Fällen eine schlechte Prognose hat.
- Wenn Sie die Torsio erfolgreich aufgedreht haben, dürfen Sie einen sofortigen Auszug nur bei vollständiger Zervixöffnung wagen. In der Regel sollten Sie besser zwei Stunden abwarten, bis die Zervix und die Drehstelle des Uterus wieder ausreichend durchblutet, dehnbar und geweitet sind. Ideal ist es, wenn das Tier nach Retorsion alleine kalbt.

Bei mangelnder Geduld kommt es oft zu Uterusperforationen dorsokranial der Zervix.

Probleme und Sonderfälle

- **Auszug nach Retorsion:** Wenn Sie einen Auszug nach Retorsion vorgenommen haben, müssen Sie diese Stelle immer sehr sorgfältig auf Perforationen untersuchen. Oft entstehen schon zu Beginn der Torsio Risse, die nicht immer vor dem Auszug des Kalbes zu fühlen sind. Man muss den Landwirt bei einem Verdacht auf Uterusperforation unbedingt über die schlechte Prognose informieren, um späteren Haftungsansprüchen aus dem Weg zu gehen. Die Naht solcher Uterusperforationen hat immer eine schlechte Prognose. Von vaginal ist die Naht oft nicht möglich (von der Armlänge nicht erreichbar). Die Naht nach Laparotomie ist technisch besser möglich, hat aber eine schlechte Prognose, da durch den Austritt von Fruchtwasser in die Bauchhöhle schon eine Peritonitis entstanden ist.

10.5 Gebärmuttervorfall

Der Gebärmuttervorfall ist einer der häufigsten Notfälle, zu denen man als Praktiker beim Rind, seltener beim Schaf, gerufen wird. Es ist immer ein lebensbedrohlicher Zustand für das Tier.
Er entsteht dadurch, dass sich der Uterus nach der Geburt in sich selbst nach innen einstülpt (Inversion), vergleichbar mit einem Socken, in den man hineinfasst und von innen nach außen umstülpt. Wenn der Uterus komplett umgestülpt wird und aus der Scheide heraustritt, spricht man von einem kompletten Gebärmuttervorfall. Das Endometrium mit den Kotyledonen liegt dann außen.
Begünstigend wirkt sich zu Beginn der Inversion zunächst eine postpartale Uterusatonie aus, für die es verschiedene Ursachen gibt. Bei älteren Kühen liegt oft eine Hypokalzämie zugrunde, bei erstgebärenden Rindern hingegen eher eine lange schwere Austreibungsphase mit starker Erschöpfung. Der zweite auslösende Faktor ist die Inversion des Uterus von der Hornspitze aus. Ursachen dafür können eine abschüssige Lage des Rindes nach der Geburt (5% Gefälle in der Liegebox oder eine Hanglage auf der Weide können schon ausreichen) oder eine Inversion des Uterus beim stehenden Tier durch die festsitzende Nachgeburt sein, die einen Zug auf die Gebärmutter ausübt. Weiterhin kann durch einen schnellen Auszug des Kalbs eine Sogwirkung auf den Uterus ausgeübt werden, was zu einer ersten Inversion führt.
Diese erste Inversion ist dem Tier meist unangenehm und es kommt zu verstärktem Pressen nach der Geburt. Bei fortbestehender Uterusatonie und abschüssiger Lage des Tieres kommt es schließlich zu einem vollständigen Vorfall der Gebärmutter. Jetzt ist ein lebensbedrohlicher Zustand für das Muttertier eingetreten. Die Gebärmutter kann durch Nachbartiere verletzt oder gar perforiert werden. Es kann durch Abriss von Kotyledonen zu Blutungen kommen, beim plötzlichen Aufspringen der Tiere sogar zu einem Abriss großer Arterien mit tödlichen Blutungen in die Bauchhöhle. Wenn das Tier weiterhin presst, können Darmschlingen in den umgestülpten Uterus vorfallen (nicht sichtbar in dem peritonealen Inneren). Durch Blutstauung wird der Uterus von Stunde zu Stunde größer und härter und brüchiger und ist dann schwieriger zu reponieren.

Vorbereitung

- Materialien (Abb. 10.4):
  - Jodlösung oder Braunol,
  - Material für Epiduralanästhesie,
  - antibiotische Uterusstäbe,
  - große Gerlachnadel (Rind) (oder: Flessa-Verschluss + Nadel),
  - kleine Gerlachnadel (Schaf),
  - Bühner-Band,
  - Schere.

Untersuchung und Behandlung

- Besonders für den Anfänger ist ein ruhiges und besonnenes Vorgehen wichtig.
- Zuerst müssen Sie bei festliegenden Tieren das Allgemeinbefinden stabilisieren. Bei älteren Kühen muss die Hypokalzämie durch eine Kalziuminfusion beseitigt werden. Da die geschwächten Tiere das Kalzium nicht sehr gut vertragen, sollten Sie nur die Hälfte der üblichen Dosis

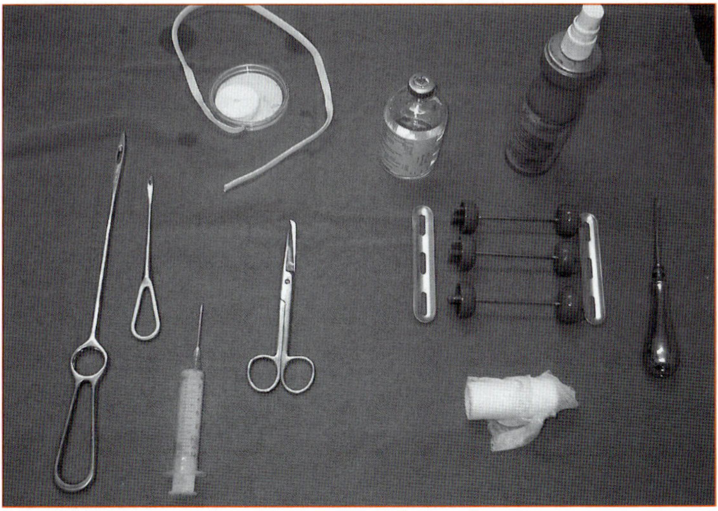

Abb. 10.4 Materialien zur Behandlung des Gebärmuttervorfalls.

(50 ml/100 kg) geben und zusätzlich, vor allem bei erschöpften Tieren, eine Glukoseinfusion verabreichen.

- Oft sind die Tiere auch ausgetrocknet, weil sie das Trinkwasser nicht erreichen konnten. Bieten Sie also Wasser an oder infundieren Sie 5 l isotonische Kochsalzlösung.
- Tiere, die noch stehen, müssen so fixiert werden, dass sie nicht ständig hin- und herspringen, indem Sie sie z.B. kurz an einem Kopfhalfter festbinden und seitlich neben den Hinterbeinen einen Strohballen legen. Zudem müssen Sie dabei darauf achten, dass das Tier vorne nicht höher als hinten steht, sondern besser mit den Vorderbeinen tiefer steht.
- Danach erfolgt eine Epiduralanästhesie, wobei man bei einem stehenden Tier nicht mehr als 5 ml einer 2%igen Isocain-Lösung geben sollte, um die Stehfähigkeit nicht zu gefährden. Beim festliegenden Tier können Sie auch 7 ml injizieren.
- Danach müssen Sie die Gebärmutter gründlich mit kaltem Wasser reinigen (ein Zusatz von Braunol oder milden Desinfektionslösungen ist möglich, muss aber nicht sein).
- Stroh- und Kotreste müssen zum Teil einzeln entfernt werden.
- Legen Sie dann den vorgefallenen Uterus in große Handtücher oder Bettlaken.
- Versuchen Sie danach, soviel von der Nachgeburt wie möglich zu lösen, aber gehen Sie dabei nicht so hart vor, dass es zu Blutungen kommt. Lässt sich die Nachgeburt nicht von den Kotyledonen lösen, schneiden Sie mit einer Schere möglichst viel von den Eihäuten und Nabelgefäßen ab, um das Reponieren zu erleichtern.
- Zum Schluss ist eine gründliche Untersuchung auf äußere Verletzungen des Endometriums wichtig. Auch kleine Löcher im Uterus müssen vernäht werden, weil es sonst zur Kontamination der Bauchhöhle und zu einer Peritonitis kommt. Die Tiere haben dann eine sehr schlechte Prognose.

> Beim Zunähen von Perforationswunden müssen Sie daran denken, dass das Endometrium außen ist, also ist eine ausstülpende Kürschnernaht erforderlich (am besten mit dicken Chromcat-Material).

Die weitere Reponierung hängt davon ab, ob das Tier steht oder liegt.

Reponierung am stehenden Tier

- Es ist kaum möglich, einen vorgefallenen Uterus „bergauf" zu reponieren. Also muss man schon zu Beginn das Tier möglichst vorne tiefer stellen. Gerade bei großen Rindern bzw. kleinen Tierärzten ist es wichtig, dass Sie selbst höher stehen, d.h. die Scheide sollte tiefer als Brusthöhe liegen.
- Legen Sie den Uterus in ein großes Handtuch bzw. ein Bettlaken oder auf ein breites Brett und lassen Sie das Ganze von zwei Helfern hoch halten, damit Sie beim Reponieren immer nach unten drücken können.
- Dann beginnen Sie mit der Reponierung. Spreizen Sie dazu die Finger weit auseinander und beginnen Sie mit den flachen Händen immer zunächst im Umkreis der Scheide den Uterus zurückzudrücken. Wenn das Tier dabei pressen sollte, halten Sie einen Augenblick den Gegendruck, damit der reponierte Teil nicht wieder herauskommt, und machen Sie erst weiter, wenn das Tier einatmet.
- Wenn mehr als die Hälfte des Uterus zurück in die Scheide gedrückt wurde, können Sie mit beiden flach gehaltenen Händen versuchen, den Uterus von der Hornspitze aus komplett zurückzudrücken.
- Die Helfer sollen die ganze Zeit versuchen, den Uterus höher zu halten als die Scheide. Hat man den Uterus schließlich ganz in die Scheide zurückverlagert, muss man ihn mit der geballten Faust vollständig bis in die Bauchhöhle ausstülpen.

> Bei großen Kühen reicht die Armlänge oft nicht aus. Dann kann man eine große leere Plastikflasche zur Verlängerung des Armes zur Hilfe nehmen, oder man füllt am stehenden Tier etwa 10–20 l Wasser in den Uterus.

Reponierung am liegenden Tier

- Liegende Tiere, die bei Annäherung nicht freiwillig aufstehen, sollten Sie liegen lassen. Trotzdem muss man dafür sorgen, dass die Tiere mit dem Vorderkörper tiefer liegen.
- Danach versuchen Sie, das Becken hochzulagern, indem Sie einfach die Hinterbeine gestreckt und parallel nach hinten verlagern (so wie die Holme einer Schubkarre). Die Kuh liegt dann auf den Kniegelenken und auf dem Euter, und das Becken ist nach kranial abgeknickt.
- Hilfreich ist es, wenn man die Epiduralanästhesie mit 7–8 ml durchgeführt hat, um Abwehrbewegungen zu vermindern. Ansonsten bindet man die Hinterbeine mit Stricken nach hinten.

> Bei sehr ungünstigen Verhältnissen im Stall (die Kuh liegt z.B. mit dem Becken in einer Mistrinne), kann man in Ausnahmefällen auch das Becken hochlagern, indem man die Kuh mit der Beckenklammer und einem Flaschenzug oder mit dem Radlader anhebt. Das sollte aber die Ausnahme bleiben, da das Anheben mit einer Beckenklammer für das Tier recht schmerzhaft ist.

- Wenn Sie das Becken hochgelagert haben, knien Sie sich hinter die Kuh.
- Legen Sie die Gebärmutter in den eigenen Schoß bzw. auf die Oberschenkel und beginnen Sie mit der Reponierung wie oben beschrieben. Man kann in dieser Stellung mit dem eigenem Oberkörper zusätzlichen Druck auf den Uterus ausüben.

> Das vollständige Ausstülpen der Gebärmutter in der Bauchhöhle ist am liegenden Tier leider oft schwieriger. Es muss aber unbedingt vollständig erfolgen, da sonst die Tiere wieder zu pressen beginnen.

- Bei sehr starker Blutstauung wickeln Sie elastische Binden um die Gebärmutter, die man nach etwa 10 min Stück für Stück, beginnend vom Scheidenbereich, wieder entfernt und den verkleinerten Uterus weiter reponiert.

> Für kleine Tierärzte ist die Reponierung am liegenden Tier leichter als am stehenden.

- Nach der vollständigen Reponierung wird die Scheide noch einmal gründlich gereinigt.
- Versorgen Sie die Gebärmutter lokal mit Antibiotikastäbchen und verschließen Sie die Scheide mit Flessa-Stäben oder wie folgt mit einem Bühner-Band:
  - Waschen und desinfizieren Sie die Vulva noch einmal.
  - Prüfen Sie kurz, indem Sie mit einer Kanüle leicht in den Vulvabereich stechen, ob die Epiduralanästhesie noch ausreichend ist.
  - Benutzen Sie eine große und vor allem scharfe Bühner-Nadel.
  - Stechen Sie etwa 2 cm ventral der Vulva die Nadel ein und führen Sie sie 1–2 cm vom Rand der Vulva entfernt nach dorsal, bis sie in der Mitte des Damms wieder austritt.
  - Fädeln Sie jetzt das Bühner-Band durch die Öse und ziehen Sie die Nadel mit dem Band wieder zurück.

  - Nehmen Sie den Faden wieder aus der Öse und stechen Sie jetzt die Nadel auf der anderen Seite des Vulvarandes ein. Versuchen Sie, wieder an derselben Stelle des Damms durchzustechen.
  - Fädeln Sie jetzt das andere Ende des Bühner-Bandes durch die Öse und ziehen Sie die Nadel wieder zurück.
  - Zum Schluss ziehen Sie mit den beiden Fadenenden die Vulva so eng zusammen, dass noch gerade 3 Finger durchpassen. Verknoten Sie dann die Fadenenden ventral der Vulva.
- Bei Kühen mit Hypokalzämie kann jetzt die zweite restliche Kalziumgabe erfolgen.
- Falls das Tier in Anbindehaltung steht, muss der Platz so gestaltet werden, dass der Hinterkörper hoch steht bzw. liegt.
- Der Scheidenverschluss kann nach 3–5 Tagen entfernt werden, und der Uterus wird gleichzeitig noch einmal antibiotisch mit Uterusstäben versorgt.
- In den ersten 5 Tagen nach dem Prolaps muss die Körpertemperatur täglich kontrolliert werden. Bei Bedarf geben Sie parenteral Antibiotika.
- Die Prognose ist gut, wenn Sie keine größeren Blutungen oder Verletzungen des Uterus vorfinden.

10.6 Nachgeburtliche Untersuchung

Nach einem erfolgreichen Auszug führen Sie die vaginale Nachuntersuchung der Geburtswege durch.

- Kontrollieren Sie dabei zunächst, ob nicht ein weiteres Kalb vorhanden ist, indem Sie mit ganzer Armlänge den Uterus untersuchen.

> Jedem erfahrenen Geburtshelfer ist es schon passiert, dass bei sehr großen Tieren mit überdehntem Uterus ein Zwillingskalb nicht fühlbar war. Wenn man mit der ganzen Armlänge in den Uterus langt und dann versucht, hin und her zu schwingen, würde man das zusätzliche Gewicht eines noch vorhandenen Kalbes spüren. Auch nach einer Zwillingsgeburt sollte man diese Untersuchung sorgfältig durchführen. Drillingsgeburten sind zwar extrem selten, aber im Laufe eines langen Berufslebens wird man einige haben. Für den Spott braucht man nicht zu sorgen, wenn man ein Drillingskalb übersehen hat.

- Untersuchen Sie danach die weichen Geburtswege auf mögliche Verletzungen. In der Gebärmutter gibt es bevorzugt im dorsalen Abschnitt direkt kranial der Zervix Perforationen. Diese sind für Ungeübte oft schwer zu fühlen, weshalb eine sorgfältige Untersuchung wichtig ist.
- Danach palpieren Sie den gesamten Scheidenbereich. Risse in der Scheidenschleimhaut heilen meist problemlos ab, wenn die Tiere unter antibiotischen Schutz gestellt werden.
- Wenn Sie sehr tiefe Verletzungen fühlen, müssen Sie kontrollieren, ob ein Zugang zur Bauchhöhle besteht. Wenn das mit dem Finger nicht möglich ist, können Sie einen antibiotischen Uterusstab in die Verletzung schieben. Verschwindet der Stab in der Bauchhöhle, müssen Sie die Scheidenverletzung sorgfältig und dicht vernähen.
- Blutungen aus Scheidenverletzungen müssen von Ihnen kontrolliert werden. Aus der Scheide darf 15 min nach der Geburt kein frisches Blut mehr rinnen. Anderenfalls müssen Sie die Blutungsstelle lokalisieren und vernähen oder die Scheide austamponieren (z.B. mit Handtüchern).
- Risse von großen Arterien im Bereich der Scheide sind immer ein hochakuter und lebensbedrohlicher Zustand. Wichtig ist es, die pulsierende blutende Arterie sofort zu finden und dann mit einer Arterienklemme zu verschließen. Es ist durchaus möglich, diese Klemme etwa eine Woche in der Scheide zu belassen, bis die Arterie vernarbt ist, um so auf eine Naht zu verzichten. Die Naht von Scheidenverletzungen erfordert viel Geschick und es besteht immer das Risiko, dass man beim Nähen ohne Sichtkontrolle erneut eine Arterie verletzt.

10.7 Geburtshilfe bei Schweinen

Anzeichen der bevorstehenden Geburt

- Sie können etwa 24 Stunden vor der Geburt eine leichte seröse Sekretion aus den Zitzen beobachten, wobei hier eine Varianz von 6–48 h beschrieben wird.
- Ein sicheres Anzeichen der bevorstehenden Geburt ist ein zu ermelkender Milchstrahl. Wenn Sie dies beobachten, dauert es in der Regel nur noch ca. 6 Stunden bis zum Beginn der Geburt.

Geburtsablauf

- Sorgen Sie für eine optimale Vorbereitung der Abferkelbucht. Vor allem hat sich das Aufhängen zusätzlicher Wärmelampen hinter und neben der Sau in den ersten 1–2 Tagen bewährt. Zu einer optimalen Vorbereitung der Bucht gehören auch die Überprüfung der Wasserversorgung der Sauen, eventuell die Fütterung eines speziellen Geburtsvorbereitungsfutters sowie das tägliche Säubern hinter der Sau.
- Die Geburt sollte möglichst zügig ablaufen und nicht länger als 4 Stunden dauern. Versuchen Sie deshalb, die Zeitabstände zwischen den einzelnen Ferkeln nicht länger als 15–20 min werden zu lassen, wobei der Abstand vom ersten zum zweiten Ferkel bis zu 2 Stunden betragen kann.
- Meist werden Ferkel in Vorderendlage geboren und die Nabelschnur ist nach der Geburt noch intakt. Durchtrennen Sie die Nabelschnur nicht, sondern lassen Sie sie intakt. Falls es doch erforderlich sein sollte, können Sie sie durch leichten Zug durchtrennen. Die Nabelschnur ist nach 12 Stunden abgetrocknet.

Geburtseinleitung

Um eine gleichzeitige Abferkelung der Sauen zu erreichen und ein Übertragen der Ferkel zu verhindern, kann die Geburt bei Schweinen eingeleitet werden.

- Injizieren Sie zur Geburtseinleitung ein PGF2-Präparat, jedoch nicht vor dem 113. Trächtigkeitstag (Besamungstag beachten!). Die Milchsekretion sollte schon begonnen haben. Die Geburt wird dann normalerweise 21–30 Stunden später erfolgen.
- Sie können durch die Gabe von Oxytocin 20–24 Stunden nach der PGF2-Gabe die Geburt innerhalb kürzester Zeit auslösen.

10.8 Geburtshilfe bei Schaf und Ziege

Unter Schäfern gibt es ein Sprichwort: „Lammzeit ist gleich Erntezeit." Da sich 75% aller Todesfälle bei Mutterschafen um den Zeitraum der Geburt herum ereignen, geben Schäfer hier noch Geld aus und rufen den Tierarzt. Deshalb muss man sich als Tierarzt auf dem Gebiet der Fütterung,

Geburtshilfe, Ketose usw. bei Schafen auskennen, wenn man dabei etwas Geld verdienen will.

Der Tierhalter sollte jedes Schaf, das im Stall seine Lämmer auf die Welt bringt, separieren. Bei Einlingen genügt oft ein Tag, Zwillinge sollte man für mindestens drei Tage in für die Lämmer ausbruchsichere Buchten sperren.

Die Trächtigkeitsdauer bei Schaf und Ziege beträgt rund 150 Tage. Das (erste) Lamm sollte spätestens 1 Stunde nach dem Platzen der Fruchtblase entwickelt sein. Meist handelt es sich aber um Mehrlingsgeburten (2 oder 3 Lämmer). In diesen Fällen sollte das zweite Lamm dann nach etwa einer weiteren halben Stunde geboren sein.

Die Einleitung der Geburt ist zumindest bei Schafen schwierig und nur im geburtsnahen Zeitraum in der Kombination von Prostaglandin und Kortison erfolgreich.

Solange die Lämmer noch wackelig auf den Beinen sind, ist es ratsam, Wasser im Eimer nur anzubieten, aber nicht stehen zu lassen. Frisch geborene Lämmer, die noch unsicher auf den Beinen sind, können kopfüber in den Eimer fallen und ertrinken selbst bei geringer Füllhöhe.

- Wenn Sie die Neugeborenen in die Bucht transportieren, dürfen Sie sie direkt nach der Geburt nicht auf dem Arm tragen. Das Muttertier sucht die Lämmer auf dem Boden und folgt nicht, wenn Sie sie höher halten. Nehmen Sie deshalb Lämmer an den Vorderbeinen, mit dem Kopf dazwischen und ziehen Sie sie langsam über den Boden. Dabei können Sie mit hoher Stimme leise „meckeln" oder piepsen, um das Rufen der Lämmer zu imitieren. Die Mutter folgt diesem Rufen und dem Geruch.
- In der Bucht müssen Sie vor allem anderen das Euter der Mutter kontrollieren und die ersten Tropfen ausmelken. Oft sitzt am Anfang ein Pfropf fest, den die Lämmer nicht heraustrinken können. Wenn man nicht aufmerksam beobachtet, merkt man dies erst, wenn die Lämmer langsam verhungern.
- Hat die Mutter nicht genügend Milch, müssen Sie mindestens 150 ml Kolostrum per Flasche den Jungen auf mehrere Mahlzeiten verteilt zufüttern.
- Von Müttern mit viel Milch und einem Einling kann Kolostrum in Eiswürfelbehältern eingefroren werden. Dann lassen sich jeweils kleine Mengen auftauen.

- Wenn kein echtes Kolostrum zur Verfügung steht, kann man Kolostralmilchersatz nehmen. Dabei muss man unbedingt den Schaf- oder Ziegenmilchersatz nehmen. Kuhkolostrum kann zu Unverträglichkeitserscheinungen führen.

Zervixmanschette

Die häufigste Geburtskomplikation ist die Zervixmanschette, bei der sich die Zervix nicht ausreichend weitet. Sie können in solchen Fällen eine manuelle Spreizung der Zervix versuchen.

- Geben Sie reichlich Gleitgel auf Ihre Hand bzw. auf den Handschuh.
- Legen Sie dann die Finger Ihrer Hand zu einem Kegel zusammen, mit dem Sie in die Vagina eingehen und die Zervix aufsuchen.
- Versuchen Sie jetzt, durch ein Aufspreizen der Finger die Zervix zu weiten.
- Eine medikamentöse Unterstützung ist möglich durch die s.c.-Gabe von Denaverinhydrochlorid (z.B. Sensiblex). Der Wirkungseintritt ist jedoch erst nach etwa 15 min zu beurteilen.

> Unklar ist, ob dieser medikamentöse Effekt nicht auch auf die 15-minütige Ruhepause und eine spontane Zervixweitung zurückgeführt werden kann.

- Bleibt auch hier der Erfolg aus, ist eine Sectio notwendig.

Lageanomalien

Bei Lageanomalien ist einerseits das Vorgehen gut mit den Bedingungen beim Rind vergleichbar, doch muss andererseits berücksichtigt werden, dass der Uterus hier viel vulnerabler und eine Verletzung bei groben Manipulationen wesentlich wahrscheinlicher ist.

Festliegen von Schaf und Ziege (Trächtigkeitstoxikose)

Bei einer Ketose und Hypokalzämie von Schaf und Ziege kommt es oft zu einem Festliegen vor oder während der Geburt. Die beiden Abweichungen treten oft vergesellschaftet auf und werden auch gemeinsam behandelt. Die Symptome beginnen zumeist um den 120. Trächtigkeitstag herum und dauern bis in die erste Laktationswoche an. Kennzeichnend ist zuerst eine Appetitlosigkeit, gefolgt von motorischen Ausfallserscheinungen (hängender Kopf, verlangsamte und spannungsarme Bewegungen, Rückzug), denen schließlich das Festliegen folgt.

- Wichtig ist es, vor allem die Pansenmotorik zu erhalten und Energie zuzuführen. Bewährt haben sich das Angebot von Rübenschnitzeln und die orale Gabe von Propylenglykol (z.B. Cetophyton).
- Zur Behandlung geben Sie 200–500 ml Glukoselösung 5% i.v., 50–100 ml Kalziumboroglukonat s.c. und 5 ml Alphatocopherol s.c.
- Die Ultima ratio ist die Sectio.

10.9 Sectio bei Schaf und Ziege

Im Prinzip unterscheidet sich die Sectio beim Schaf oder bei der Ziege kaum von der beim Rind. Indikationen für die Durchführung sind u.a. eine Zervixmanschette, eine zu große Frucht oder nicht zu korrigierende Lage-, Stellungs- oder Haltungsfehler.

Vorbereitung

- Das benötigte Instrumentarium entspricht im Wesentlichen dem beim Rind:
  - Skalpell,
  - 1–2 Eimer sauberes und warmes Wasser,
  - Spritze und Kanüle für Lokalanästhesie und ggf. Epiduralanästhesie (dünn, rote Kanülen),
  - Lokalanästhetikum (z.B. Isocain 2%),
  - Knieschere,
  - Uterusfasszange,
  - 2 Arterienklemmen,
  - Pinzette,
  - Nadelhalter,
  - Nadeln (mittelgroß, runde und schneidende),
  - Geburtsstricke,
  - PGS Faden EP 5,
  - 3 antibiotische Uterusstäbe,
  - 100 ml Penicillin,
  - Aluspray oder Sprühpflaster zur Wundabdeckung,
  - Einmal-OP-Kittel, Geburtshelferkittel,
  - OP-Handschuhe,
  - 2 Handtücher,
  - Schermaschine,
  - Rasierer.

- Der Operationsschnitt erfolgt ebenfalls auf der linken Seite etwa 5 cm ventral der Lendenwirbel in der Mitte der letzten Rippe und ist etwa 15 cm lang.
- Die Sectio kann im Liegen oder aber auch wie beim Rind im Stehen erfolgen.
- Sehr unruhige Tiere sollten sediert werden:
  - Schaf: Xylazin 0,2 mg/kg,
  - Ziege: Xylazin 0,1 mg/kg.

Man kann die Sectio am abgelegten Tier in der Linea alba durchführen, doch ist es gerade für Anfänger ratsam, sich am Vorgehen beim Rind zu orientieren.

- Fixieren Sie das Tier mit einem Kopfstrick und stellen Sie es nach Möglichkeit mit der rechten Seite gegen eine Wand oder einen Strohballen. Der Besitzer steht oder kniet daneben, sodass das Tier nicht hin und her springen kann.
- Applizieren Sie nun das Uterusrelaxans (z.B. Planipart 3–5 ml).
- Falls das Tier noch stark presst, setzen Sie eine Epiduralanästhesie. Dazu suchen Sie den Lumbosakralspalt auf. Dieser befindet sich bei Schaf und Ziege in einer fiktiven Verbindungslinie zwischen den Hüfthöckern.
- Nach der Rasur bzw. dem Auszupfen der Wolle desinfizieren Sie das OP-Gebiet.
- Mit einer roten Kanüle instillieren Sie etwa 3–4 ml Lokalanästhetikum.
- Dann setzen Sie ebenfalls mit einer roten Kanüle die Infiltrationsanästhesie in der Schnittlinie (etwa 50 ml Isocain).

Durchführung

Die Durchführung entspricht der beim Rind. Beachten Sie jedoch, dass bei Schaf und Ziege alles etwas kleiner und vor allem dünner ist. So sollten Sie im Vergleich zum Rind etwas weniger beherzt inzidieren, da Sie viel schneller ans Peritoneum gelangen.

- Nach der Entwicklung der Früchte kann die Gebärmutter durch eine fortlaufende einstülpende Lembert-Matratzennaht mit PGS verschlossen werden. Achten Sie dabei darauf, nur die Serosa und die Muskularis zu durchstechen und keine Eihautreste mit einzunähen.

> Das Vorlagern des Fetus ist allein aus Gewichtsgründen in der Regel kein Problem. Beachten Sie jedoch, dass es sich meist um Zwillinge oder auch Drillinge handelt.

- Vor dem endgültigen Verschluss des Uterus legen Sie noch 2–3 Antibiotikastäbe in den Uterus.
- Über diese Naht sollten Sie noch eine zweite Lembert-Matratzennaht legen, damit der Uterus dicht verschlossen ist. Das ist besonders bei einer Nachgeburtsverhaltung wichtig.
- Reinigen Sie jetzt noch einmal den Uterus mit kaltem, sauberem Wasser und prüfen Sie die Naht auf Blutungen und Dichtigkeit.
- Jetzt kann der Uterus wieder zurück in die Bauchhöhle gelegt werden.
- Überprüfen Sie noch einmal die richtige Lage und instillieren Sie 20 ml Antibiotika in die Bauchhöhle (z.B. Procain-Penicillin oder Ampicillin).
- Schließen Sie die Bauchwunde mit einer fortlaufenden Matratzennaht mit PGS-Faden. Mit der ersten Schicht vernähen Sie das Peritoneum und den anliegenden Muskel, in der zweiten die darüber liegende Bauchmuskulatur.
- Verbinden Sie alle Schichten eng miteinander.
- Anschließend erfolgt die Hautnaht mit Seide.
- Decken Sie die Wunde mit einem Aluspray ab.
- Das Tier sollte noch 2000–3000 I.E. Tetanusserum bekommen
- In den nächsten Tagen sollte der Patient intensiv vom Besitzer überwacht werden. Es sollten die Futteraufnahme, die Körpertemperatur und der Abgang der Nachgeburt überwacht werden.
- Setzen Sie eine Antibiose über mehrere Tage an.

11 Jungtierversorgung

11.1 Kalb

Ungefähr 10% aller Kälber werden in Deutschland tot geboren oder verenden innerhalb der ersten 24 Lebensstunden. Noch einmal 10% der Kälber verenden im ersten Lebensmonat. Wenn man bedenkt, dass in manchen Milchviehbetrieben die Remontierungsraten schon bei 40% liegen und dass bis zur ersten Trächtigkeit der weiblichen Nachzucht noch weitere Verluste entstehen, z.B. durch Atemwegserkrankungen, Verletzungen oder Unfruchtbarkeit, so ist klar, dass dann die eigene Nachzucht in einigen Betrieben zur Remontierung nicht mehr ausreicht. Die Verluste während der Geburt lassen sich, wie schon im Kapitel Geburtshilfe erwähnt, durch intensivere Überwachung des kalbenden Rindes vermindern, die Verluste an Kälbern in den ersten Lebenstagen durch eine intensive Betreuung, Haltung und Fütterung.

Neugeborenen Kälbern wird in der Regel nicht die Aufmerksamkeit geschenkt wie etwa Fohlen. Trotzdem gibt es einige Untersuchungen, die Sie, wenn Sie bei der Geburt anwesend sind, am Kalb durchführen sollten.

Untersuchung des Neugeborenen

- Bei Kälbern, die nicht sofort spontan atmen, müssen Sie die Atmung anregen. Schütten Sie dazu kaltes Wasser über Kopf und Brust. Falls das Herz schlägt, aber immer noch keine Atmung einsetzt, können Sie 1 ml Doxapram in die Zunge spritzen und etwas Luft in die Nasenlöcher blasen. Eine weitere wirksame Methode ist das Setzen einer Akupunkturnadel in der Mitte des Flotzmauls.
- Wenn der Verdacht auf Fruchtwasseraspiration besteht (rasselnde Atemgeräusche), streifen Sie Schleim und Sekret aus Nase und Maul und halten danach das Kalb für etwa 30 s an den Hinterbeinen hoch oder legen es mit dem Bauch über eine Stange oder Mauer.
- Nach Schwergeburten oder verzögerten Geburten (große Kälber) kommt es gelegentlich zu einem Ausbleiben der Atmung (sog. Frühasphyxie der Neugeborenen). Neben der Injektion von Analeptika wie Doxapram, kann die Infusion von etwa 250 ml Natriumhydrogencarbonat 8,4%ig

hilfreich sein. Zur Erleichterung der Atmung sollten Sie das Kalb in Brustlage legen.
- Bringen Sie das Kalb sofort aus dem Abkalbebereich in eine saubere, desinfizierte Einzelbox. Belassen Sie bei Mutterkuhhaltungen Kuh und Kalb in den ersten 12 Lebensstunden möglichst in einer separaten Box, damit die anderen Kühe der Herde das Kalb nicht verletzen.

In der kalten Jahreszeit ist es durchaus sinnvoll, die Kälber richtig trockenzureiben oder in eine beheizte Box zum Trocknen zu bringen, weil sie dadurch erheblich an Energie einsparen können.

- Kontrollieren Sie den Nabel und achten Sie dabei z.B. auf das nicht seltene Vorliegen eines offenen Nabelbruchs mit Vorfall von Darmschlingen.
- Desinfizieren Sie anschließend den Nabel mit Jodlösung (Abb. 11.1).
- Bei Abkalbungen auf der Weide, die unter optimalen hygienischen Bedingungen stattfinden, ist das nicht nötig. Im Idealfall ist der Nabel an der Sollbruchstelle gerissen. Blutet er nicht nach, wird er nach 4–5 Tagen abtrocknen und nach etwa 14 Tagen abfallen. Bei Nachblutungen kann man den Nabel mit einem resorbierbaren Faden (PGA) möglichst dicht an der Bauchdecke abbinden. Damit die Ligatur nicht abrutscht, sollte man den Faden einmal zwischen die Nabelgefäße durchführen.
- In den ersten zwei Lebensstunden sollen mindestens 2 l Kolostralmilch vertränkt werden.
- Nach etwa 6 Stunden soll noch einmal 1–2 l Biestmilch gefüttert werden.

Aus Zeitmangel ist man auf vielen Betrieben dazu übergegangen, die erste Milchgabe zu drenchen. Dazu gibt es auf dem Markt verschiedene Sonden und Systeme. An der linken Halsseite können Sie den richtigen Sitz der Sonde in der Speiseröhre gut fühlen. Leider kommt es je nach Auswahl der Sonde oder bei Fehlern durch den Landwirt gelegentlich zu Verletzungen der Speiseröhre oder zur Aspiration von Milch in die Lunge. Bei einige Tage alten Kälbern, bei denen sich schon ein kleiner Pansen ausgebildet hat, sollte man bedenken, dass mit einer Sonde eingeführte Milch immer in den Pansen gelangt, wo sie nicht hingehört und Verdauungsprobleme bereitet.

- Normalwerte für die Herz- und Atemfrequenz lassen sich beim neugeborenen Kalb kaum festlegen, da diese stark davon abhängen, wie anstrengend die Geburt für das Kalb war.

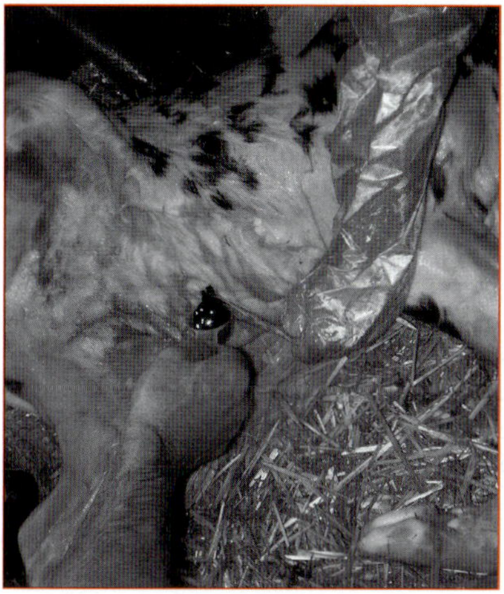

Abb. 11.1 Nabeldesinfektion.

- Nach etwa 2 h sollte ein Kalb auch nach einer Schwergeburt stehen können und in der Lage sein, Kolostrum aufzunehmen. Die Herzfrequenz sollte jetzt unter 120/min liegen und die Atemfrequenz unter 50/min.
- Die Beurteilung von Schleimhäuten und Episkleralgefäßen ist kurz nach der Geburt nicht sehr aussagekräftig, da es oft durch Quetschungen im Geburtskanal zu Blutungen mit Verfärbungen der sichtbaren Schleimhäute kommt. Nach drei bis vier Tagen hat sich das wieder normalisiert.
- Eine weitergehende Untersuchung ist nach einer normalen Geburt nicht erforderlich. Erst wenn das Kalb nicht rechtzeitig saugt, keine Kolostralmilch trinkt oder der Landwirt Probleme vermutet, sind weitergehende Untersuchungen erforderlich.

Versorgung in den ersten Lebenswochen

Ernährung

Bei der Ernährung des Kalbes in den ersten Lebenswochen werden häufig entscheidende Fehler gemacht. Die häufigsten Fehler sollten Sie kennen und auch ansprechen können.

Neugeborene Kälber werden ohne Abwehrstoffe gegen Krankheitserreger geboren und sind der vielfältigen Keimflora ihrer Umgebung schutzlos ausgeliefert. Deshalb ist nach der Geburt die rechtzeitige und ausreichende erste Kolostralmilchversorgung von lebenserhaltender Bedeutung. Mit dem Kolostrum werden dem Kalb die Schutzstoffe (Antikörper zur passiven Immunisierung) zugeführt, die es vor den im Stall immer vorhandenen Krankheitserregern schützt. Die Milch hat einen höheren Trockenmassegehalt und weist gegenüber der normalen Milch eine veränderte Zusammensetzung auf, vor allem die aus Immunglobulinen bestehende Proteinfraktion. Nur in den ersten 12 Lebensstunden können die Antikörper die Darmschranke ausreichend passieren. Die Kälber sollten sofort aus dem Abkalbebereich entfernt werden, dort ist die Keimbelastung und Infektionsgefahr sehr groß. Es sieht zwar sehr natürlich aus, wenn das Kalb die erste Milch direkt an der Kuh saugt, es ist aber meist zu spät und die ersten Infektionen durch Kot und Schmutz haben vor der Aufnahme der ersten Biestmilch stattgefunden.

Es gibt einen „Wettlauf" zwischen der ersten Biestmilchaufnahme und der ersten Infektion!

- Zum Verfüttern der ersten Milch sind Nuckelflaschen gut geeignet.
- Es gelten folgende Tränkeempfehlungen (MAT = Milchaustauscher):
  - eine Woche Kolostralmilch,
  - 4 Wochen MAT – 160 g/l MAT – 3 Mahlzeiten à 1,5–2 l,
  - Abtränkphase etwa 6 Wochen: 120 g/l MAT; 2–2,5 l,
  - Wasser ab der ersten Lebenswoche, Angebot von Raufutter,
  - mit 4 Wochen 200 g Kraftfutter.
- Ob das Vertränken von Vollmilch oder das Verfüttern eines Milchaustauschers bevorzugt wird, hängt vom Betrieb ab. Mit der Vollmilch können Infektionserreger übertragen werden, z.B. Paratuberkulose, Salmonellen, Kolikeime. In einigen Betrieben wird daher die Vollmilch pasteurisiert.
- Bei reiner Vollmilchfütterung ist die zusätzliche Gabe von Eisen erforderlich.

Qualitätsmerkmale eines MAT

- Rohproteingehalt zwischen 20% und 24%,
- Rohaschegehalt max. 10%, wirkt laxierend über 10%,
- Rohfasergehalt max. 0,1%.

Wichtig ist die Zusammensetzung des Rohproteins. Bis einschließlich der 5. Lebenswoche sollten sich keine pflanzlichen Proteine im Milchaustauscher befinden. Enzyme für die Verdauung pflanzlicher Proteine und Kohlenhydrate sind nicht sofort nach der Geburt vorhanden, sodass immer die Zusammensetzung des Proteins beachtet werden muss.

Haltung

Kälber von Mutterkühen auf der Weide leiden selten unter den typischen Kälberkrankheiten (Durchfall, Pneumonie), weil dort Fütterung (Milch) und Haltung (Weide) problemlos sind.

Die Hygiene ist das Fundament für eine erfolgreiche Kälberaufzucht: Je größer der Betrieb ist, desto stabiler muss dieses Fundament angelegt werden.

Eine gute Hygiene zeigt sich in erster Linie in vollkommen trockenen Kälberställen. Nur in feuchtem Milieu können sich Krankheitserreger vermehren. Auf den ersten Blick scheint diese Bedingung leicht erfüllbar zu sein, doch sieht die Wirklichkeit meist anders aus. Einstreu für Kälberboxen ist teuer und arbeitsaufwendig. Deshalb wird daran häufig gespart. Kälberboxen befinden sich zudem oft in schlecht belüfteten Altgebäuden, die das Abtrocknen der Einstreu verhindern. Letztlich läuft es auf folgende einfache Grundanforderungen heraus:

- sauber,
- trocken,
- keine Zugluft,
- gute Luftqualität.

In der **Kälberhaltungsverordnung** sind viele Dinge geregelt, die der Landwirt zu beachten hat:
http://eur-lex.europa.eu/LexUriServ/ LexUriServ.do?uri=OJ:L:2009:010:0007:0013 :DE:PDF
Zudem sollten Kälber in den ersten zwei bis drei Lebenswochen in Einzelboxen untergebracht werden, die mindestens so viel Platz bieten, dass

sich die Tiere umdrehen können. Die getrennte Unterbringung verhindert besonders die Ausbreitung von Durchfallerregern.
Alle Kälber und die Einstreu müssen 2-mal täglich auf Anzeichen von Durchfall kontrolliert werden.
Bei der Behandlung von Kälbern verschiedenen Alters auf einem Betrieb sollte man immer bei den jüngeren Kälbern anfangen, was auch für die täglichen Arbeiten und Kontrollgänge des Landwirts gilt.

> Kranke Kälber (besonders mit Durchfall) weisen immer eine negative Energiebilanz auf und müssen deshalb in warme Ställe verbracht werden. Kalte Außenboxen in den Wintermonaten sind für gesunde Kälber mit trockenem Fell unproblematisch, kranke Kälber haben dort keine guten Überlebenschancen.

11.2 Ferkel

- Säubern Sie die Ferkel und entfernen Sie die Nachgeburt. Wenn nötig, säubern Sie die Nase durch ein Ausstreichen vom medialen Augenwinkel zur Nase hin.
- Besonders wichtig ist eine optimale Versorgung mit Kolostrum (auch im Hinblick auf die Wirksamkeit von Mutterschutzimpfungen, die auf einer guten Übertragung von Kolostrum basieren). Die Ferkel sollten unbedingt ausreichend Kolostrum von der eigenen Mutter aufnehmen und deshalb nicht zu früh versetzt werden, denn bestimmte Fraktionen des Kolostrums können nur aufgenommen werden, wenn die Milch von der eigenen Mutter stammt.
- Helfen Sie schwachen Ferkeln, damit diese eine ausreichende Menge Kolostrum aufnehmen und mit genügend Energie versorgt sind.
- Betreiben Sie am 2. Lebenstag den Wurfausgleich und versetzen Sie dabei vorzugsweise die größeren Ferkel.
- Überprüfen Sie regelmäßig den Gesundheitszustand der Sau, d.h. Kontrolle der Futteraufnahme und Temperaturmessung (> 39,5 °C = Fieber).

11.3 Lamm und Zicklein

Lamm

- Geben Sie mindestens 200 ml körperwarme Biestmilch in mehreren Mahlzeiten.
- Rezept für eine Ersatzmilch:
  - 900 g fettarme Milch,
  - 100 g Schlagsahne (30%),
  - 15 g vitaminisiertes Mineralfutter,
  - 2 x wöchentlich 1 Eidotter.
- Angeboten werden 6- bis 10-mal täglich 10–15% der Körpermasse, verteilt auf 24 Stunden.

> Als künstliches Kolostrum hat sich z.B. Globulac L sehr bewährt.

- Wärmetränkeverfahren: Die Tränke wird mittels einer Heizung auf einer konstanten Temperatur gehalten.
- Kalttränkeverfahren – süße Kalttränke: Es wird ständig kalte Milch zum Trinken angeboten. Lämmer saufen diese weniger gierig, dafür häufiger und in kleineren Mengen. Beim Abschlucken der kalten Milch wird diese auf Körpertemperatur erwärmt.
- Kalttränkeverfahren – saure Kalttränke: Innerhalb des Temperaturbereiches von 5–30 °C kann die Tränke in Vorratsbehältern angemischt im Stall verbleiben. Durch Zusatz von Ameisen- oder Zitronensäure wird der pH-Wert der Tränke abgesenkt. Dies wirkt bakterienhemmend und verhindert durch Bakterien verursachte Durchfälle. Die saure Kalttränke kann mehrere Tage im Stall verbleiben und muss nur täglich umgerührt werden, weil sonst Kaseinklümpchen die Sauger verstopfen.
- Herstellung:
  - 100–200 g Milchaustauscher/l Wasser,
  - zum Erreichen des optimalen pH-Wertes von 4,5 werden je Liter Tränke bei 200 g MAT/l Wasser 3 cm^3 Ameisensäure (Vorsicht ätzend, besser 1:10 mit Wasser verdünnen und dann 30 cm^3) oder 3 g Zitronensäure zugegeben; je weniger MAT/l Wasser, desto weniger Säure wird zugesetzt.

> Lassen Sie die Muttertiere von Lamm und Zicklein gegen Clostridien/Pasteurellen impfen.

Mutterlose Aufzucht von Lämmern

- Bei der künstlichen Aufzucht müssen Sie darauf achten, dass die Neugeborenen in den ersten Tagen nur kleine Mengen – maximal 100 ml – auf einmal zu trinken bekommen, allerdings alle 1,5–2 Stunden.
- Dabei muss die Milch ungefähr 38 °C warm sein. Ist sie kälter, trinken die Lämmer sie nicht, wenn sie wärmer ist, verbrennen sie sich daran.
- Um die Temperatur zu testen, können Sie ein Fieberthermometer zu Hilfe nehmen oder sich die Milch über das Handgelenk laufen lassen. Hier ist die Haut sehr dünn. Bei angenehmer Wärme an dieser Stelle ist die Temperatur richtig.
- Babyflaschenwarmhalter werden oft zu warm. Deshalb sollten Sie die Milch immer nachkontrollieren. Glasflaschen können Sie sich zur Prüfung an die Wange halten, Kunststoffflaschen jedoch nicht! Die Milch innen ist wärmer als die Wand außen. Auch Menschenbabys verbrennen sich häufig durch diesen Fehler der Mütter!
- Um die Verdauung der Lämmer anzuregen, können Sie die Anusregion mit einem lauwarmen, feuchten Waschlappen massieren und so das Ablecken der Mütter imitieren. Meist genügt es, dies in den ersten Lebenstagen zu machen.
- Sie können die Milchmenge über einige Tage langsam steigern und den Zeitraum zwischen den Fütterungen verlängern.
- Erfolgt die Aufzucht in der Wohnung, ist eine geräumige eingestreute Box am unkompliziertesten. Ein kuscheliges Handtuch oder Schmusetier erhöht das Wohlbefinden insbesondere bei Ziegenkitzen. Werden die Tiere in der anstrengenden Startzeit frei in der Wohnung gehalten, kann man ihnen Babywindeln anziehen, um die Verschmutzung zu verringern. Am ersten Tag laufen die Kleinen meist etwas breitbeinig und unsicher, sie gewöhnen sich jedoch sehr schnell daran. Das Schwänzchen muss dabei seitlich aus der Windel heraushängen, sonst wird es nass und wund. Bei männlichen Tieren müssen Sie sich entscheiden, welcher Schmutz das geringere Übel bedeutet: Sie können die Windel um den Bauch oder um das Hinterteil anlegen.
- Von Anfang an müssen Sie den Kleinen auch Heu anbieten, auf dem sie etwas rumknabbern können.
- Ältere Lämmer können ab einem Lebendgewicht von 18 kg ohne Mutter aufwachsen, wenn sie an feste Nahrung gewöhnt sind und hochkonzentrierte Lämmerpellets fressen.

Mutterlose Aufzucht von Zicklein

- Geben Sie mindestens 200 ml körperwarme Biestmilch in mehreren Mahlzeiten.
- Ersatzmilch: Da die Milch von Ziegen deutlich weniger Fett (3,5 gegenüber 6,8%) und Eiweiß (3,5 gegenüber 6%) enthält als Schafsmilch, muss die Ersatzmilch entsprechend angefertigt werden.
- Die Rationengestaltung und Auswahl des Tränkeverfahrens kann in Anlehnung an die Tränke von Lämmern erfolgen.

12 Formalien zum Berufsstart

Spätestens nach Ihrem ersten Praktikum, nach der tierärztlichen Vorprüfung, sollten Sie sich Gedanken darüber machen, ob Sie in der Nutztierpraxis arbeiten wollen. Dann können Sie sich idealerweise schon im Studium in gewisser Weise spezialisieren, indem Sie sich durch die Wahl freiwilliger oder zusätzlicher Veranstaltungen und die Art und Dauer der Praktika einer Tierart oder einem Tätigkeitsfeld besonders widmen.
Die Nutztierpraxis ist nur noch teilweise ein medizinischer Beruf. Sie müssen sich erhebliche landwirtschaftliche Kenntnisse aneignen. Dies gelingt Ihnen, wenn Sie schon frühzeitig überregionale landwirtschaftliche Fachzeitschriften abonnieren und sich so mit aktuellen, auch agrarpolitischen Themen vertraut machen. Agrarpolitik hat einen wesentlichen Einfluss auf die Zukunftsentwicklung der Nutztierpraxis. Sie müssen dies beobachten und für Ihre Zukunftsentscheidungen berücksichtigen, auch wenn Sie selbst wenig Einfluss darauf haben.
Versuchen Sie, schon während des Studiums oder während der Praktikumszeit spezielle Fähigkeiten zu erwerben. Für den angehenden Rinderpraktiker ist es gut, wenn er an einem Besamungskurs und an einem Klauenpflegekurs teilgenommen hat.
Zusätzliche Praktika in landwirtschaftlichen Betrieben sind sehr wichtig, z.B. ein Praktikum in einem großen Schweinezuchtbetrieb. Ein Tierarzt in einer spezialisierten Schweinepraxis hat nur noch wenig Gelegenheit, handwerkliche Dinge zu tun. Trotzdem erwartet der Landwirt von ihm, dass er Ferkel routiniert kastrieren kann oder sich mit Geburtshilfe auskennt und dass er etwas von Stallbau, Lüftungssystemen und vor allem der Fütterung versteht.
Von einem Rinderpraktiker erwartet man, dass er mühelos einen Kopfstrick anlegen kann, routiniert mit dem Geburtshelfer umgeht, dass er melken kann, sich mit Tränkeautomaten auskennt, dass er weiß, wie man einen Futtermischwagen befüllt und ein ordentliches Maissilo anlegt. Das kann man alles nicht an der Uni lernen, sondern nur durch mehrmonatige Praktika in gut geführten landwirtschaftlichen Betrieben. Es ist auch kein Fehler, diese Praktika im Ausland zu absolvieren.
In den letzten Jahren gab es viel Aufregung um den Nachwuchsmangel in der Nutztierpraxis. Das ist nur die halbe Wahrheit. Es rückt eine neue Generation nach, keine Kinder mehr aus bäuerlichen Familien, sondern Stadtkinder, die mit völlig anderen Erwartungen in den Beruf einsteigen,

und Sie treffen auf eine neue Klientel. Sie werden kaum noch den Landwirt finden, der vor Bewunderung erstarrt, weil eine Kuh nach der Kalziuminfusion wie durch ein Wunder wieder aufsteht und für eine Labmagenoperation kommt auch nicht mehr das halbe Dorf zusammen. Diese handwerklichen Fähigkeiten muss der tierärztliche Nachwuchs schnell erlernen, denn sie werden als selbstverständlich vorausgesetzt.
Genauso schnell muss er es aber erlernen und auch die Möglichkeit dazu bekommen, Verantwortung für die Gesunderhaltung eines Tierbestandes im Rahmen der Bestandsbetreuung zu übernehmen. Nicht durch einen routinierten Kaiserschnitt verschafft er sich den nötigen Respekt bei den Betriebsleitern, sondern durch kompetente Lösung von Problemen im Bestand, wie Zellzahlprobleme oder Fruchtbarkeitsprobleme, und durch aktuelles Fachwissen. Das muss auch für angestellte Tierärzte möglich sein, nicht erst wenn Sie eine eigene Praxis haben.
Die Nutztierpraxis muss auf der anderen Seite auch lernen, neue Arbeitszeitmodelle für Frauen zu schaffen, damit Beruf und Familie miteinander vereinbar sind. Das ist nur in großen Gemeinschaftspraxen realisierbar. In diesen Praxen müssen Praxisinhaber und angestellte Tierärzte fachlich gleichberechtigt zusammenarbeiten und sich die Verantwortung für die Kunden teilen.
Bevor Sie loslegen, müssen Sie jedoch einige Unterlagen beisammen haben.

12.1 Unterlagen

Für Ihre Approbation, die Sie beim Regierungspräsidium (RP) Ihres Studienortes erhalten, benötigen Sie ein polizeiliches Führungszeugnis und ein ärztliches Attest.

- Das **Führungszeugnis** beantragen Sie bei der Stadtverwaltung Ihres Wohnsitzes. Es wird dann direkt an das RP weitergeleitet, ohne dass Sie es zu sehen bekommen.
- Das **ärztliche Attest** stellt Ihnen jede Arztpraxis aus. Fragen Sie vorher, ob Sie für die Untersuchung einen Termin benötigen. Denken Sie an Ihre Versichertenkarte und achten Sie darauf, dass auf dem Attest Ihr Name richtig geschrieben wurde und die Adresse mit der Ihres Wohnsitzes übereinstimmt. Fragen Sie eventuell auch nach den Kosten für ein Attest, die je nach Praxis sehr unterschiedlich ausfallen können.

- Alle **Gebühren**, die Ihnen im Zusammenhang mit Ihrem Studienabschluss entstehen, können Sie bei der nächsten Steuererklärung geltend machen. Bewahren Sie deshalb alle Quittungen gut auf.
- Die **Approbationsurkunde** wird Ihnen entweder zugeschickt oder kann abgeholt werden. Am besten lassen Sie sich direkt mehrere beglaubigte Kopien ausstellen, die Sie für Kammeranmeldungen oder Weiterbildungseinrichtungen benötigen werden. Wenn Sie zu einem späteren Zeitpunkt Kopien haben müssen, können Sie das Original bei Stadtverwaltungen oder Pfarrämtern vorlegen und dort beglaubigen lassen.
- Sobald Sie Ihre Approbation erhalten haben, sind Sie offiziell Freiberufler und zur Mitgliedschaft in der **Tierärztekammer** verpflichtet. Die Kammer können Sie nicht frei wählen. Sie richtet sich nach dem Bundesland, in dem Sie als Tierarzt tätig sind. Wenn Sie nicht berufstätig sind, entscheidet der erste Wohnsitz. Jede Änderung Ihres Wohnsitzes oder Ihrer Berufsausübung müssen Sie der Kammer innerhalb von 4 Wochen mitteilen.
- Jede Kammer hat ihre eigenen Vorschriften z.B. zur Fachtierarztausbildung. Wenn Sie an einem Fachtierarzttitel oder einer Zusatzbezeichnung interessiert sind, können Sie sich vorab bei der für Sie zuständigen Landestierärztekammer über die Bedingungen informieren (oft auch im Internet). In der Regel können Sie sich nur dann für einen Fachtierarzt qualifizieren, wenn Ihr Arbeitgeber eine Weiterbildungsermächtigung hat. Dies sollten Sie bei der Stellensuche berücksichtigen.
- Die Höhe des Kammerbeitrags, den Sie einmal jährlich zu zahlen haben, wird Ihnen bei Ihrer Anmeldung mitgeteilt. Im Beitrag enthalten ist der monatliche Bezug des „Deutschen Tierärzteblattes" („Grüner Heinrich"), in dem Sie Wichtiges zur Berufspolitik sowie Fortbildungstermine und Stellenanzeigen finden.
- Sie haben die Möglichkeit, sich bei der Kammer gegen eine geringe Gebühr und Einsendung von zwei Passbildern einen Tierarztausweis ausstellen zu lassen, mit dem Sie europaweit für Ihre eigenen Tiere in geringen Mengen in jeder Apotheke rezeptpflichtige Medikamente kaufen können.
- Mit der Zugehörigkeit zu einer Landestierärztekammer werden Sie Pflichtmitglied im dazu gehörigen **Versorgungswerk**. Der Beitrag richtet sich nach Ihrem Verdienst und wird jeden Monat anteilig von Arbeitgeber und Arbeitnehmer geleistet. Die Versorgungswerke können eine freiwillige Höherzahlung akzeptieren, müssen es aber nicht. Mit der Mitgliedschaft bei einem berufständischen Versorgungswerk sind Sie

nicht mehr verpflichtet, Beiträge an die staatliche Rentenkasse (Bundesversicherungsanstalt für Angestellte, BfA) abzuführen. Sie lassen sich – wie die meisten Tierärzte – entweder von Ihrem Versorgungswerk von der BfA befreien oder bleiben dort zusätzlich freiwillig versichert. Dann bekämen Sie später Rente sowohl vom Versorgungswerk als auch aus der staatlichen Rentenkasse. Wenn Sie vor dem Studium z.B. bei einer Ausbildung bereits in die BfA eingezahlt haben, sollten Sie sich am besten bei einem persönlichen Gespräch in einer Zweigstelle (in vielen größeren Städten) beraten lassen, was mit diesem Geld geschehen soll. Es gibt die Möglichkeit eines Übertrags an Ihr Versorgungswerk oder Sie lassen sich das Geld zurückerstatten.

- Seit 1.1.2005 müssen Sie bei jedem Umzug in ein anderes Bundesland auch das Versorgungswerk wechseln, wenn Sie weniger als 5 Jahre dort eingezahlt haben. Ihre eingezahlten Beiträge werden dann jeweils übertragen.
- Für alle Formulare im Zusammenhang mit Ihrer Altersvorsorge benötigen Sie eine **Sozialversicherungsnummer**. Diese haben Sie entweder durch Angestelltenverhältnisse vor oder während des Studiums von der BfA erhalten oder bekommen Sie mit Aufnahme Ihrer Berufstätigkeit als Tierarzt durch das Versorgungswerk.
- Sollten Sie nach einer angestellten Tätigkeit arbeitslos gemeldet sein, können Sie sich in den meisten Bundesländern vom Kammerbeitrag zumindest teilweise befreien lassen, die Beiträge für das Versorgungswerk übernimmt das Arbeitsamt. Auch wenn Sie noch nie berufstätig waren, können Sie sich beim Arbeitsamt arbeitssuchend melden. Sie erhalten dann zwar keine Leistungen, haben aber die Möglichkeit, Kosten für Bewerbungsunterlagen und Fahrten zu Vorstellungsgesprächen erstattet zu bekommen. Sie müssen dies allerdings im Voraus bei Ihrem zuständigen Sachbearbeiter beantragen, rückwirkend ist eine Erstattung in der Regel nicht möglich! Außerdem ist es möglich, zu vergünstigten Beiträgen an Fortbildungsveranstaltungen teilzunehmen.

12.2 Stellensuche

Offene Stellen werden hauptsächlich in Fachzeitschriften wie dem „Deutschen Tierärzteblatt“ („Grüner Heinrich“) oder in „Vet Impulse“

angeboten, wo Inserate kostenlos oder gegen eine Spende möglich sind (Adresse für Abonnements unter www.vetimpulse.de).

- Immer mehr ist auch das Internet für den Tierärztestellenmarkt interessant. Weitere interessante Web-Adressen sind:
  - www.bundestieraerztekammer.de,
  - www.vetcontact.com/de,
  - www.vet-informer.de,
  - www.vetion.de,
  - www.tiermedizin.de: Dies ist ein Forum für Tierärzte. Man muss sich anmelden und seine Approbationsurkunde faxen, bevor man daran teilnehmen kann. Sie haben hier auch eine gute Möglichkeit, sich vorzustellen und eventuell ein Jobgesuch aufzugeben. Außerdem werden immer wieder sehr interessante Themen und Fälle in diesem Forum besprochen.
- Sie können sowohl Angebote nachlesen als auch selbst ein Gesuch veröffentlichen. Vorsicht bei Chiffre-Anzeigen ohne nähere Ortsangabe: Oft werden Sie Ihre Unterlagen nicht wiederbekommen. Sie sollten zunächst nur eine Kurzbewerbung mit Bitte um Bekanntgabe des genauen Arbeitsortes verschicken und bei Bedarf die kompletten Unterlagen nachreichen.
- Generell sollten Sie von „blinden" Bewerbungen mit vollständiger Mappe absehen. Werden Sie nur initiativ, wenn Sie vorher bei einer telefonischen Anfrage ermittelt haben, ob in dieser Praxis überhaupt Einstellungsbedarf besteht. Wenn Sie darum gebeten werden, Unterlagen einzureichen, können Sie dies je nach Entfernung auch persönlich tun.
- Sehr wichtig ist Mundpropaganda: Erzählen Sie, dass Sie eine Stelle suchen und werden Sie dabei möglichst konkret (Ort, Praxisform usw.). Fragen Sie bei ehemaligen Praktikumsgebern nach, ob dort jemand bekannt ist, der eine Stelle zu besetzen hat. Lassen Sie sich, wenn Sie es noch nicht getan haben, von Ihren Praktikums- oder Hospitanzstellen ein Zeugnis ausstellen oder bitten Sie um die Möglichkeit, die Praxis als Referenzadresse anzugeben, bei der ein potenzieller Arbeitgeber anrufen darf.
- Wenn Sie rechtzeitig wissen, dass Sie in der Nutztierpraxis arbeiten wollen, suchen Sie nach Praktikumsplätzen in größeren Gemeinschaftspraxen, weil die in der Regel ihren Nachwuchs aus ehemaligen Praktikanten rekrutieren. Das ist für beide Seiten vorteilhaft, denn man kennt sich bereits und die erste Einarbeitung ist schon während des Praktikums erfolgt.

- Nehmen Sie auf größere Fortbildungsveranstaltungen ein vorbereitetes Stellengesuch mit. Oft gibt es Pinnwände, wo Sie es aufhängen können (beim Tagungsbüro nachfragen).
- Klappern Sie, wenn Sie noch vor Ort sind, die Schwarzen Bretter Ihres Fachbereichs an der Universität ab und hängen Sie dort eventuell selbst etwas aus. Bei der Gelegenheit können Sie auch noch der Fachschaft einen Besuch abstatten, dort gibt es in manchen Städten sog. „schwarze Listen" mit Arbeitgebern, die wenig zu empfehlen sind und bei denen Sie sich sehr gut überlegen sollten, ob Sie dort tätig werden möchten.
- Es ist generell zu empfehlen, mit Kollegen Rücksprache zu halten, ob der potenzielle Arbeitgeber einen bestimmten Ruf hat. Jeder Arbeitsplatzwechsel und Umzug ist für Sie mit Kosten und Aufwand verbunden. Es ist deshalb nicht ratsam, bei einem „Durchlauferhitzer" anzuheuern, bei dem kaum einer Ihrer Kollegen länger als drei Monate angestellt war. Natürlich dürfen und sollen Sie sich Ihr eigenes Bild machen, aber ein gewisses Misstrauen ist sicher angebracht. Wer sehr regelmäßig inseriert, expandiert nicht unermesslich, sondern hat eine hohe Fluktuation der Mitarbeiter.

12.3 Bewerbungsgespräch

- Wenn Sie eine Einladung zu einem Vorstellungsgespräch erhalten haben, ist ein wichtiger Schritt geschafft. (In der Tierarztpraxis ist heute immer noch oft ein „Probearbeiten" üblich, für das Sie einen ganzen Tag einplanen sollten. Fragen Sie nicht nur, wann Sie erscheinen sollen, sondern auch, wie viel Zeit Sie mitbringen müssen.)
- Von großer Bedeutung ist natürlich der „erste Eindruck", den Sie auf den potenziellen Arbeitgeber machen. Dazu gehört neben dem äußeren Erscheinungsbild auch ein offenes und freundliches Auftreten. Niemand wird es Ihnen verübeln, wenn Sie sich darum bemühen, sich von Ihrer besten Seite zu präsentieren. Vermeiden Sie jedoch unbedingt jedes unaufrichtige und gespielte Verhalten. „Altkluge Besserwisserei" kommt sicher ebenso wenig an wie schweigsame Schüchternheit.
- Überlassen Sie die Gesprächsführung zunächst dem potenziellen Arbeitgeber und beantworten Sie alle Fragen möglichst wahrheitsgemäß.
- Sie werden mit Sicherheit gefragt werden, „was Sie schon können". Damit sind in der Regel Routinemaßnahmen wie z.B. eine Follikelkontrolle, eine

Nachgeburtsabnahme oder eine Besamung usw. gemeint. Wenn Sie hier praktische Erfahrung vorweisen können, werden Sie damit punkten. Signalisieren Sie bei mangelnder praktischer Erfahrung, dass Sie die Bereitschaft haben, sich besonders zu engagieren, um fehlendes Know-how zu erwerben oder machen Sie auf andere Qualifikationen aufmerksam. Wenn Sie z.B. in einer Rinderklinik ein Praktikum gemacht haben und routiniert Braunülen bei Kälbern schieben können, erwähnen Sie dies ruhig.

- Weitere Fragen Ihres möglichen Arbeitgebers werden sein, wie langfristig Ihr Interesse an der Stelle ist und wie es mit der Familienplanung aussieht. Sie sollten sich vorher Antworten überlegen und dabei ruhig auf einschlägige Bewerbungsratgeber (Buchtipp: Hesse/Schrader: Das Bewerbungshandbuch; Eichborn) zurückgreifen. In solchen Büchern erfahren Sie auch, welche Fragen nicht zulässig sind und daher nicht wahrheitsgemäß beantwortet werden müssen.
- Sie sollten sich auch überlegen, welche Fragen Sie an Ihren zukünftigen Arbeitgeber haben. Was möchten Sie lernen, was möchten Sie weiterentwickeln? Wird Fortbildung unterstützt? Gibt es zusätzlichen Fortbildungsurlaub? Was ist Ihnen wichtig (z.B. bestimmter Umgang mit Kunden und Tieren, Ausstattung der Praxis, Arbeitszeiten)? Wenn Sie z.B. stark an Sonographie interessiert sind und sich in diesem Bereich schon fortgebildet haben, werden Sie kaum in einer Praxis glücklich werden, die kein Ultraschallgerät besitzt. Oder aber Sie schaffen es, das Interesse des Arbeitgebers an dieser Methode zu wecken und die Sonographie langfristig in der Praxis zu etablieren – dann profitieren beide Seiten.
- Fragen nach Arbeitszeiten, Urlaub und Gehalt gehören nicht an den Anfang eines Vorstellungsgesprächs. Wenn diese Punkte nicht im Laufe des Gespräches vom Arbeitgeber selbst angesprochen werden, sollten Sie diese Punkte am Ende selbst ansprechen.
- Achten Sie auch darauf, wie Sie mit dem Praxisteam harmonieren, im Idealfall werden Sie einige Zeit gemeinsam verbringen. Wenn Sie anwesende Kollegen zu Arbeitsklima und Arbeitszeiten befragen, werden Sie wahrscheinlich nicht ganz unbefangene Antworten bekommen. Versuchen Sie, zwischen den Zeilen zu lesen und seien Sie sensibel für den Umgang des Teams miteinander und vor allem für den Ton zwischen Chef und angestellten Tierarzthelferinnen und Tierärzten.
- Erwarten Sie nicht, dass Ihnen der Arbeitgeber unmittelbar nach dem Gespräch seine Zu- oder Absage mitteilt. In der Regel wird er noch andere Bewerber interviewen, bevor er eine Entscheidung trifft. Erfragen Sie

einen Termin, zu dem Sie mit einer Entscheidung rechnen können. Wenn Sie zu diesem vereinbarten Termin keine Entscheidung erhalten haben, schadet es nicht, noch einmal nachzufragen. Sie demonstrieren damit noch einmal Ihr Interesse an der Stelle. Im Falle einer Absage kann der Kollege Sie dann eventuell weiterempfehlen.

- In den meisten anderen Branchen ist es üblich, dem zum Gespräch eingeladenen Bewerber die Fahrtkosten zu erstatten. Viele Tierärzte sind da wenig aufgeschlossen. Sie können natürlich vor Antritt der Fahrt nachfragen, ob eine Kostenübernahme möglich ist, werden sich aber damit nicht gerade beliebt machen. Bleibt nur, sich zumindest mit Datum bestätigen zu lassen, dass Sie vor Ort gewesen sind und die entstandenen Kosten bei der Steuererklärung anzugeben. Bereiten Sie dazu ein entsprechendes Schreiben zuhause am PC vor und nehmen Sie den Ausdruck mit zum Vorstellungsgespräch. Wenn Sie arbeitssuchend gemeldet sind, besteht die Möglichkeit der Kostenübernahme durch das Arbeitsamt (s.o.).

12.4 Arbeitsvertrag

Wenn Sie eine Zusage erhalten, bestehen Sie auf einen **schriftlichen Arbeitsvertrag**. Eine mündliche Abmachung ist zwar auch ein Vertrag, im Falle einer Streitigkeit werden Sie aber sehr viel bessere Karten mit einer schriftlichen Form haben. Es gibt Musterverträge vom Berufsverband praktizierender Tierärzte (BPT), die nach eigenen Bedürfnissen modifiziert werden können. Auch einige Kammern bieten Musterverträge an, die aber veraltet und deshalb nicht uneingeschränkt zu empfehlen sind.

- Im Vertrag wird die **Vergütung** geregelt, auch für diesen Punkt gibt es eine Empfehlung der Bundestierärztekammer. Danach sollten Sie derzeit für Vollzeitbeschäftigung als Tierarzt ohne Berufserfahrung in Anlehnung an den BAT 2a 2.560 € erhalten. Als unlauter gilt jedoch erst ein Lohn unter 1.534 € brutto. Sie haben nur dann einen Anspruch auf Weihnachts- und/oder Urlaubsgeld, wenn es in Ihrem Vertrag vereinbart ist. Unter bestimmten Umständen (vorzeitige Beendigung des Arbeitsverhältnisses) müssen Sie diese Sonderzahlungen genau wie besonders kostenintensive Fortbildungen, die vom Arbeitgeber übernommen wurden, zurückerstatten.

- Ein weiterer Vertragspunkt ist die **Anzahl der Urlaubstage**. Gesetzlich vorgeschrieben sind mindestens 24 Werktage (das sind alle Tage außer Sonn- und Feiertagen). Eine gute und durchaus übliche Möglichkeit, hier etwas „aufzustocken“, ist die zusätzliche Aufnahme von Fortbildungstagen in den Arbeitsvertrag.
- Auch die **Wochenarbeitszeit** sollte vertraglich geregelt werden. Per Gesetz dürfen 48 h pro Woche nicht überschritten werden. Was darüber hinausgeht, muss finanziell oder durch Freizeit ausgeglichen werden. In der Realität sieht das in der Regel anders aus! Im Moment wird, angeregt durch die Situation in der Humanmedizin, heftig diskutiert, ob es gerechtfertigt ist, bei Nacht- und Notdiensten nur die Zeit zu vergüten, die tatsächlich gearbeitet wurde und nicht auch die Zeit der Rufbereitschaft. Machen Sie sich Gedanken, welche Regelungen für Sie akzeptabel sind und holen Sie eventuell den aktuellen Stand der Rechtslage beim BPT ein.
- Üblicherweise wird eine **Probezeit** von 3–6 Monaten vereinbart. Danach sollte das Arbeitsverhältnis in ein unbefristetes übergehen, denn nur dann sind Sie als Frau im Falle einer Schwangerschaft vor Kündigung geschützt. Befristete Arbeitsverhältnisse werden für ein Jahr vereinbart und können danach noch einmal wieder für ein Jahr befristet verlängert werden. Danach tritt automatisch ein unbefristetes Verhältnis ein.
- Nach der Probezeit wird oft auch die Vergütung neu verhandelt. Wenn Ihnen deutliche Verbesserungen nach der Probezeit versprochen werden, sollte dies im Arbeitsvertrag fixiert werden, etwa „Vergütung ab dem ... x € pro Monat, nach der Probezeit von 3 Monaten y €“.
- Falls Sie mit Ihrem eigenen Fahrzeug z.B. Hausbesuche durchführen sollen (wozu Sie nur verpflichtet sind, wenn Sie es in den Arbeitsvertrag aufnehmen, ansonsten muss für diesen Zweck ein Fahrzeug gestellt werden), sollte die Kilometervergütung ebenfalls im Arbeitsvertrag festgehalten werden.
- Auf gar keinen Fall sollten Sie sich darauf einlassen, „zur besseren Einarbeitung“ für Wochen oder gar Monate ohne Vertrag und ohne Bezahlung zu arbeiten, getarnt als „Hospitanz“. Wenn Sie eine Stelle annehmen, muss das für beide Seiten vom ersten Tag an verbindlich sein! Mit einer unbezahlten Arbeit in noch dazu unklarer Versicherungssituation verderben Sie den Arbeitsmarkt für sich und andere. Sie erwerben in dieser Zeit keinerlei Anspruch auf Arbeitslosengeld, verlieren wertvolle Zeit für Ihre Altersvorsorge und leisten nicht einmal eine offizielle Probezeit ab. „Einarbeitung“ beginnt mit dem ersten Tag des

Beschäftigungsverhältnisses, das ist in allen anderen Branchen so und Sie sollten nicht dazu beitragen, dass ausgerechnet die Tiermedizin hier einen fragwürdigen Sonderstatus beansprucht.

12.5 Freie Mitarbeit

Gut überlegen sollten Sie auch, ob eine Tätigkeit als „freier Mitarbeiter" für Sie eine Alternative darstellt. In diesem Fall zahlen Sie alle Sozialabgaben (Renten-, Kranken- und Pflegeversicherung inkl. Zuschläge) zu 100% selbst, während sie bei einem Angestelltenverhältnis zur Hälfte vom Arbeitgeber getragen werden. Sie sind als freier Mitarbeiter normalerweise auch nicht über die Praxis in der Berufshaftpflicht, müssen sich also selbst gegen mögliche Ansprüche versichern. Es gibt bei diesem Status keine Möglichkeit, sich gegen Arbeitslosigkeit abzusichern. Zudem müssen Sie Ihre Einkommenssteuer ähnlich wie bei einer Selbstständigkeit abführen, d.h. Sie werden zunächst vom Finanzamt „geschätzt" und führen einen bestimmten Betrag ab, der dann je nach Jahreseinkommen angepasst wird. Auch das Versorgungswerk nimmt solche Einschätzungen vor, um Ihren Beitrag zu berechnen. Da kein Anspruch auf Lohnfortzahlung im Krankheitsfall und bei Schwangerschaft besteht, werden zusätzliche Versicherungen nötig (wie z.B. Unfallversicherung oder Krankentagegeldversicherung).
Da Sie für all dies alleine aufkommen müssen, können Sie natürlich – wenn überhaupt – nicht für ein übliches Gehalt tätig werden. Ihr Monatseinkommen muss deutlich über dem üblichen liegen, sonst ist die Arbeit als freier Mitarbeiter für Sie ein Verlustgeschäft.
Momentan ist diese Art der Beschäftigung aber wieder aus der Mode gekommen, da sich der Vorwurf der „Scheinselbstständigkeit" in vielen Fällen nicht entkräften ließ. Wenn Sie länger als drei Jahre ausschließlich für nur einen Auftraggeber arbeiten, verstoßen Sie und Ihr Auftraggeber gegen das Gesetz mit dem Risiko entsprechender rechtlicher Konsequenzen für beide Beteiligten (u. a. Nachzahlungen von Steuern und Sozialabgaben).
Wenn eine Stelle für Sie interessant ist, für die Sie in freier Mitarbeit tätig werden sollen, informieren Sie sich vorher gut (örtliches Finanzamt, „Institut für freie Berufe" in Nürnberg und ähnliche).

12.6 Wichtige Versicherungen

- Natürlich müssen Sie Mitglied in einer **Krankenversicherung** sein. In der Regel wird dies einkommensabhängig eine gesetzliche Krankenversicherung sein, in der Sie auch bei einem relativ hohen Einkommen als freiwillig Versicherter bleiben können. Es gibt im Internet die Möglichkeit, die etwas unterschiedlichen Tarife der einzelnen Kassen zu vergleichen (während des Studiums sind die Tarife gleich!) und als Mitglied zu wechseln.
- Achten Sie darauf, wenn Sie Wert auf naturheilkundliche Behandlungen legen, ob diese bezuschusst werden. Erkundigen Sie sich bei der Krankenkasse, bei der Sie Mitglied werden möchten, wie ein Wechsel möglich ist, man wird Ihnen dort gerne behilflich sein.
- Wenn Sie Mitglied einer privaten Krankenkasse sind, ist unter bestimmten Bedingungen ein späterer Wechsel in die gesetzliche möglich. Private Zusatzversicherungen (Zahnersatz, Krankenhausaufenthalt usw.) können Sie jederzeit als Ergänzung abschließen. Bei Antritt einer Stelle müssen Sie dem Arbeitgeber Ihre Krankenkasse mitteilen, damit die Beiträge weitergeleitet werden können.
- Die **Berufshaftpflicht** des Praxisinhabers schließt meist tierärztliche Mitarbeiter ein. Fragen Sie aber im Zweifel nach.
- Eine **private Haftpflicht** schützt Sie nicht vor Ansprüchen, die während Ihrer Arbeitszeit entstehen, ist aber sinnvoll.
- Der Abschluss einer **Berufsunfähigkeitsversicherung** wird im Allgemeinen dringend geraten. Sie üben einen „Risikoberuf" aus, was die Beiträge recht hoch ausfallen lässt (dazu umso höher, je älter Sie in diese Versicherung einsteigen). Da Sie aber, sollten Sie aus gesundheitlichen Gründen nicht mehr als Tierarzt arbeiten können und noch keinen Rentenanspruch haben, zum Sozialfall werden könnten, sollten Sie sich über diese Versicherung unbedingt informieren. Es gibt inzwischen Anbieter speziell für Tierärzte (auf Werbung in Fachzeitschriften und Angebote für Gruppenverträge des Berufsverbandes achten), Sie können aber mit jeder Versicherung einen Vertrag schließen. Informieren Sie sich vorher gut. Ihre zuständige Tierärztekammer berät Sie gerne in persönlichen Gesprächen bei Niederlassungsfragen und verfügt auch zu versicherungsrechtlichen Fragen über hinreichendes Informationsmaterial.
- Eine **Rechtschutzversicherung** brauchen Sie hoffentlich nicht…
  Beratung in arbeitsrechtlichen Fragen erhalten Sie als BPT-Mitglied.
  (Buchtipp: Brandt, Fellmer, Rahn: Tierärztliches Haftungsrecht. Veterinär Verlag; 2001.)

12.7 Fort- und Weiterbildung

Sie haben durch Ihr Studium wichtige Grundlagen erworben, auf die Sie in Zukunft aufbauen werden. Das Prinzip des „Lifelong learning" gilt ganz besonders auch in der Tiermedizin.

Wenn Sie einen Fachtierarzttitel anstreben, werden Sie schon bei der Stellensuche auf die entsprechenden Möglichkeiten achten müssen (s.o.) und bei der Auswahl der Veranstaltungen darauf, dass Sie ATF-Stunden für Ihre Fachrichtung anerkannt bekommen. Aber auch wenn Sie sich „einfach so" weiterbilden möchten, werden Sie auf eine Fülle von Angeboten stoßen.

- In vielen Praxen gibt es Abonnements von Fachzeitschriften, die Sie viel leicht mitlesen dürfen. Auch die Praxisbibliothek darf in der Regel von Ihnen genutzt werden, wenn Sie etwas nachlesen möchten.
- In größeren Städten gibt es manchmal Tierarztstammtische, die einen guten Informationsaustausch bieten. Erkundigen Sie sich bei der Kammer und bei der Ortsgruppe des BPT. Die Mitgliedschaft im BPT ist zwar keine Voraussetzung, um an lokalen Veranstaltungen teilzunehmen, Sie erhalten aber als Mitglied Vergünstigungen bei größeren Kongressen und bei Seminaren. Außerdem können Sie das ganze Angebot des Berufsverbandes nutzen (Musterverträge, Beratung, Vertretung tierärztlicher Interessen in der Öffentlichkeit).
- Auch die DVG (Deutsche veterinärmedizinische Gesellschaft) bietet Kongresse und Tagungen an, darüber hinaus gibt es eine Vielzahl privater Veranstalter. Die Termine werden frühzeitig in der Fachpresse veröffentlicht.
- Eine gute und meist recht günstige Gelegenheit zur Fortbildung sind auch lokale Veranstaltungen der Pharmaindustrie. Bitten Sie Ihren Arbeitgeber, Sie über Einladungen zu solchen Vorträgen zu informieren, und sprechen Sie auch Pharmareferenten auf Termine an. Gelegentlich bietet die Industrie auch Wochenendveranstaltungen oder Intensivseminare an.
- Die Übernahme der Kosten durch Ihren Arbeitgeber ist übrigens eine gute Möglichkeit, zu einer indirekten Gehaltserhöhung zu kommen, die für beide Seiten lukrativ ist. Wenn Sie die Kosten selbst tragen, heben Sie alle Belege auf (auch für Fachliteratur inkl. Abonnements) bzw. notieren Sie die Zahl der gefahrenen Kilometer und die Aufenthaltsdauer. Sie können Kosten, die Ihnen für Fortbildung entstanden sind, steuerlich geltend machen. In manchen Fällen geht das Finanzamt durch die Handhabung in anderen Branchen davon aus, dass diese Kosten automatisch von

Ihrem Arbeitgeber übernommen werden – Sie benötigen dann eine Bescheinigung Ihres Chefs, dass Sie selbst gezahlt haben.

- Eine gute Möglichkeit, innerhalb des ganzen Praxisteams von Fortbildungsveranstaltungen zu profitieren, ist der gegenseitige Austausch. Treffen Sie sich im Kollegenkreis z.B. in der Mittagspause, um neue Erkenntnisse vorzutragen und ihre mögliche Umsetzung in der Praxis zu diskutieren.
- Das Internetportal www.ivis.org bietet kostenfreie Zugänge zu einer umfangreichen Bibliothek und informiert über internationale Fortbildungsveranstaltungen.

Index